La restauration ferroviaire entre représentations et consommations

Consommateurs, images et marchés

Railway Catering Between Imaginary and Consumption

Consumers, Images and Markets

P.I.E. Peter Lang

Bruxelles · Bern · Berlin · Frankfurt am Main · New York · Oxford · Wien

Jean-Pierre Williot (dir.)

La restauration ferroviaire entre représentations et consommations

Consommateurs, images et marchés

Railway Catering Between Imaginary and Consumption

Consumers, Images and Markets

Europe alimentaire
Vol. 10

La publication de ce volume a bénéficié du soutien de SNCF Gares & Connexions et de la Direction de la communication SNCF Mobilités Centre-Val de Loire. L'organisation du colloque tenu à Tours les 16 et 17 décembre 2014 a bénéficié d'un partenariat avec Lyria, SNCF Mobilités Centre-Val de Loire ainsi qu'avec Rails et Histoire.

Illustration de couverture : CCGPF-Fonds cheminot.

Cette publication a fait l'objet d'une révision par les pairs.

Éditions scientifiques internationales
Bruxelles, 2017
1 avenue Maurice, B-1050 Bruxelles, Belgique
www.peterlang.com ; brussels@peterlang.com

ISSN 2033-7892
ISBN 978-2-8076-0201-4
ePDF 978-2-8076-0202-1
ePub 978-2-8076-0203-8
Mobi 978-2-8076-0204-5
DOI 10.3726/b11270
D/2017/5678/32

Information bibliographique publiée par « Die Deutsche Bibliothek »
« Die Deutsche Bibliothek » répertorie cette publication dans la « Deutsche National-bibliografie » ; les données bibliographiques détaillées sont disponibles sur le site <http://dnb.ddb.de>.

À la mémoire du professeur François Caron (1931-2014)
qui a tant contribué à l'histoire ferroviaire

Table des matières

Troisième partie
S'alimenter d'une ville à l'autre aux buffets de gare et dans la voiture-restaurant

Introduction

Jean-Pierre Williot

Professeur d'histoire contemporaine – Université de Tours

La restauration ferroviaire intéresse ! Celle de la voiture-restaurant en premier lieu, celle trouvée en gare secondairement. À bien des titres, le sujet a déjà mobilisé l'attention. Cependant, c'est sous la forme de livres qui relèvent moins de l'histoire scientifique que de la mise en exergue d'un récit stéréotypé. Beaucoup s'inscrivent dans la catégorie du beau livre à coloration nostalgique. Nous reviendrons plus bas sur les ouvrages qui ont engagé une recherche plus spécifique, mais notons d'emblée qu'aucune étude historiographique panoramique n'existe. Aucune étude n'a embrassé le sujet dans tous ses aspects avec une vision comparative des modèles de restauration dans le monde.

Plus fréquemment, ce ne sont que des articles de grande presse qui font allusion au sujet. Régulièrement en France, quand ce ne sont pas des propos communs, les médias s'interrogent sur les modèles économiques de concession, sur la position des acteurs du marché ou sur la rentabilité supposée ou réelle du service de restauration ferroviaire. La qualité des prestations et les mets servis suscitent le plus souvent, le plus grand nombre de commentaires.

Ce n'est pas nouveau. Les écrivains, les reporters et les auteurs de récits de voyage prenaient déjà la plume au XIXe siècle pour apprécier, parfois par des propos laudatifs, parfois par des critiques ironiques, l'innovation que fut la création d'un restaurant roulant ou l'atmosphère particulière d'un buffet de gare. Le lien que l'on pourrait établir entre ces témoignages du passé et les considérations contemporaines tient à la part de nostalgie qui marque bien des textes. On évoque l'âge d'or des buffets de gare, comme s'ils n'avaient été que des restaurants de grande tenue, alors que si certains d'entre eux furent des étapes gastronomiques, d'autres se signalaient par un service pressé et des nourritures médiocres qui ne tranchaient pas avec leurs cadres moroses. On déplore l'offre alimentaire dans les trains, lorsqu'elle existe, en plaçant en miroir le style du service à la place des grands express internationaux des époques antérieures, hors normes et inadaptés à l'évolution du trafic ferroviaire. Les scènes de buffet de gare peinent à rendre compte de l'extrême diversité de situations à travers le monde. Les riches transcontinentaux, dont le *dining car* stimule l'imaginaire, fournissent des supports iconographiques qui renvoient au luxe et à des itinérances confortables. Ce sont autant de stéréotypes qui accréditent par répétition une mythique restauration ferroviaire.

Celle-ci est bien plus diverse et complexe, bien plus innovante et conforme aux modes de vie en fonction des cultures alimentaires locales. Quelques ouvrages donc ont pris un autre parti. L'histoire de telle ou telle compagnie instruit des ouvrages érudits[1]. Des approches chronologiques et synthétiques tentent un récit global[2]. Mais en fin de compte une véritable histoire comparée des modèles nationaux, des types de prestations, des conséquences sociales et comportementales que l'avènement de la restauration associée au voyage en chemin de fer a fait naître manque toujours. Elle rend lacunaire cet aspect de l'histoire ferroviaire, comme elle a été ignorée dans l'histoire de l'alimentation où la problématique gastronomique et l'observation de l'assiette pour célébrer le patrimoine ont créé des polarités exclusives. L'histoire de la restauration ferroviaire ouvre pourtant des champs multiples qui ressortissent à des enjeux économiques, à l'évolution des techniques culinaires et à celle des conditionnements de nourriture, à la distinction culturelle des expériences alimentaires selon les aires géographiques que l'on considère, à l'analyse des modes de vie urbains et à l'évolution des comportements sociaux. Voici une histoire qui mérite une attention nouvelle.

Mais au fond de quoi parle-t-on lorsque l'on aborde l'histoire de la restauration ferroviaire ? Trois lieux sont à prendre en considération.

La gare en premier lieu puisque c'est là que sont nés les buffets, déclinés ensuite en fonction de l'importance des stations en buvettes. La gare apparaît comme un lieu de marché polymorphe. Le buffet tient du restaurant presque classique. Il ne l'était pas toujours lorsque son ouverture ne donnait pas sur la ville et que ses tables n'étaient accessibles qu'aux voyageurs. Mais l'offre alimentaire en gare est également passée – et elle tend à le faire de plus en plus – par des modes d'achat fondés sur la portabilité des nourritures. Ce pan du ravitaillement que le voyageur peut utiliser commodément a engendré des opportunités trop méconnues. Ainsi, la vente de produits locaux, issus des fermes voisines comme de la production des

---

1 Voir par exemple : Charman, M., *At Your Service. Tales from a Railway dining-car*, Silver Link Publishing, 1999 ; Winter Hebron, C. de, *Dining at speed. A Celebration of 125 Years of Railway Catering*, Silver Link Publishing, 2004 ; Fried, S., *Appetite for America : How Visionary Businessman Fred Harvey Built a Railroad Hospitality Empire That Civilized the Wild West*, New York, Bantam Books, 2010.

2 Quinzio, J., *The golden era of Railroad Dining. Food on the rails*, Rowman & Littlefield, Lanham, Boulder, NY, London, 2014.

artisans de bouche, a formé un moyen d'échange entre les voyageurs et le territoire traversé. La notoriété de certaines nourritures et la particularité des mets proposés ont donné naissance à l'intégration de ces aliments dans l'inventaire régionalisé de la typicité alimentaire locale. Les paniers proposés en gare, les offres de paysannes admises sur les quais, la vente de confiseries réputées sont autant de formes de promotion du terroir que la gare a pu soutenir. Les boutiques qui ont investi l'espace des gares prolongent aujourd'hui la vente autorisée naguère de quelques friandises pour le voyage.

Cette pénétration marchande de la gare, y compris par des formules de restauration gérées par des groupes de restauration collective, crée une continuité moins poreuse au XIXe siècle entre le quartier de la gare et la gare elle-même. En étant le point de convergence des flux de personnes et de marchandises, le bâtiment a provoqué les adjonctions immobilières et le lotissement des quartiers de gare aux frontières fluides. L'offre alimentaire qui s'y établit, comme le confirment tous les exemples auxquels on peut se référer dans le monde, atteste de la vitalité d'un marché de l'approvisionnement personnel. Si ce n'est pas la restauration rapide qui est recherchée, qui n'est en rien l'apanage de notre société puisqu'elle s'inscrit dans l'évolution des manières de manger au cours d'un déplacement, ce sont les ventes d'aliments et de boissons qui peuvent trouver preneur parmi les citadins de passage comme au sein des voyageurs en partance. La restauration ferroviaire englobe cet espace, voire même l'engendre.

Le dernier lieu où l'on boit et l'on mange fait office de transition spatio-temporelle entre le départ et l'arrivée. Il est marqué par la différence fondamentale avec les deux précédents de ne s'adresser qu'aux voyageurs et de ne pas être un lieu immobile, mais plutôt un lieu stable dans le mouvement, une cinétique spécifique. La création du *dining car*, connu dans le monde entier quelle que soit sa dénomination, a d'abord répondu à la demande de confort d'une clientèle aisée aux comportements quotidiens réglés. La longueur d'un trajet n'était acceptable qu'en y associant des services qui permettent à la fois d'éviter la promiscuité et le maintien des habitudes. Pullman et Nagelmackers l'avaient bien compris pour proposer le service d'une restauration à bord. L'espace de restauration dans un train a connu depuis les créations de la fin du XIXe siècle des évolutions considérables. Les modalités de ravitaillement des trains, les techniques de préparation des repas ou des mets à bord, les styles de service, les coûts et les prix affichés ont bouleversé les références de la restauration hors de chez soi. Cet espace de restauration dans le train, lui même divers entre la table, le bar, le plateau à la place, la vente ambulante, n'est pas seulement le lieu pour manger, assouvir sa faim, grignoter, passer le temps, économiser son emploi du temps. Il a formé au cœur du système de transport ferroviaire un du paysage qui devient la métaphore visuelle d'une vie le temps d'un film. Comment ne pas imaginer que ce moment ne soit pas serti dans le délice de rencontres interdites et de desseins machiavéliques ? Cristina Bragaglia justifie par les films présentés combien la voiture-restaurant a pu être l'espace privilégié de séductions et d'aventures. Mais, comme elle le note, le glamour s'est affaibli. Et les propositions alimentaires avec lui. C'est ailleurs qu'il faut trouver l'opportunité d'un repas amélioré. À défaut de *carrozza ristorante* l'inventivité commerciale n'a pas manqué en Italie de faire naître une solution préservant le goût et la convivialité, l'éloignement de la solitude en tout cas, avec les paniers-repas que des buffets de gare proposaient, eux aussi portés à l'écran.

Natalia Starostina revient aux sources pour rappeler les conditions de création de l'Orient Express et les images que ce train a ancrées dans les mémoires. Pour elle aussi c'est la recension de témoignages, ceux d'écrivains et ceux de voyageurs, qui fonde l'émergence d'une nostalgie comme thème littéraire de l'après-Première Guerre mondiale. La restauration ferroviaire y était une mise en appétit ou une réassurance sur des parcours européens incertains. En tout cas porteurs de rêves avant que l'Europe ne se déchire.

La deuxième partie de l'ouvrage développe des études de cas qui explicitent les contraintes et les opportunités que l'espace ferroviaire peut fournir à l'activité de restauration. Sylvie Guichard-Anguis aborde un sujet un peu méconnu, mais qui tend à devenir une référence pour renouveler les formules de restauration à emporter. Le *Take away* qu'elle nous présente puise ses origines dans la période d'Edo au Japon, avant l'ère Meiji débutée en 1868. Le lien qu'elle établit entre les boulettes de riz transportées dans des conditionnements hygiéniques, le thé vert ou le saké consommés dans les établissements de bords de route et l'apparition du *Bento* atteste que les longs déplacements avaient depuis longtemps contraint les marcheurs à trouver de quoi se nourrir en portant avec eux les nutriments indispensables. Lorsque les *Bento* sont passés du stade de boîte pour conditionner les aliments emportés à un moyen spécifique de restauration en voyage, l'innovation de l'*Ekiben* – autrement dit le Bento de gare – a introduit une singularité japonaise, dès les années 1880. Conçus comme un support alimentaire composé d'ingrédients locaux, donc très attachés à des terroirs précis, les *Ekiben* présentent une infinie diversité. L'emballage même sert de facteur distinctif quand ce n'est pas la recette d'un chef réputé ou la saveur délicate d'un mets apprécié en harmonie avec les paysages traversés. Au fond, entre les évocations des contrées agricoles dans les films promotionnels du *Mistral* et la subtilité sensorielle à laquelle les manières japonaises incitent en dégustant son panier-repas, une même attraction pour l'expérience gustative en voyage caractérise l'émotion du voyageur nomade.

Cette appréciation du repas en voyage prend une toute autre forme en suivant Aparajita Mukhopadhyay qui analyse l'impact que la restauration ferroviaire a pu avoir sur la société indienne. Elle avance que ce type de service, réclamé par les voyageurs, a pu engendrer une sous-culture spécifique et unique dans l'Inde coloniale. Il lui semble que la restauration en chemin de fer n'a pas plus modernisé la société indienne, qui se serait appropriée de nouvelles manières de manger, qu'elle n'a unifié la segmentation sociale à la faveur d'un partage de nourritures. Par sa démonstration Aparajita Mukhopadhyay contredit l'historiographie classique faisant de la restauration ferroviaire un vecteur de transformation irréversible des comportements alimentaires en Inde. Elle réévalue les paramètres économiques dont devaient tenir compte les compagnies ferroviaires. Elle hiérarchise les priorités qui se firent jour pour voyager en Inde, de l'eau d'abord, des ravitaillements réguliers ensuite. Les moyens employés ne démarquèrent pas les clivages sociaux de l'Inde coloniale tout en créant des espaces de commensalité nouveaux.

Par une autre entrée, celle du choix du concessionnaire et de la sélection des produits alimentaires, Michèle Merger rend précisément compte des enjeux que la restauration ferroviaire peut porter si elle est pensée comme un paramètre d'attractivité commerciale. La démonstration d'une histoire globale est nette. Lorsque la compagnie NTV a voulu se singulariser en Italie, c'est par l'innovation du contenu qu'elle a résolu la problématique concurrentielle. Ni voiture-restaurant, inadaptée aux trajets très rapides, ni voiture-bar qui crée des circulations de passagers peu compatibles avec les possibilités de déplacements dans le train, ni plateaux-repas dont le standard culinaire est limité. Concurrencer l'avion, tenir compte d'exigences gustatives bien mieux maîtrisées en Italie qu'elles ne le sont sous les apparences en France, garantir l'hygiène, le conditionnement, l'équilibre tarifaire, les facteurs de l'équation étaient nombreux. La solution est venue d'une convergence optimisée entre les allégations du mouvement *Slow Food* sur la qualité des produits, le recours à des entreprises de proximité et une valorisation de savoirs culinaires. Comme Michèle Merger le rapporte, c'est une bataille du goût qui s'est engagée, à laquelle Trenitalia a dû à son tour tenter d'apporter ses propres solutions. Certes le choix a un coût mais il traduit l'attention portée au client, un territoire sensible d'un marketing réussi.

Ana Cabanes Martin et Miguel Munoz Rubio ont quant à eux relu l'intégralité des dispositifs qui ont permis de créer une restauration ferroviaire en Espagne, pour discerner quelles opportunités marchandes sont apparues au fil des deux siècles. L'on retrouve dans leur communication très documentée la variété des situations adoptées. Leur texte montre la corrélation fondamentale qui s'est établie entre la durée des voyages et la nécessité de concevoir un service à bord. La géographie de la péninsule ibérique renforçait une nécessité que les pays à petite superficie ne connaissent pas. Les adaptations des établissements servant des boissons et quelques comestibles (les *cantinas*) et ceux qui proposaient des repas attablés (les *fondas*) ont pourvu aux origines d'une restauration commerciale destinée aux voyageurs. Les concessions que les compagnies ont délivrées comprenaient des clauses de services et de prestations, jusqu'à la tenue des serviteurs, très réglementées. Mais, comme les deux auteurs l'analysent par des statistiques, la variété de situations s'est progressivement imposée. Dans les années 1920, au moins neuf types de restauration étaient proposés en Espagne. Ils existaient en marge des services à bord, pris en charge par la Compagnie des Wagons Lits comme dans de nombreux pays en Europe à partir des années 1880. L'alternative connut une situation similaire à d'autres réseaux, celui du progressif déficit d'une restauration difficile à rentabiliser.

La troisième partie explore dans cette voie le débat sur la pluralité des situations qui donnèrent aux voyageurs des offres très larges pour s'alimenter et qui ne cessent d'être renouvelées dans des contextes sociétaux différents. Louis Gillieaux et Paul van Heesvelde traitent du cas belge qui présente une singularité liée à la configuration géographique du pays. Ce sont les trajets internationaux qui ont rendu la restauration ferroviaire indispensable. Certes des buffets ont été progressivement intégrés à la faveur des aménagements des gares. Rien de nouveau ici. En revanche, c'est bien l'essor du trafic vers l'Angleterre qui a supposé de fournir des prestations alimentaires. Les types de buffets et de buvettes mis en place ressemblent fort à ceux d'autres pays en Europe mais la nature du trafic a engendré des dispositions plus spécifiques, comme celle de l'interdiction de consommation d'alcool dans certains établissements. C'est également le trafic international qui donna à la restauration en voiture sa légitimité. Outre que le fondateur de la CIWL était belge, la dynamique commerciale était portée par l'intensité des flux transnationaux. Comme le relate Louis Gillieaux, cette situation fut un facteur déterminant, de créativité et de productivité.

Gaelle Van Ingelgem démontre pour sa part à l'orée de sa thèse toute la richesse d'une problématique d'histoire urbaine adossée aux quartiers de gare. À partir du cas de Bruxelles, elle définit à raison cet espace comme un territoire protéiforme et mouvant. Relié aux vagues d'urbanisation, au nord puis au sud de la grande capitale belge, le quartier de gare est un lieu de convergence démographique autant qu'un endroit de mixité des cultures culinaires. Les anthropologues et les historiens de l'alimentation qui ont travaillé sur les phénomènes migratoires ont posé les cadres dans lesquels s'inscrit Gaelle Van Ingelgem. La restauration ferroviaire rencontre ici l'analyse des métissages et des mixités sociales, comme le soutiennent les cas des gares du Nord et du Midi, relais de l'Allée verte et des Bogards.

Robert Hellyer s'intéresse aussi aux cultures culinaires. Il expose les distinctions qui peuvent apparaître entre la restauration ferroviaire dans les trains aux États-Unis et au Japon par l'observation attentive des types de thés qui étaient servis. La qualité présumée du voyage ferroviaire peut se lire dans la carte des thés. Conçues par la variété des crus, entre thé vert et thé noir, par l'adéquation entre les plats servis et les boissons suggérées, la restauration ferroviaire dissocie celle de l'abondance et de la progression de la consommation de thé aux États-Unis et celle d'une volonté de suivre le style occidental, considéré comme la référence, au point de négliger longtemps au Japon la valorisation des variétés locales de thé.

Avec Sharon Hudgins, le parcours s'étire sur le très long réseau du Transsibérien au rythme des changements d'époque. Son étude met parfaitement bien en lumière la diversité qui a prévalu depuis les années 1890. Les opportunités locales de restauration sont apparues sous la forme de buffets dès les origines de l'exploitation. Il y avait une nécessité à s'y ravitailler tant qu'un service à bord ne fut pas mis en œuvre. Mais lorsque celui-ci apparut dans les années 1900, la prédilection des voyageurs resta à leur approvisionnement personnel. La rencontre des paysannes portant leurs surplus alimentaires sur les quais devint une curiosité de l'itinéraire et une voie de transaction marchande. Lorsque les guerres puis les pénuries de l'époque soviétique limitèrent les prestations à bord, ce fut encore dans la portabilité de leurs aliments que les voyageurs purent parer aux incertitudes d'un service. L'auteure elle-même, par les voyages qu'elle effectua au cours des années 1990, témoigne de la persistance d'une situation qui délaisse l'offre commerciale à bord pour s'assurer de mets plus appréciés. La restauration ferroviaire apparaît ici sous une concurrence entre deux modes, celui du recours à une organisation privée éludant les aléas d'un repas en cours de route et une prestation en voiture-restaurant dont la qualité ne peut être garantie.

Étienne Riot nous décrit une réalité exactement inverse par la montée en puissance d'acteurs nouveaux de la restauration ferroviaire. Les gares de Milan, Saint-Pancras, et Paris-Nord servent de territoires exploratoires pour discerner les enjeux de la restauration en gare. Née de la valorisation immobilière de cet espace central des villes, la lutte concurrentielle qui oppose des prestataires de service habitués de la restauration hors foyer montre qu'à l'apparente uniformité s'opposent en fait des configurations entrepreneuriales multiples. Étienne Riot dissocie nettement les acteurs, des ensembliers, anciens restaurateurs spécialisés, aux boutiques qui profitent des stratégies d'aménagement commercial des gares. Le *fast food* y côtoie la tête de gondole aux produits sélectionnés, le distributeur automate et le restaurant aux prétentions gastronomiques.

Toutes ces formes de restauration ferroviaire ont pris des apparences contextualisées mais assez semblables depuis l'invention d'une restauration dont l'utilité s'est déployée des abords de la gare à la gare elle-même et de celle-ci au train. Sous d'homogènes apparences, combien de situations d'innovations alimentaires qui passent inaperçues alors qu'elles sont au cœur de nos vies ?

Première partie

La restauration ferroviaire miroir des cultures alimentaires

Les sources audiovisuelles de la restauration ferroviaire à partir du fonds cinématographique SNCF

Vincent Deloménie

Responsable de la Médiathèque SNCF (SARDO)

Introduction

La Médiathèque SNCF est une entité qui fait partie du Service Archive et Documentation (SARDO), service dirigé par madame Agnès D'Angio-Barros. Le rôle de la Médiathèque est de collecter, de valoriser et diffuser le patrimoine photo et cinéma/vidéo de la SNCF.

Notre fonds est composé de 400 000 photographies et de 6 000 films produits avant même la création de l'entreprise en 1938 jusqu'à aujourd'hui. Nos plus vieux documents datent des années 1920. Ils sont notamment à la disposition des étudiants, des chercheurs et des universitaires.

L'objet de ma contribution à cet ouvrage est de présenter comment, à travers ses films, la SNCF a illustré la restauration ferroviaire dans ses trains. La période analysée va de 1936 à 1981. Elle couvre les années « glorieuses » de la voiture-restaurant dans laquelle les plats sont préparés sur place. Avec la mise en service du TGV en 1981, comme nous le verrons à la fin de cet exposé, la restauration ferroviaire subit une transformation. L'arrivée de ce train à grande vitesse verra en même temps la disparition définitive du concept de la voiture-restaurant.

Ma contribution s'articule autour de 6 séquences thématiques de deux à trois extraits de films et d'un film dans sa totalité. Elles se déclinent de la manière suivante :

- Les années 1930,
- Le Mistral,
- Les autorails RGP (rame à grand parcours),
- l'organisation des services dans la voiture-restaurant,

– Les trains TEE,
– Vers la fin de la voiture-restaurant.

1. Les années 1930

Le premier film présentant la restauration à bord d'un train date de 1936, avant la création de la SNCF. Pour être précis, deux films la même année illustrent la restauration embarquée. Ces deux films se nomment *Routes d'acier* (1) et *Confort* (2).

Dans *Routes d'acier* (iconographie 1), un film PLM réalisé par Étienne Nadoux en 1936 (16 min 30 sec-noir et blanc), nous fait découvrir le voyage à bord du train rapide entre Paris et Marseille en nous présentant les différents métiers des chemins de fer, les dernières innovations techniques comme l'électrification de la signalisation, et les progrès en matière de vitesse. Une séquence de 30 secondes est consacrée à la restauration voyageur.

Le film *Confort* (iconographie 2) de 1936 (5 min 04 sec-noir et blanc) présente la qualité de service qu'offre le chemin de fer à ses voyageurs. De jour comme de nuit, sur les longs et courts trajets, le train assure à ses clients confort, et rapidité. Deux séquences sont consacrées à la restauration l'une dure 25 secondes et l'autre 20 secondes.

Dans ces deux films la restauration est présentée comme un service synonyme :

– de qualité et de raffinement : « le wagon-restaurant vous offre un excellent repas » (*Routes d'acier*), « le menu est copieux et satisfait aux appétits les plus exigeants », « bon repas » (*Confort*)
– de confort : « vous en oubliez que vous êtes en chemin de fer » (*Routes d'acier*), « le wagon-restaurant confortable », « ses larges baies […] permettent de jouir du panorama des campagnes ou des côtes » (*Confort*), « le service impeccable assure l'ordonnance parfaite d'un bon repas » (*Confort*).

Les cuisines sont filmées afin de montrer que ce qui est servi est bien préparé sur place. Certains plans mettent l'accent sur la stabilité du train durant le repas : nulle crainte de voir un verre ou une bouteille se renverser. Dans le film *Confort*, on nous présente aussi la voiture-bar qui permet à une clientèle plus modeste de se restaurer pour une somme plus modique sans que cela se fasse au détriment de la qualité ou du service. Dans ces deux films, la restauration est synonyme d'excellence pour le voyageur qui peut vivre à bord d'un train comme il le ferait en dehors du train.

2. Le Mistral

En 1950, la SNCF créa un train rapide dénommé « le Mistral ». Ce train qui relia Paris à Nice à partir de 1952 sans que les voyageurs aient à changer de place alliait confort et vitesse. Il fut par exemple le premier à proposer la climatisation à bord aux voyageurs de première classe. Trois films datant de 1956 à 1960 présentent le voyage à bord de ce train dit *rapide* qui est à cette époque le fleuron du réseau ferroviaire français : *Le Mistral* (iconographie 3), *Paris Côte d'Azur par les Alpes* (iconographie 4) et *Voyage en Zig-Zag* (iconographie 5).

André Périé réalisateur du film *Le Mistral* (iconographie 3) en 1956 (24 min 36 sec-noir et blanc) nous présente un voyage à bord de ce train de Paris à Nice, en passant par Dijon, Lyon et Marseille. Le film nous permet de découvrir les coulisses de la SNCF, et ses récents perfectionnements. Ce film didactique est une source d'information sur les chemins de fer au milieu des années 1950. Deux séquences sont consacrées à la restauration, l'une dure 40 secondes et l'autre 27 secondes.

Paris Côte d'Azur par les Alpes (iconographie 4), film également réalisé par André Périé en 1959 (23 min 15 sec-couleur) nous montre comment un père et sa fille font un merveilleux voyage de Paris à la Côte d'Azur, en passant par les Alpes, grâce aux différents services proposés par la SNCF. Une séquence de 32 secondes est consacrée à la restauration.

Enfin en 1960 dans *Voyages en zig-zag* (iconographie 5) (31 min 29 sec-couleur) le même réalisateur nous expose cette fois-ci que de Paris à la Côte d'Azur par Biarritz, les Pyrénées, Avignon, Grenoble et Chamonix, le confort et les services offerts par la SNCF permettent aux touristes de visiter la France dans les meilleures conditions. Plusieurs séquences sont consacrées à la restauration dans ce film. Deux d'entre-elles sont portent sur la restauration dans Le Mistral. Elles durent 15 sec et 30 sec.

La voiture-restaurant du train Le Mistral avait un rôle important pour les voyageurs qui faisaient le long trajet Paris-Nice via Lyon et Marseille. Le repas était l'occasion de passer le temps confortablement installé en dégustant de manière conviviale, des plats de terroir de qualité voire gastronomiques. Il faut rappeler qu'il fallait 8 heures pour faire Paris-Marseille au milieu des années 1950.

Dans le film *Le Mistral* (iconographie 3) de 1956, la première séquence consacrée à la restauration dévoile la voiture-restaurant, tout en insistant sur la partie cuisine de la voiture qui est présentée ainsi que les activités du personnel travaillant dans cet espace réduit. Ces plans insistent sur le fait que les plats servis à bord de ce train sont cuisinés sur place. Nous sommes à bord d'un véritable restaurant : les tables sont dressées avec des nappes blanches et plusieurs types de couverts sont utilisés en fonction des plats servis. Le personnel est vêtu d'une tenue blanche comme dans un grand restaurant. Dans la deuxième séquence, consacrée à la restauration, nous découvrons la voiture-bar. Les images mettent en scène le côté accueillant et chaleureux du lieu où se retrouve une clientèle masculine.

Le film *Paris Côte d'Azur par les Alpes* (iconographie 4) met en évidence le terroir des plats servis en les rapportant aux territoires empruntés par le train. Comme le dit la voix off « le menu jalonne le chemin et trace notre itinéraire » avec la présence à table des plats suivants : « moutarde de Dijon, saucisson de Lyon, truite à la Grenobloise et pommes dauphinoises ». Le vin de bourgogne servi à table est à « l'unisson » avec les paysages de vignoble traversés au moment du repas.

Enfin dans le film *Voyages en zig-zag* (iconographie 5) les images accompagnées du commentaire soulignent là encore l'aspect accueillant voire décontracté de la voiture-bar même si l'ensemble des clients (exclusivement masculins) portent tous un costume gris anthracite ! Dans la séquence suivante de ce film, la voiture-restaurant est présentée comme un lieu d'échange d'impressions de voyage et de rencontre entre clients.

Dans ces trois films, le réalisateur laisse l'image d'une restauration assez haut de gamme où les gens sont assis et attablés pendant plusieurs minutes et dégustent des plats réalisés au sein de la voiture-restaurant.

3. Les autorails RGP (rame à grand parcours)

Les trois extraits suivants présentent la restauration à bord des rames automotrices thermiques et plus particulièrement dans des rames à grands parcours, dites RGP, mises en place en 1954. Ce nouveau type de train pouvait assurer de grandes relations transversales comme Bordeaux-Lyon, ou desservir de grands centres urbains avec une vitesse commerciale élevée. Elles sont synonymes de confort, de vitesse et de régularité dans les années 1950. Ces trains furent utilisés par la suite sur les parcours internationaux dans le cadre des trains TRANS EUROPE EXPRESS dits TEE créés en 1957. Trois films présentent le nouveau matériel : *Un beau voyage* (iconographie 6), *Voyage en zig zag* (iconographie 7) et *TEE Magazine du rail 19* (iconographie 8).

Dans le film *Un beau Voyage* (iconographie 6) réalisé par André Périé en 1955 (12 min 40 sec-noir et blanc), une séquence d'une minute est consacrée à la restauration. Un maître d'hôtel dresse le couvert en quelques secondes à l'endroit même où le voyageur est assis grâce à une table escamotable qui s'installe très aisément. Même s'il n'y a pas de voiture-restaurant, les plats sont préparés dans une cuisine où le cuisinier prépare des repas qui seront servis aux voyageurs directement à leur place. Ce film insiste à plusieurs reprises sur le confort de ces nouveaux trains et notamment lors du repas car il « n'est nullement troublé par des bruits parasites grâce à la parfaite insonorisation des voitures » et la stabilité du train empêche les boissons de se renverser. La particularité de la restauration servie dans les rames à grands parcours était que le voyageur ne se déplace pas dans une autre voiture pour prendre son repas. Ces trains n'étaient donc pas composés de voitures-restaurants comme dans le Mistral par exemple.

Le film *Voyage en Zig-Zag* (iconographie 7) de 1960 (voir ci-dessus), réalisé par André Périé consacre une séquence de 25 secondes à la restauration sur ce type de matériel. Désormais, grâce à ces nouveaux trains, se nourrir à bord de l'un d'entre eux n'a rien d'exceptionnel pour le voyageur du XXe siècle et cela est même plus agréable, pose le discours du film, « car il y a toujours cette fuite de l'espace exaltante qui développe la joie [...] de bien se nourrir ».

Dans le troisième film *TEE Magazine du rail 19* (iconographie 8) le ton est légèrement différent. Un reportage sur le TEE (10 min 30 sec-couleur) présente ces rames automotrices diesel que le groupement Trans-Europ Express (Allemagne, Belgique, Hollande, Italie, Luxembourg, Suisse, France) utilisa. Composés essentiellement d'une clientèle d'hommes d'affaires, les voyageurs se déplaçaient vers les grands centres européens. Horaires pratiques, rapidité, confort, détente, service de restauration, locations des places caractérisaient ces trains. Mais seule une séquence de 35 secondes est consacrée à la restauration des TEE. À bord de ces trains, le voyageur n'a pas à se déplacer pour boire un verre ou déjeuner, le maître d'hôtel le sert directement à sa place. Ce mode de service de restauration est annonciateur en quelque sorte de la restauration dite à la place qui apparaîtra dans les années 1970 avec l'adoption de la tablette et du plateau-repas servi au voyageur qui se « sédentarise » durant son trajet.

4. L'organisation des services dans la voiture restauration

Jusqu'à présent, la restauration ferroviaire apparaissait dans les films SNCF sous forme de séquences dédiées à ce service offert aux voyageurs. Il faut attendre 1967 pour qu'un film, *Voiture Restaurant* (iconographie 9), se consacre exclusivement à la restauration à bord des trains.

Dans ce film court de 1957 (3 min 25 sec-couleur) nous découvrons que la plupart des trains français avaient une voiture-restaurant qui assurait les services de petit-déjeuner, déjeuner et dîner grâce à un système de réservation. Mis en place pour manger à un horaire fixe, c'était une pause gastronomique durant les longs trajets. Le film présente ce système de réservation en moins de 4 minutes. Les voitures-restaurants donnent la possibilité aux voyageurs de se restaurer confortablement durant les longs trajets. Il est possible de réserver, comme ce père et ses enfants, auprès d'un agent à l'accueil de la voiture-restaurant pour l'un des trois services proposés. Aux heures des repas, l'agent parcourt la rame en agitant une clochette pour annoncer le début de chaque service. Dans la voiture-restaurant, les premiers servis découvrent une cuisine pleine de saveurs préparée dans les cuisines de la voiture-restaurant. La famille attend le troisième service pour déjeuner copieusement : hors-d'œuvre variés, langoustes à la parisienne, gigot d'agneau, plateau de fromages, et bombe glacée, le tout accompagné, s'ils le désirent, des vins du meilleur cru. Quant à la facture, elle est minutieusement détaillée. Ce type d'organisation permettait aux clients de choisir l'heure à laquelle ils souhaitaient déjeuner. Une fois leur choix fait, les voyageurs savaient qu'ils n'auraient pas à entrer dans une file d'attente pour déjeuner et qu'une place serait mise à disposition dès que le son de clochette était entendu.

5. Les trains TEE de la deuxième partie des années 1960

Les extraits issus des films *Magazine du rail 26* (iconographie 10), *Le Capitole* (iconographie 11) et *Un nouveau Mistral* (iconographie 12) datent de 1964 à 1969. Ils concernent exclusivement la restauration servie dans les trains TEE.

Dans le reportage, *le nouveau matériel TEE Paris-Bruxelles-Amsterdam* (iconographie 10), issu du *magazine du rail* n° 26 de 1964 (5 min-couleur), sont présentés les premiers trains TEE remorqués par des locomotives polycourant CC40100, mises en service sur la ligne Paris-Bruxelles-Amsterdam. À partir de 1964, cette liaison ne fut plus assurée par des rames automotrices diesel. Désormais ce trajet se faisait à bord de voitures inox beaucoup plus confortables et plus spacieuses. Des locomotives polycourant, CC40100, permettaient à ce train d'être tracté de bout en bout sans changement de machine puisqu'elles pouvaient s'adapter à quatre types de tension différents grâce à la présence de quatre pantographes dédiés sur leur toit. Le confort dans ses nouvelles voitures inox a encore progressé : baies vitrées équipées de stores commandés par une commande électrique, porte d'intercirculation à ouverture et fermeture automatique, climatisation et chauffage électrique, isolation thermique et acoustique, éclairage individuel incandescent … Dans ce film, une séquence de 30 secondes est consacrée à la restauration. Une voiture-bar est désormais présente à bord des trains TEE. Sans voiture-restaurant, les repas sont servis à la place comme précédemment dans les premiers TEE. Les repas sont préparés dans la voiture-cuisine, digne une fois de plus d'une installation d'un restaurant classique. Signe d'une époque, pour la première fois dans un film SNCF une femme est présente à l'image dans une voiture-bar.

Le film *Le Capitole* (iconographie 11), réalisé par René Pouillard en 1969 (3 min 30 sec-couleur), nous présente le voyage entre Paris et Toulouse, propulsé à 200 km/h entre Orléans et Vierzon. Malgré un profil difficile de la ligne, ce train reliait la capitale à Toulouse en 6 heures. C'est alors le train le plus rapide de la SNCF puisqu'il circule à 200 km/h sur une portion de son parcours (entre Orléans et Vierzon). À cette date il n'a pas encore reçu la « labellisation » TEE. Ce train la reçoit 3 ans plus tard, en 1970. Là aussi, une séquence de 30 secondes est consacrée à la restauration. Une voiture-restaurant où les voyageurs pouvaient se rendre lorsqu'ils avaient souscrit une réservation pour ce service apparaît à l'image. Dans le commentaire le terme « salle à manger » est préféré au terme « voiture-restaurant » utilisé dans les films précédents. Le train devient une sorte de chez-soi sur rail. Les plans tournés dans la voiture-restaurant témoignent de la stabilité et du confort malgré la vitesse du Capitole. Un indicateur de vitesse est présent dans la voiture-restaurant, permettant aux voyageurs d'apprécier la rapidité du trajet en même que leur repas.

En 1969 enfin Yves Clara réalise le film *Un nouveau Mistral* (iconographie 12) (7 min 32 sec-couleur) dans lequel tout apparaît possible, se détendre, déjeuner face au paysage, travailler, ou se faire coiffer. À partir de 1965, la liaison Paris-Nice, assurée par le Mistral que nous avons vu ci-dessus, avait intégré la catégorie des trains TEE. Le train devient le temps d'un voyage entre Paris et la Côte d'Azur une résidence secondaire luxueuse, propice à la détente grâce à ses aménagements et aux services à bord. De nouvelles voitures en inox dites « Mistral69 », plus confortables, le composent afin de répondre au besoin de la clientèle à la recherche de confort supplémentaire et de luxe. La restauration y mobilise une séquence un peu plus longue que dans les films précédents, durant une minute 10 secondes. Dans ce film le voyage est comparé à un spectacle dans lequel le maître d'hôtel devient un « majordome » qui « rentre en scène » lorsqu'il assure le service dans la voiture-restaurant. Le voyageur devient spectateur de ce confort qui lui est proposé notamment lors du déjeuner qui lui est servi soit à sa place, soit à bord de la voiture-restaurant. Tout en mangeant en toute quiétude, les voyageurs peuvent imaginer et rêver à ce qui les attend au terminus de ce trajet. Cela se traduit dans le film par une alternance de plans rapides de vacanciers au bord de la mer et de plans serrés réalisés dans le train sur des voyageurs. La restauration est là encore présentée comme un service haut de gamme où des plats raffinés sont proposés aux clients.

6. Vers la fin de la voiture-restaurant

Les trois extraits suivants datent de 1972 à 1982. Ils montrent un changement d'époque pour la restauration à bord des trains. Ils proviennent des films suivants : *Le train construit l'avenir* (iconographie 13), *Un train nommé Corail* (iconographie 14) et de *TGV an un* (iconographie 15).

Le film *Le train construit l'avenir* (iconographie 13) réalisé par Marc Andrieux en 1972 (3 min 50 sec et couleur) expose que tous les jours, dans toutes les directions, des trains rapides 1re et 2e classe, confortables et sécurisants, garantissent aux clients le plaisir de voyager dans les nouveaux trains SNCF. Quatre très courtes séquences sont consacrées à la restauration. Elles durent 12 secondes, 5 secondes, 5 secondes et 4 secondes.

Un train nommé Corail (iconographie 14), film réalisé par Yves Clara en 1977 (12 min 58 sec et couleur) présente ce qu'il advint des enquêtes auprès de la clientèle et d'études techniques. La SNCF conçut un nouveau type de trains de voyageurs qui rompait délibérément avec le passé : les trains Corail. Design contemporain, voitures climatisées en seconde comme en première classe, voitures détente, suspension remarquable sont les particularités marquantes de ce matériel conçu par le designer Roger Tallon. Une séquence de 30 secondes est consacrée à la restauration.

En 1982 Jacques Denand réalise le film *TGV an un* (15) (17 min 27 sec-couleur) qui revient sur la mise en service du TGV Sud-Est. Le 27 septembre 1981, François Mitterrand inaugure la mise en service du Train à Grande Vitesse. C'est l'aboutissement d'une évolution qui a commencé en 1955 avec le précédent record du monde de vitesse sur rails. Monté autour d'images d'archives, ce documentaire retrace la genèse de cette avancée technologique. Une séquence de 25 secondes est consacrée à la restauration.

Au travers de ces trois films, nous découvrons que le discours autour du voyage se modifie dans les années 1970. Même si le confort offert aux clients SNCF reste une valeur fondamentale, l'aspect pratique ou fonctionnel du train se révèle dans ces trois films.

Le film *le train construit l'avenir* (iconographie 13), présente les nouveaux matériels ferroviaires parmi lesquels les voitures Gril-Express font leur apparition à la SNCF à partir de 1970. L'ambiance est différente d'une voiture-restaurant classique. La voiture-restaurant est devenue un « restaurant libre-service ». Les serveurs ont disparu et les voyageurs munis de leur plateau se servent seuls et mangent sur des tables sans nappes amidonnées. C'est une cafétéria sur rail.

Même les plats proposés ont évolué : désormais le steak, préparé devant le client sur une plaque de cuisson, a remplacé le gigot de pré-salé forestier servi dans le film « voiture-restaurant », les hors-d'œuvre sont servis en portion individuelle dans des ramequins en verre et les chips font leur apparition dans les assiettes.

Cette nouvelle offre de restauration n'a pas fait disparaître celle plus conventionnelle que nous avons vue dans les films précédents. Dans les années 1970, les deux cohabitèrent. Autre signe d'une évolution radicale, pour la première fois dans un film SNCF apparaissent pendant plusieurs secondes des voyageurs consommant des produits alimentaires qu'ils ont emportés avec eux dans une voiture de deuxième classe…

Quelques années plus tard, en 1976, avec la mise en service du Corail, la restauration ferroviaire prit un autre virage. Comme le montre le film *Un train nommé Corail* (iconographie 14) une nouvelle offre émerge : le plateau-repas proposé à la place. Cela a été rendu possible grâce à la présence de tablettes installées à l'arrière des sièges dans les voitures à couloir central. Chaque voyageur en première ou en deuxième classe peut désormais déjeuner à sa place en posant devant lui un plateau-repas servi par une hôtesse. Les ustensiles de restauration sont en accord avec le design des intérieurs des voitures Corail. À l'origine, il n'y avait pas de voiture-restaurant dans les trains Corail. Des voitures-bars Corail, appelées Bar Corail, composent les trains dont le parcours excède trois heures afin d'offrir au voyageur « un espace où il pourra à la fois trouver quelques consommations, fumer, s'installer avec d'autres voyageurs sur des banquettes circulaires devant des petites tablettes ». Le design de cette voiture-bar est à l'unisson avec le reste du train : le plastique et les formes arrondies dominent dans cet « espace-détente ». Bien que cela ne soit pas mentionné dans ce film, certains trains Corail furent composés de voitures Grill-Express sur les très longs trajets.

Avec l'arrivée du TGV en 1981, cette tendance concernant la restauration persiste. C'est ce que décrit très bien le film *TGV an un* (iconographie 15). Avec l'avènement de ce nouveau train rapide, finie la nostalgie ferroviaire composée de bruits et d'odeurs liés à la traction vapeur, fini aussi « le cahotement hypnotique » ou « encore l'enfer du bruit dans un soufflet » ainsi que « la petite lampe à abat-jour de Crotone sur une nappe blanche ». Désormais, on rentre avec le TGV dans l'ère « où l'on voyage vite, très vite […] dans un nouvel univers ». Les quelques plans qui dans ce film présentent la restauration nous permettent de découvrir la voiture-bar TGV qui compose l'ensemble des rames TGV. Même si les boissons sont servies dans des verres en plastique, le bar est lui en métal comme l'étaient les bars dans le Mistral. Une autre nouveauté apparaît avec la voiture-bar TGV : les voyageurs sont invités à consommer leur collation debout car contrairement aux voitures-bars Corail, il n'y a pas d'espace pour s'asseoir dans le bar TGV. Lors du lancement du TGV en 1981, la partie bar TGV n'occupe pas la totalité d'une voiture. Des places de seconde classe jouxtent la partie bar. Mais à partir de 1988, avec l'arrivée des TGV Atlantique, des voitures-bars TGV furent construites en intégrant une voiture complète dédiée à la restauration. Des sièges apparurent dans ces nouvelles voitures.

Conclusion

Ainsi au travers de cette quinzaine d'extraits de films, peut-on se rendre compte de l'évolution de la restauration à bord des trains. Tout d'abord elle est de haut niveau, digne de grands restaurants, avec une préparation à bord et un service impeccable : les tables sont dressées avec des nappes blanches et il y a plusieurs types de couverts en fonction des plats que les voyageurs auront à déguster. Les repas sont préparés sur place à l'intérieur du train qui circule, à proximité du lieu où les voyageurs déjeunent. Le personnel de service est habillé comme du personnel de restaurant « sédentaire ». Les mets servis sont raffinés au point que dans le film *Paris Côte d'Azur par les Alpes* (iconographie 4), le commentaire précise les noms des plats servis. Ce service de restauration participe au voyage pour les clients qui à l'image semblent aisés.

Les repas sont servis à bord de voitures dédiées à la restauration ou à la place, en modifiant la configuration de l'espace, le temps du repas (iconographie 6) (iconographie 8) (iconographie 10). Cette restauration voyageur de qualité servie dans de telles conditions restera à ce niveau des années 1930 jusqu'à l'arrivée du train Corail au mi-temps des années 1970 (iconographie 14).

En 1975, la restauration évolue et les habitudes aussi. C'est à cette époque que la voiture-bar prit le pas sur la voiture-restaurant qui finira par disparaître avec l'arrivée quelques années plus tard du TGV. Il est aussi possible de dire que la petite tablette pliante que chaque voyageur découvre dans l'espace coach des trains Corail aura eu raison de la voiture-restaurant. Le repas est désormais servi à sa place sans modifier l'espace du voyageur. Le repas se trouve sur un plateau avec des couverts dont le design rappelle ceux du train emprunté. Le repas à bord de ces trains Corail peut correspondre à celui que l'on retrouve dans le transport aérien.

La mise en service du TGV, quelques années plus tard en 1981, verra la généralisation de la voiture-bar et la fin de la voiture-restaurant. Bien que cette dernière ait perduré encore quelques années, avant de disparaître complètement dix plus tard avec l'avènement du tout-TGV, elle n'est plus visible à l'intérieur des films détenus dans le fonds de la Médiathèque. Dans les premiers temps du TGV Sud-Est, la restauration à bord reste très limitée. La réduction du temps de transport pour effectuer des distances aboutit à ce que les clients restent moins à bord et ont donc aient moins le loisir de prendre le temps de déjeuner comme auparavant.

Iconographie 1 : Nadoux Étienne (réalisateur), Routes d'acier, *PLM (production), 1936, 16 min 30 sec, (noir et blanc)*

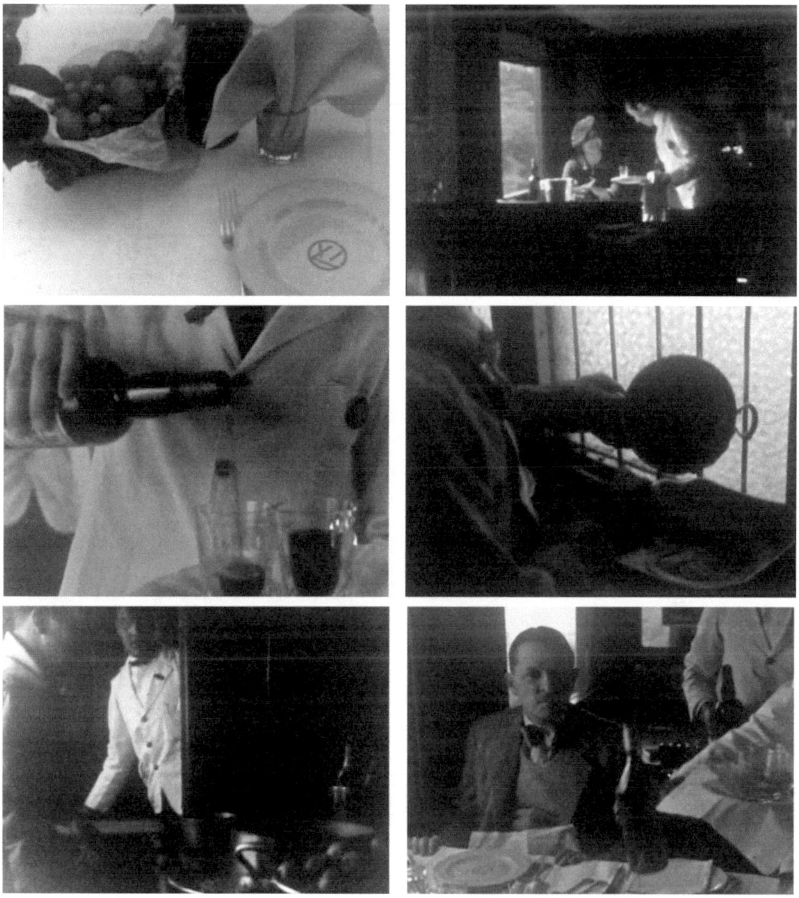

Iconographie 2 : Inconnu (Réalisateur), Confort, *SYNCHRO-CINE (production exécutive), 1936, 5 min 04 sec (noir et blanc)*

Iconographie 3 : Périé André (réalisateur), Le Mistral, *Section Centrale Cinémato graphique SNCF (production), 1956, 24 min 36 sec (noir et blanc)*

Iconographie 4 : Périe André (réalisateur), Paris Côte d'Azur par les Alpes, *Section Centrale Cinématographique SNCF (production), 1959, 23 min 15 sec (couleur)*

Iconographie 5 : Périé André (réalisateur), Voyage en Zig-Zag, *Section Centrale Cinématographique SNCF (production), 1960, 31 min 29 sec (couleur)*

Iconographie 6 : Périé André (réalisateur), Un beau Voyage, *Section Centrale Cinématographique SNCF (production), 1955, 12 min 40 sec (noir et blanc)*

Iconographie 7 : Périe André (réalisateur), Voyage en Zig-Zag, *Section Centrale Cinématographique SNCF (production), 1960, 31 min 29 sec (couleur)*

Iconographie 8 : Inconnu (Réalisateur), TEE *dans le* Magazine du rail 19 *Section Centrale Cinématographique SNCF (production), 1957, 10 min 30 sec, (couleur)*

Iconographie 9 : Inconnu (Réalisateur), Voiture restaurant, *Section Centrale Cinématographique SNCF (production), 1957, 3 min 25 sec, (couleur)*

Iconographie 10 : Inconnu (Réalisateur), Le nouveau matériel TEE Paris-Bruxelles-Amsterdam *dans le* magazine du rail *n° 26, Section Centrale Cinématographique SNCF 1964, 5 min*

Iconographie 11 : Pouillart René (Réalisateur), Le Capitole, *Section Centrale Cinématographique SNCF (production), 1965, 3 min 30 sec (couleur)*

Iconographie 12 : Clara Yves (Réalisateur), Un nouveau Mistral, *Section Centrale Cinématographique SNCF (production), 1969, 7 min 32 sec (couleur)*

Iconographie 13 : Andrieux Marc (Réalisateur), Le train construit l'avenir, *Service Cinéma SNCF (production), 1972, 3 min 50 sec (couleur)*

Iconographie 14 : Clara Yves (Réalisateur), Un train nommé Corail, *Service Cinéma SNCF (production), 1977, 12 min 58 sec (couleur)*

Iconographie 15 : Denand Jacques (Réalisateur), TGV an un, *Centre audiovisuel de la SNCF (production), 1982, 17 min 27 sec (couleur)*

Les festins de la bête humaine

Le repas ferroviaire dans la bande dessinée et le cinéma

Danièle Alexandre-Bidon et Yohann Chanoir

Ingénieur d'études à l'EHESS, GAM CRH UMR 8558
et doctorant à l'EHESS

Confronter cinéma et bande dessinée est une démarche coutumière. Cette association se justifie sur plusieurs plans : naissance simultanée des deux genres en tant que médias de large diffusion, parentés dans leur public, dans le discours – visuel et séquentiel –, dans le partage des héros et des thèmes[1], dans les procédés et les plans[2]. En outre, les influences entre les deux médias sont continuelles. Étudier le sujet de la restauration ferroviaire en croisant le 7e et le 9e art[3] apparaît légitime tant les deux médias sont liés à l'aventure du chemin de fer. Ainsi, la littérature éducative de voyage[4] est à l'origine de la bande dessinée et, dès la naissance du cinéma, le train en occupe le premier plan (*L'Arrivée d'un train en gare de*

1 Tibéri, J.-P., *La Bande dessinée et le cinéma*, Paris, B. Diffusion, coll. Regards, n° 1, 1981.

2 Notamment en ce qui concerne les scènes de train, pour lesquelles a été relevée une influence directe de *The Thirty-Nine Steps*, d'Alfred Hitchcock (1935) sur *L'Île noire*, d'Hergé (1938). Voir Schuurman, L., « L'Île noire d'Hergé et le cinéma populaire des années 1930 », dans A. Boillat (dir.), *Les Cases à l'écran. Bande dessinée et cinéma en dialogue*, Chêne-Bourg, Les Éditions Médecine et Hygiène-Georg, 2010, pp. 149-164, ici pp. 158-159. Hergé a simplement rendu plus humoristique la scène du wagon-restaurant…

3 Chaboud, J. et Dupuis, D., *Quai des bulles. Le Train dans la bande dessinée*, Paris, La Vie du rail, 1985.

4 Sangsue, D., « Le récit de voyage humoristique, XVIIe-XIXe siècle », *Revue d'histoire littéraire de la France*, vol. 101, 2001/4, pp. 1139-1162 ; Filliot, C., « L'invitation au voyage dans les premières bandes dessinées d'expression française : une excursion dans le corpus graphique du XIXe siècle », en ligne sur le site de 9e Art. 2 : voir Daumier, série des « Chemins de fer », 1843.

La Ciotat)[5]. C'est alors le début d'« une longue histoire »[6] entre les studios et la vie des rails. Toutefois, la question de la restauration ferroviaire à l'écran attend encore ses historiens, même si les premières bornes d'un vaste corpus ont été posées[7].

Comme le cinéma, la BD, toutes époques confondues, de même que ses cousins et jumeaux que sont l'imagerie d'Épinal, le dessin humoristique et l'histoire en images ont montré une sensibilité particulière au chemin de fer. À la suite des peintres de chevalet, la BD l'a considéré successivement comme une révolution visuelle (la représentation de la vitesse par un effet de flou à la Turner[8], ou celle du paysage campagnard monotone qui défile devant les yeux du voyageur, quand ce n'est pas le train qui défile devant les yeux d'une vache[9]…), comme un ressort dramatique (lieu clos, déraillements et accidents spectaculaires) et surtout comme un progrès technique. Vu par Robida, en 1888, le train est la figure de l'industrialisation, l'image même de la modernité contre laquelle le long Moyen Âge pré-technologique, représenté par un chevalier à cheval, armé d'une lance, ne peut lutter[10]. Quatre ans plus tard, le *Giornale* affiche en couverture de son almanach, en vue frontale, une locomotive qui symbolise « *Il secolo* »[11].

Dès les premières années du XXe siècle, le chemin de fer est devenu un thème iconographique si banal qu'il figure en arrière-plan de maintes images, souvent sous la forme d'une locomotive fumante couplée à son tender et circulant sur un viaduc[12]. Les années 1900 sensibilisent les

---

5 Louis Lumière, 1895.

6 Pepy, G., « Le train et le cinéma, une longue histoire », in A. Montagne (dir.), *Le Train des cinéastes*, coll. Cinémaction n° 145, Condé-sur-Noireau, Éditions Charles Corlet, 2012, p. 11.

7 Brion, P. et Di Lallo, G., *Le Train fait son cinéma*, Paris, Riveneuve éditions, 2012.

8 Turner, « Pluie, fumée et vitesse. Le chemin de fer de la Great Western », 1844, Londres, National Gallery ; *La Jeunesse illustrée*, 6e année, n° 298, 8 novembre 1908 ; De Beck, « Barney Google », *America's Greatest*, 23 août 1931.

9 Cham (Amédée de Noé, 1818-1879), *Impressions de voyage de monsieur Boniface*, xylographie, Paris, Paulin, 1844, image reproduite dans Thierry Smolderen, *Naissances de la bande dessinée*, Bruxelles, Les Impressions nouvelles, 2009, p. 63 ; Caran d'Ache, « Une vache qui regarde passer le train », *Caran d'Ache, Histoires en images*, Paris, Pierre Horay, 1979.

10 A. Robida, « La locomotive », *Le XIXe siècle*, 1888.

11 *Almanacco illustrato del Giornale*, 1892.

12 Feininger, L., « Wee Willie Winkie's World », *Chicago Tribune*, 17 février 1907. Image reproduite dans *Lyonel Feininger*, Paris, Pierre Horay, 1974. Ce motif est directement inspiré des premières gravures ou assiettes de faïence représentant des trains, entre 1840 et 1860 : voir Paques, J.-J., « Les premiers chemins de fer en France à travers des illustrations d'époque. Premier épisode : l'année 1839 ou de timides débuts », *Les Rails de l'histoire*, n° 6, avril 2014, pp. 17-20.

jeunes lecteurs à ce moyen de transport à travers des histoires de fiction et des jeux de découpage. Les jeunes Français découvrent ainsi le *Decauville Railway* de l'Exposition universelle, et les petits Anglais la voiture-restaurant des trains Pullman (fig. 1)[13]. Les journaux pour la jeunesse des années 1930 aiment quant à eux cadrer les images sur les locomotives et leurs essieux vus en contre-plongée[14]. Le train fait la couverture des magazines pour la jeunesse, sous un angle soit dramatique (déraillements, attaques…), soit technique, avec des reportages illustrés[15] (fig. 2). Depuis lors, quantité de convois ferroviaires ont traversé l'espace de la bande dessinée, dont beaucoup sont des trains de marchandises avec wagons-citernes (de vin en France[16], de whisky en Écosse, comme dans *L'Île noire*, d'Hergé) et fourgons emplis de victuailles[17], autant d'images de l'abondance alimentaire. Aujourd'hui, ce sont les dessinateurs de BD qui sillonnent en train la France et l'Espagne avec pour objectif de découvrir le patrimoine gastronomique des deux pays : « Leur mission : boire, manger, et tout raconter en BD » (fig. 3)[18]. Depuis la famille Cornouillet, de Christophe[19] – devenue ensuite famille Fenouillard –, tous les héros des illustrés empruntent le train, qu'il s'agisse des Pieds-Nickelés, dès la Grande Guerre, de Bécassine, dans les années 1920 et 1930, ou de Tintin.

Souvent, le train n'est autre qu'un hôtel de luxe roulant dont la voiture-restaurant est l'icône. Représenter des personnages passant devant un wagon-restaurant à quai est un *topos* classique de la bande dessinée depuis le début du XXe siècle (fig. 4)[20]. Toutes époques confondues, la restauration ferroviaire est présente dans un quart environ des images

13 Supplément au *Petit Français illustré*, 12e année, n° 33, 14 juillet 1900 ; « The Pullman Dining Car », *Puck*, vol. IV, n° 100, 23 juin 1906.

14 Par exemple Saint-Ogan, A., « Zig et Puce. L'homme mystérieux », *Dimanche-Illustré*, n° 494, 14 août 1932.

15 « Visitons les rames TEE », *Bayard*, nouvelle série, n° 122, 26 octobre 1958. Schefer, E.A., « Faire l'heure. Voyage à bord d'une *Pacific* », couverture de *La Jeunesse nouvelle*, n° 3, 1er juillet 1928 ; *Id.*, « Le plus beau train du monde. Le Rapide "20e siècle" », *Lisette*, n° 25, 18 juin 1939 ; J. Deligne, « Un voyage dans le train silencieux », *Bayard*, nouvelle série, n° 126, 1er mai 1949 ; « Partir ! Partir ! Arriver », reportage « héroïque » par Barreyre, J., *Ric et Rac*, n° 740, rubrique « Le temps des grandes entreprises », 10 septembre 1943.

16 Mat, « Mr Toufou », *Junior Tarzan*, n° 153, 2 mars 1939.

17 Mat, *Les Aventures comiques de Pitchounet autour du monde*, II, Paris, SPE, 1934.

18 Webtrip, *Récits et recettes*, RENFE/SNCF, Projet Lyon-Barcelone, 2014. www.webtrip-comics.com.

19 Christophe, « Une partie de campagne », *Journal de la jeunesse*, 1er semestre 1889.

20 Outcault, R. F., « Buster Brown starts for his Grandma's but only get as far as the train », 1903 ; couverture de Rivière, Borile et Carin, Victor Sackville, l'espion de George V, *Le Disparu du train bleu*, Bruxelles, Le Lombard, 2008.

de trains dans la bande dessinée[21]. Au cinéma, nombreuses sont les scènes de repas pris dans les chemins de fer. Celles-ci ne sont pas seulement illustratives mais peuvent occuper un rôle central dans l'économie du film. Les festins de la bête humaine[22] recouvrent en outre des modalités plurielles, les collations pouvant être prises aussi bien dans les voitures que dans l'enceinte de la gare. C'est toutefois le wagon-restaurant qui apparaît, aussi bien à l'écran que dans les cases, comme l'espace privilégié de la restauration ferroviaire. Autour de lui gravite une société hiérarchisée, du cuisinier aux serveurs, des stewards aux voyageurs, mais dont la présence en image n'est pas uniforme.

1. Le train-train de la restauration

1.1. Manger : un train de vie

Dans les plus anciennes histoires en bande dessinée, la restauration ferroviaire ne joue pas un rôle majeur. Il en est de même au cinéma. Sur le papier, elle intervient au cours de scènes anecdotiques, en général la difficile cohabitation dans les compartiments et les disputes entre voyageurs pour le réglage du chauffage[23]. Ancré dans la réalité, de sorte à amplifier l'effet de réel dans la fiction, le récit en séquences d'images souligne les innovations en matière de confort, tels les wagons-salons ou les wagons-toilettes, célébrés dans une petite histoire en images par… le poète Mallarmé[24].

L'un des agréments les plus appréciables, à en juger au nombre des images qui en font état, est la restauration ferroviaire. « *Refreshments are nice in the train […]. Eating in the train is such fun. It does help to pass the time* »[25], lit-on dans un illustré anglais daté de 1930. Le voyageur ne s'embarque jamais sans un petit en-cas. Dans les années 1900, il s'agit

---

21 Dans *Quai des bulles*, *op. cit.*, sur 385 citations visuelles de BD, seules 25 font une allusion directe ou indirecte à la restauration ferroviaire, soit 5,5 %. Dans notre corpus d'images de trains, plus étendu en nombre, mais aussi dans le temps et l'espace (815 images), 1/4 d'entre elles fait référence à la restauration.

22 Dans le roman éponyme de Zola, la bête humaine est celle qui sommeille en chacun de nous. La locomotive finit toutefois, lors de la dernière scène, par en incarner son substitut matériel. Au terme d'un glissement, l'oxymore désigne désormais les machines à vapeur.

23 Schließmann, H., « Histoire sans paroles », *Fliegende Blätter*, n° 2342, 1891. Image reproduite dans T. Smolderen, *Naissances…*, *op. cit.*, p. 99.

24 Mallarmé, S., « La journée du 12 », plume et lavis d'encre, 1888. Paris, Bibliothèque littéraire Jacques-Doucet.

25 Payne, A. B., « Pip and Squeak », *Pip and Squeak Annual 1930.*

d'aliments chauds tels que les pommes de terre, vendues dans la rue aux abords de la gare et qui, humour exige, sont utilisées à de tout autres fins que l'alimentation : le voyageur se chauffe les pieds dessus[26] ! Aujourd'hui, de manière plus diététique, un simple fruit, pomme ou clémentine, selon la saison, peut suffire à satisfaire une fringale au cours d'un bref déplacement en TGV, ainsi dans « Les Triplés », de Nicole Lambert.

1.2. Une restauration ferroviaire hors du train

« Aux yeux du voyageur, rien n'est plus moderne, au pays de la modernité, qu'un train américain. Propreté, hygiène, confort. Cela commence à la gare. [... dans la salle d'attente] des fontaines jaillissantes vous y désaltéreront ; vous y trouverez toutes les consommations, tous les services personnels imaginables – café, boutiques de fruits, bombons [*sic*]... »[27].

Parce que le voyage commence dès que le voyageur met les pieds dans la gare, les images donnent une place non négligeable au café de la gare, où l'on peut déguster un bock de bière et lire les journaux du jour en attendant l'heure de son train[28], souvent annoncé en retard[29], et surtout au buffet, qui joue un rôle central. La gare présente l'avantage d'offrir des lieux de restauration multiples, car le hall et sa buvette[30] comme le buffet sont devenus des espaces sociaux incontournables. Le buffet s'impose dès les années 1880 dans la représentation fantasmatique et dévoratrice du train métropolitain de Robida (fig. 5)[31]. Il est le lieu des adieux familiaux pendant la guerre[32]. Les BD des années 1980-2000 en ont multiplié les images en vue panoramique[33], procédé que l'on retrouve également dans le film *La Griffe*[34].

---

26 « A cure for cold feet », *Puck*, vol. III, n° 76, 6 janvier 1906.

27 Cazamian, M. L., *L'Autre Amérique*, Paris, Champion, 1931, p. 126.

28 Valvérane, L-D., « Le congé de M. Dordebout », *Les Belles images*, n° 30, 10 novembre 1904.

29 Bonnet, R., Les aventures de Fripounet et Marisette, *Les Semelles d'or*, Paris, Fleurus, 1953 ; Jonquet, T. et Chauzy, J.-C., *D.R.H.*, Tournai, Casterman, 2004.

30 Marc Villard et Miles Hyman, *Chroniques ferroviaires*, Paris, Futuropolis, 1989 (roman graphique).

31 Robida, A., « L'embellissement de Paris par le métropolitain », *La Caricature*, n° 338, 19 juin 1886.

32 Simont, J., « Le départ des réservistes à la gare de l'Est en septembre 1939 », *L'Illustration*, n° 5036, 9 septembre 1939.

33 Arleston, S., et Carrère, S., Léo Loden, un privé à Marseille, n° 6, *Pizza aux pruneaux*, Toulon, Soleil, 1995 ; Christin, P., et Goetzinger, A., *Charlotte et Nancy*, Dargaud, 1987.

34 Schaffner, F. J., 1967.

Les autres lieux de consommation vont du grand restaurant, à l'image du *Train bleu*[35], rebaptisé *L'Express bleu* dans un album[36], au distributeur mécanique, au chariot mobile ou au simple étal, comme dans *L'Énigme du Chicago-Express*[37] (fig. 6). Sur le quai, poussées par les garçons du buffet de la gare, roulent des extensions du buffet, les voiturettes, qui font souvent la couverture des albums de BD[38]. « Dix minutes d'arrêt buffet », pour Bécassine[39], quand ce ne sont pas cinq minutes seulement, titre d'un album humoristique[40], exigent en effet que le buffet se fasse mobile et vienne aux voyageurs[41]. Les haltes en rase campagne, narrées par Christophe ou par Jean Nohain dans Bécassine, font aussi l'objet d'épisodes filmiques, ainsi que la collation dans des gares (*La Bête humaine*)[42] ou à proximité immédiate, dans un modeste hôtel-restaurant (*Le Train*)[43]. Dans les petites gares de campagne, des tables installées à quelques pas du quai, simple mobilier d'une « très modeste buvette »[44], permettent aux voyageurs de commander une boisson fraîche pour arroser leur sandwich.

Bande dessinée et cinéma ont donc choisi de représenter une restauration ferroviaire segmentée en plusieurs pôles. Un seul des films du corpus (voir filmographie en annexe) met en scène un complexe culinaire global, du restaurant au chariot mobile. La propriétaire interrompt d'ailleurs le service à table pour aller remplir son chariot et ainsi ne pas manquer l'arrivée du train à Junction City (*Le Survivant des monts lointains*)[45].

1.3. Manger sur le pouce

Les images d'Épinal, l'imagerie Quantin et, à leur suite, les histoires en images et les bandes dessinées mettent volontiers en scène, pour s'en

---

35 Martin, J., *L'Arme absolue*, Casterman, 1982. Image publiée dans *Quai des bulles*, *op. cit.*, « La gare décor », p. 151. Voir *Le Train bleu*, Paris, Éditions Presse Lois Unis Service, 1991.

36 Ordas, P., Cothias, P. et Winoc, Trafic, *Quai n° 7*, Charnay-lès-Mâcon, Bamboo, 2010.

37 Richard Fleischer, 1952.

38 Zil, C., « Ça mord », *Le Journal de Toto*, 3e année, n° 139, 2 novembre 1939 ; Jaboune (Jean Nohain) et Pinchon, J.-P., *Grassouillet prend le train*, Ferenczi, 1928.

39 « Dix minutes d'arrêt ! Buffet ! », Pinchon et Caumery, *Bécassine aux bains de mer*, Paris, Éditions Gautier et Languereau, 1932.

40 Lortac, *5 mn d'arrêt… buffet !* Album humoristique édité par la revue *Polichinelle*, 1909.

41 Cabu et Goscinny, « Ce qu'il ne faut pas faire dans le train », dans P. Casoar et J.-P. Mercier, *L'Album Goscinny*, Paris, Éditions des Arènes, 2002.

42 Jean Renoir, 1938.

43 John Frankenheimer, 1964.

44 « Dix minutes d'arrêt ! Buffet ! », Pinchon et Caumery, *Bécassine aux bains de mer*, *op. cit.*

45 James Neilson, 1957.

moquer, des petites gens chargeant une malle de victuailles pour se sustenter tout au long du voyage ou, de manière plus réaliste, une mallette pique-nique ou un panier d'osier[46]. Les réalisateurs, comme les dessinateurs, n'ont pas ignoré cette restauration ferroviaire plus sommaire ou impromptue, où les voyageurs mangent sur le pouce (*Une femme disparaît*[47], *Le Train des épouvantes*[48], *Le Dernier train de nuit*[49], *Rome-Express*[50], etc.). Au Japon, le *bentō*, repas rapide transporté dans une boîte, a été décliné sous une forme propice aux voyages ferroviaires : l'*ekiben*. Ce dernier devient l'accessoire par excellence du voyageur japonais, notamment du provincial qui gagne la capitale (*Voyage à Tokyo*)[51] ou du *salaryman* en voyage d'affaires. Un chapitre entier du manga *Le Gourmet solitaire* est consacré à l'ouverture et à la dégustation d'un tel plateau-repas[52].

Dans les compartiments collectifs, cette restauration primitive est, aux débuts du chemin de fer, tolérée comme un mal nécessaire. Les voyageurs de la première ligne continentale aux États-Unis s'entassent dans les voitures et se sustentent sans façon (fig. 7). Cependant, le train connaît aussi le processus d'une civilisation des mœurs. La restauration rapide suscite peu à peu l'ire des autres voyageurs. Elle participe désormais d'un processus de disqualification sociale et morale. L'ambiance olfactive des pique-niques ne doit pas gêner les autres passagers. La BD procède donc régulièrement à l'énonciation d'un code de conduite des voyageurs qui ne concerne pas seulement l'odeur des aliments consommés sur le pouce, mais aussi les mauvaises manières des mangeurs. Celles-ci confinent à l'incivilité quand, pendant la Seconde Guerre mondiale, une jeune Américaine très enveloppée se gave de sucreries qu'elle transporte dans une mallette. Son interlocutrice, une superhéroïne voyageant incognito, lui en fait reproche en énonçant trois arguments : ces excès vont ruiner sa santé, l'empêcher de trouver un mari, mais, plus encore, en ces temps de privations – la scène se passe en 1942 – son comportement est « *unpatriotic* »[53].

Manger dans le train est une affaire délicate puisqu'il s'agit de procéder à un acte intime dans un lieu public. Le contenu gluant d'un sandwich dégouttant sur le costume d'un jeune homme le discrédite aussitôt aux

---

46 Christophe, *La Famille Fenouillard*, 1890 ; John Drawer, « Trains circulaires », *Le Jeudi de la jeunesse*, 2e année, n° 62, 29 juin 1905 ; Harry Hershfield, *Abie the Agent, a Complete Compilation : 1914-1915*, Westport, Hyperion Press, 1977.

47 Alfred Hitchcock, 1938.

48 Freddie Francis, 1965.

49 Alias *La Bête tue de sang-froid*, Aldo Lado, 1975.

50 Christian Stengel, 1950.

51 Yasujirō Ozu, 1953.

52 Taniguchi, J., et Kusumi, M., *Le Gourmet solitaire*, 1997, Casterman, 2005, ch. 6.

53 Moulton, C., et Petero, H. O., « Wonder Woman », *Wonder Woman*, n° 1, 1942.

yeux des demoiselles[54]. Dubout croque à plusieurs reprises (et en tire même une publicité pour le déodorant Air-Fresh) les indélicats qui sortent de leur panier fromage odoriférant et autres denrées coulantes[55]. Une liste complète d'aliments litigieux apparaît dans une histoire humoristique illustrée signée de deux grands noms de la BD :

> Le train, entre autres avantages, ouvre l'appétit. Dès que l'on s'installe dans un compartiment, vous l'avez sans doute remarqué, on pense à manger. Il y a, par conséquent, des chances pour que vous ayez amené des provisions de bouche. Or certains aliments transforment le compartiment en porcherie et offensent les autres passagers par leurs odeurs et détritus. Pour conserver l'estime de vos compagnons, voici une liste de quelques produits à ne jamais consommer dans le train : Œufs durs, bananes, camembert, marrons chauds, cacahuètes, saucisson à l'ail, sardines à l'huile, os à moelle et, bien entendu, tous les ragoûts[56].

Pourtant, ce sont bien de telles denrées, bananes et œufs durs, que croquent les héros de papier, à commencer par le petit Nicolas[57]. Pour atténuer les désagréments infligés aux compagnons de voyage, il est possible et même conseillé de partager ses provisions de bouche avec ses voisins, créant ainsi les conditions d'une sociabilité éphémère capable d'effacer les barrières sociales. Ainsi, Bécassine trinque avec Joffre[58], les paysannes jeunes et vieilles se retrouvent sur un même pied[59]. Le caractère trop anonyme d'un compartiment devrait pouvoir être personnalisé par les usagers : ils tentent d'y parvenir par le partage alimentaire, comme le démontre un dessinateur contemporain (fig. 8)[60].

Cette restauration hors du buffet ou du wagon-restaurant est parfois un choix conscient et volontaire. Christopher Lee, scientifique hautain et orgueilleux, s'isole ainsi dans son compartiment dans *Terreur dans le Shan-*

---

54 Couverture de *Pierrot*, n° 18, 5 mai 1929 ; Ymer, « Fugue », *Les Belles images*, n° 1506, 27 juillet 1933.

55 Dubout, A., « Dans le train », *Ric et Rac*, 4 octobre 1930, et publicité pour Air Fresh, 1952. Dubout, A., *Trains de Palavas et d'ailleurs*, Albert Dubout Communication, 2011 ; voir aussi le 2e commandement, « De tes voisins, soin tu prendras, en ne les gênant nullement » en ne mangeant pas de camembert et en ne fumant pas, édicté par Dubois, C., « Les dix commandements du parfait voyageur », *La Vie du Rail*, voir : http://imagerie-populaire-du-chemin-de-fer.blogspot.fr (consulté le 15 septembre 2016).

56 Cabu et Goscinny, « Ce qu'il ne faut pas faire dans le train », dans *L'Album Goscinny*, *op. cit.*

57 Sempé et Goscinny, *Les Vacances du petit Nicolas*, Paris, Denoël, 1962.

58 « Avec les grands chefs », *Bécassine chez les Alliés*, Paris, Gautier-Languereau, 1917, rééd. 1947.

59 Mario Pompei, « Isolina Marzabotto », *Gazzetta del popolo, sezione per i piccoli*, Turin, 19 septembre 1933.

60 François Ayroles, *Notes mésopotamiennes*, Paris, L'Association, 2000.

ghai Express[61]. La tranquillité est aussi recherchée par les couples défiant les normes, tel celui formé par Stewart Granger, officier de Sa Majesté, et Ava Gardner, métis anglo-indienne, dans *La Croisée des destins*[62], dans une Inde en pleine ébullition indépendantiste. Elle est parfois imposée par les nécessités du (non)service. Bien que le *Paris-Berlin Express*[63] soit un « train de luxe », le wagon-restaurant est fermé la nuit, obligeant les voyageurs à dîner dans leurs compartiments. Ce type de restauration particulière peut enfin être pratiqué par des passagers clandestins dans des trains normaux (tel Bourvil dans *Le Cerveau*)[64] ou dans des convois *a priori* non destinés au public, comme dans *L'Empereur du Nord*[65], qui évoque les voyages clandestins des trimardeurs américains tentant de survivre à la crise de 1929, quitte à y trouver la mort.

2. Le wagon-restaurant

La diversité des moments, des pratiques et des lieux de la restauration s'accompagne d'une focale placée sur le wagon-restaurant, qui apparaît comme l'espace central des repas pris sur les rails. Il convient préalablement de préciser que ni la bande dessinée ni le cinéma ne se sont intéressés aux dispositifs techniques permettant la restauration à bord des trains. Dans les illustrés, l'aménagement de la minuscule cuisine n'est observable que dans des rubriques didactiques ciblant, dès les années 1920, les choix de métiers proposés à la jeunesse. Ce sont les seules sections des illustrés qui se soucient de détailler l'installation, photo à l'appui, ainsi le générateur alimentant la cuisine électrique du *Flying Scotsman*[66], qui assurait le trajet Londres-Édimbourg (fig. 9). Au cinéma, seuls quelques plans fugitifs (ainsi dans *Super Express 109*)[67] s'attachent à montrer le local culinaire, permettant tout juste de discerner une évolution matérielle sensible entre la cuisson au gaz du *Rome-Express* et celle par micro-ondes observable dans *Piège à grande vitesse*. Ces appareils et leurs sources d'énergie sont parfois placés au service de l'intrigue pour concocter une recette des plus explosives, comme la bombonne de gaz dans *Le Pont de Cassandra*.

---

[61] Eugenio Martin, 1973.
[62] George Cukor, 1955.
[63] Jacques Tourneur, 1948.
[64] Gérard Oury, 1969.
[65] Robert Aldrich, 1973.
[66] « If you want to be a *chef* », *The Modern Boy*, 24 mars 1928.
[67] Alias *Bullet Train*, Junya Satō, 1975.

2.1. Le luxe

Le casse-croûte dans le compartiment peut avoir des aspects conviviaux, mais il ne convient en aucun cas à des personnes de qualité : manger à pleines dents – figurées en gros plan – est vulgaire[68]. Toute personne bien née se doit d'aller au wagon-restaurant. Celui-ci symbolise le luxe, au premier chef dans l'*Orient Express*[69], mais aussi dans les autres trains[70]. Les dîneurs, toujours élégamment vêtus à l'image de Cary Grant (*La Mort aux trousses*)[71], sont servis par des Noirs[72] (fig. 10a et b) – une marque de distinction pour les établissements hôteliers –, aux États-Unis, mais aussi en France. Bibi Fricotin est ainsi obligé de se grimer en Noir pour pouvoir trouver du travail dans cette branche d'activité[73]. Les Français en déplacement aux États-Unis sont d'ailleurs frappés par la conscience professionnelle du « bon nègre » « en casquette rouge et en veste blanche » qui s'occupe du confort des voyageurs[74].

Dans les images, tous les signes de la restauration hôtelière classique et de bon goût sont de mise dans les trains, y compris les menus illustrés, copiés sur des modèles réels à l'instar de celui servi le 17 avril 1884 dans l'Orient-Express[75]. C'est justement cette élégance qui a poussé quantité d'auteurs de BD humoristiques, et non des moindres, à transgresser les bonnes manières pour faire du wagon-restaurant le lieu où les dîneurs reçoivent les plats sur la tête, le plus souvent la soupe ou le poulet rôti, comme chez Hergé[76]. C'est aussi le luxe que les metteurs en scène ont préféré : du repas ferroviaire, les réalisateurs de cinéma ont en effet privilégié ceux pris dans les wagons-buffets. Force est de reconnaître

---

68 Guillou, É. D., « Un poignard Léonard », ch. 1, « Et si tu rentres bredouille… », *À suivre*, n° 109, 1er février 1987.

69 Goux et Convard, Les aventures d'Henri-Georges Midi, *L'Aigle chantera trois fois*, Glénat, 1990.

70 Citons par exemple celui de *L'Énigme du Chicago Express*, reliant de nuit Chicago à Los Angeles.

71 Alfred Hitchcock, 1959.

72 Héritage peut-être des « *georges* », esclaves noirs libérés et employés sur la Pullman. Voir Bates, B.T., *Pullman Porters and the Rise of Protest Politics in Black America, 1929-1945*, Chapel Hill, University of North Carolina Press, 2001. Nous remercions Jean-Pierre Williot pour cette information.

73 Barrett, M. et Ross, R.E., « Jane Arden », 23 juin 1935 ; Louis Forton, Les aventures de Bibi Fricotin, *Bibi fait le tour du monde*, Paris, SPE, 1938.

74 Cazamian, M. L., *L'Autre Amérique*, *op. cit.*, p. 128.

75 Juillard et Roland, *Cheminot. Les hommes du rail*, Paris, Éditions Temps Actuels/Messidor, 1982.

76 Hergé, *L'Île noire*, *op. cit.*, version 1965 ; Fournier, Les aventures de Spirou et Fantasio, 21, *Du glucose pour Noémie*, 1973 ; Veyron, M., « Toussaint », *Bernard Lermite*, Paris, Livre de poche, 1979.

l'importance de ces derniers dans les films américains, russes et asiatiques, tant le train est longtemps apparu comme le moyen de transport le plus pratique dans ces États-continents. Au cinéma, le wagon-restaurant incarne une société en mouvement qui ne renonce pas au luxe. Qu'il s'agisse du Transsibérien (*Terreur dans le Shanghai Express ; Transsibérien*)[77], de l'Orient-Express (*Bons baisers de Russie*)[78], des autres trains qui traversent les vastitudes, la restauration ferroviaire est placée sous le sceau du luxe. Véhicule d'une aristocratie fière de ses principes et d'une bourgeoisie jouissant de sa réussite, le wagon-restaurant est le ghetto du gotha. On y supporte mal la mixité sociale, la présence de parvenus ou de femmes faciles (*Shanghai Express*)[79]. Malgré l'éloge de la vitesse, le wagon-restaurant incarne un moment de stase d'une société mobile mais qui n'évolue pas. Attention, toutefois, à l'effet de source dans le cinéma qui a souvent favorisé l'extraordinaire au détriment de l'ordinaire. Mais il en va de même dans la bande dessinée : le noble russe du feuilleton *13, rue de l'Espoir*, qui accueille à sa table une jeune femme libérée issue d'un milieu modeste, se dit déshonoré, dans les années 1970, quand elle paye l'addition[80] : c'est la négation du caractère élitiste de cet espace luxueux.

Le luxe se cristallise aussi dans les trains privés qui permettent les repas les plus gourmets. Différents types ont été mis en scène. Ceux affrétés par les dirigeants des compagnies ferroviaires américaines (*Il était une fois dans l'Ouest*)[81] expriment l'opulence dans laquelle vivaient les magnats du chemin de fer. D'autres trains, tout aussi somptueux, sont ceux réquisitionnés par les nazis dans les films de guerre (*Train spécial pour Hitler*[82], *Les Douze Salopards : Mission fatale*)[83] ou utilisés par les Soviétiques (*Octopussy*)[84] dans les histoires d'espionnage. Ils participent d'un processus de dévalorisation, typique du cinéma hollywoodien qui aime représenter l'ennemi dans le luxe le plus insolent, procédé que connaît aussi le cinéma sud-coréen avec les Japonais (*Le Bon, la brute et le cinglé*)[85].

---

77 Brad Anderson, 2008.
78 Terence Young, 1963.
79 Josef von Sternberg, 1931.
80 Gall, J. et F. et Gillon, P., *13, rue de l'Espoir*, Paris, Les Humanoïdes associés, 1980.
81 Sergio Leone, 1968.
82 Alain Payet, 1976.
83 Lee H. Katzin, 1988.
84 John Glen, 1963.
85 Kim Jee Woo, 2008.

2.2. Le lieu de l'intrigue

Au cinéma, le wagon-restaurant n'est pas un simple lieu d'arrière-plan. Il participe pleinement à l'histoire. Dans une filmographie innombrable, citons parmi les titres les plus représentatifs *Une femme disparaît*, *L'Inconnu du Nord-Express*[86], *Certains l'aiment chaud*[87], *La Mort aux trousses*[88], *Il était une fois dans l'Ouest*, *Le Crime de l'Orient-Express*[89]… Le wagon-restaurant est le lieu où l'intrigue se noue et se dénoue. Dans *Le Train de la mort*[90], Sherlock Holmes y est menacé de mort. C'est pendant le repas que le meurtre et le vol sont commis. C'est aussi au buffet que subsiste la seule trace physique de Miss Froy : son nom écrit sur la fenêtre (*Une femme disparaît*). Dans *La Grande Vadrouille*[91], c'est dans le wagon-restaurant, au cours d'un repas, qu'un des pilotes anglais est démasqué et arrêté. C'est l'espace de l'interrogatoire dans les trains où la mort s'est invitée à table (*Rome-Express*, *Transsibérien*). Comment ne pas citer *La Mort aux trousses* où Cary Grant est séduit autant qu'il séduit Éva Marie Saint devant un Gibson et une truite saumonée ?

Si l'on excepte les voyages en temps de guerre, qui entraînait une inévitable baisse de qualité[92], la déliquescence de ces lieux de plaisirs gustatifs est consommée dès les années 1970 : dans le wagon-bar des trains à grande vitesse, en France comme au Japon[93], le service est bâclé et les dîneurs en ressortent non seulement appauvris par les prix exorbitants mais encore insatisfaits sur le plan gastronomique[94]. L'image dominante est désormais celle d'une restauration de basse qualité, coûteuse, prise de manière incommode, debout au sein d'une foule qui empêche de manger tranquillement. L'opinion des héros de BD (et des auteurs) est sans appel : « ce truc n'en est pas à son premier voyage »[95] dit, du plat qui lui est servi au wagon-bar, un membre de la bande à Lucien ; ou encore : « à la gare Saint-Charles de Marseille, la seule chose plus désagréable que l'ingestion des sandwiches

---

86 Alfred Hitchcock, 1951.

87 Billy Wilder, 1959.

88 Alfred Hitchcock, 1959.

89 Sidney Lumet, 1974. Ce film a d'ailleurs inspiré une BD : Rivière, F. et Miniac, J.-F., *Le Crime de l'Orient-Express*, Lefrancq, coll. Le Masque présente, 1995.

90 William Neill, 1946.

91 Gérard Oury, 1966.

92 « Ce fut notre tour d'aller au wagon-restaurant. Je ne donnerai pas mon impression sur les repas végétariens que les conditions actuelles imposent. […] Cela va du "pas mal" à l'"ignoble" » : Barreyre, J., « Partir !… », art. cit. (l'action se passe en 1943).

93 Boilet et Peeters, *Love Hotel*, Casterman, 1993.

94 De Beketch et Lucques, L'aventure moderne, « Wagon-restaurant (bis) », *Pilote*, n° 663, 20 juillet 1972.

95 Margerin, F., Lucien, « Le train », dans *Quai des bulles*, *op. cit.*, p. 197.

SNCF, c'est la montée au pas de course des grands escaliers… »[96] …Cette image négative, qui valait encore il y a peu[97], a récemment été revisitée par les Triplés de Nicole Lambert, dans le *Figaro-Madame*. Le wagon-bar était surtout appréciable en dehors des heures de repas ; à présent, il accueille un public élégant le temps de manger un croque-monsieur devant une vitre panoramique « pour jouir au mieux du spectacle » des paysages traversés[98]. Jusque-là, les scènes paisibles et conviviales de wagon-bar n'étaient que de commande[99].

2.3. Le wagon immobile : de la crise au symbole identitaire

C'est à Providence (Rhode Island), en 1872, que le premier *lunch-wagon* quitte les rails[100]. Rustique, il a déjà trouvé son caractère central : il sert des repas jusqu'au bout de la nuit. Dans les années 1920, ces wagons encore mobiles deviennent des *dîners* sédentaires, inspirés pour leur ligne des wagons Pullman. Avec la concurrence de l'automobile et de l'avion, le train connaît un déclin. Aux États-Unis, les wagons-buffets se retrouvent parfois immobilisés, mais ils conservent souvent leur fonction de restaurant. Ils scandent les routes interminables du continent américain[101]. Roulants en un premier temps[102], puis figés dans un soubassement en maçonnerie ou intégrés à un mûr fronton, ils se transforment en mobilier urbain[103].

Le *dîner*, dit aussi cantine roulante en français[104], devient alors un des lieux emblématiques de la société nord-américaine et il s'affiche aussi bien au cinéma que dans la BD. Le 9e art les figure aussi bien en milieu urbain qu'en rase campagne (fig. 11). Ainsi, un wagon désaffecté, en bois,

---

96 Arleston, S. et Carrère, S., Léo Loden, un privé à Marseille, 6, *Pizza aux pruneaux*, Toulon, Soleil, 1995.

97 Jonquet, T. et Chauzy, J.-C., *D.R.H.*, *op. cit.* ; « SNCF : le pain du rail », dans *Arrière-cuisines et dessous de table*, *Les dossiers du Canard enchaîné*, juillet 2015.

98 Le Floc'h, B., sans titre, dans *D'un quai à l'autre…*, *op. cit.*

99 *Ibid.* ; Nicoby, « Entrain », dans *D'un quai à l'autre…*, *op. cit.* ; Christin P., et Denis, J.-C., *Trains de plaisir*, Dargaud, 1998.

100 Brown, S., *It Happened in Rhone Island. Remarkable Events that Shaped History*, Kearney, Morris Book Publishing, 2012, p. 126.

101 Paul Arthur, « In search of love », publicité en bande dessinée de General Food dans les suppléments illustrés des quotidiens américains. Reproduit dans *Nemo*, n° 25, avril 1987, p. 37.

102 Pinchon et Caumery, « Bécassine », *La Semaine de Suzette*, 12e année, n° 14, 4 mai 1916.

103 Edson, G. et Hasen, I., « Dondi », *Sunday News*, 16 mai 1965 ; Benoit, T., « Le mobilier urbain », *À Suivre*, hors série *Architectures de bande dessinée*, janvier 1985.

104 McManus, G., « La famille Illico », *Robinson*, n° 128, 9 octobre 1938.

est transformé en cantine dans une série identitaire des « petits blancs », « Toonerville Trolley »[105]. Les *dîners* offrent une nourriture pratique et réconfortante, des sandwiches, et surtout riche en sucre, mais de bonne qualité : tenus par une femme, parfois une « *grandma* », ils vendent des gâteaux « maison ». C'est la raison pour laquelle, transformés en *food trucks*, les *dîners* sont spécialement appréciés des enfants qui s'y retrouvent pour manger des glaces ou s'y affrontent lors de concours de mangeurs de tartes[106]. Sur grand écran, ces espaces occupent également un rôle emblématique. Espace iconique d'un lieu, d'une génération (*American Graffiti*)[107] ou d'un groupe d'amis (*Diner*)[108] (fig. 12), le *dîner* cinématographique symbolise l'âme nord-américaine. Même réduit à l'immobilité, le wagon-restaurant continue d'incarner la mobilité des Américains, de ces citoyens nomades d'un jour (*Cinq pièces faciles*)[109] ou de toujours.

Les deux médias ont donc érigé le wagon-restaurant en espace central de la restauration dans les chemins de fer. Il abrite une société en miniature, plurielle et hiérarchisée dans sa mise en image.

3. La société de restauration ferroviaire

3.1. Le cuisinier, un personnage hors champ ?

Dans la BD, la restauration ferroviaire engage toute une série de personnages. Roi d'un royaume minuscule, le cuisinier apparaît davantage que dans les images de l'hôtellerie classique, mais il ne joue pas pour autant un rôle principal. Souvent, d'ailleurs, il tourne le dos au lecteur[110]. Seule une histoire choisit de figurer le cuisinier et son local en plan rapproché, mais c'est pour mieux souligner le caractère négligé des lieux et l'incompétence manifeste de l'homme[111] (fig. 13).

À l'écran, le cuisinier est rarement un personnage de premier plan. Au pire, les cuisiniers des wagons-restaurants sont souvent réduits à une image d'arrière-plan (*Une femme disparaît*, *Super Express 109*). Au mieux, on leur concède quelques paroles, ainsi dans *Rome-Express*, où l'un d'entre eux offre

105 *Fontaine Fox's Toonerville Trolley*, compile par H. Galewitz et D. Winslow, New York, Charles Scribner's Son, 1972, p. 183. Le dessin n'est pas daté mais l'auteur était actif entre 1904 et 1955.

106 Edson, G. et Hasen, I., « Dondi », *Sunday News*, 12 novembre 1961.

107 Georges Lucas, 1973.

108 Barry Levinson, 1982.

109 Bob Rafelson, 1970.

110 Gos et Peyo, Benoît Brisefer, 4, *Tonton Placide*, Dupuis, 1969.

111 Peeters, B. et Deubelbeiss, P., *Le Transpatagonien : voyage dans l'insolite et dans la peur*, Tournai, Casterman, 1989.

un moka au héros du film, contrôleur de wagons-lits et séducteur épistolaire. Parmi une production prolifique, deux films émergent en accordant au maître queux un rôle moins périphérique. Dans *Shanghai Express*, qui se déroule dans une Chine en pleine guerre civile, le cuisinier a droit à quelques apparitions, qui montrent sa conscience professionnelle. Alors que le train est arrêté par des rebelles, il continue à exercer son apostolat avec une rare componction. Le récent *Snowpiercer*[112] montre un curieux cuistot, dont le plat unique ne suscite pas particulièrement l'appétit. Dans un tout autre registre, dans *Piège à grande vitesse*[113], un de ces films d'action typiques des années 1990, Steven Seagal, chef cuisinier à Denver, prend le train avec sa nièce jusqu'à Los Angeles. On le voit préparer un gâteau aux côtés des véritables cuisiniers du Grand Continental (fig. 14). Le convoi est arrêté par un groupe de terroristes. Mais Casey Riback, ex-membre des forces spéciales, va leur concocter un menu spécial qui assure à ces convives improvisés le rêve de tout commensal : une digestion définitive. Le duel final a naturellement lieu dans la cuisine, où le méchant est terrassé : « Je suis imbattable dans une cuisine » conclut en péroraison ce drôle de chef.

3.2. La brigade : des seconds rôles au premier plan ?

Alors que le cuisinier n'est souvent qu'une figure mineure, le reste du personnel (serveur[114], parfois un petit garçon[115], groom[116], barman, maître d'hôtel) fournit un ensemble de seconds rôles dont la présence peut s'avérer déterminante, aussi bien dans la bande dessinée[117] qu'au cinéma (*Le Crime de l'Orient-Express*). Sur le papier, la brigade n'est mise à l'honneur que si des héros en ont momentanément usurpé le costume professionnel, tels les Pieds-Nickelés[118] (fig. 15).

Les serveurs sont des personnages récurrents, que l'on croise dans tous les genres et dans tous les trains mis en scène. Au début du XXe siècle, la BD américaine, dont tous les héros font le Grand Tour, s'attache à la repré-

---

112 Bong John-Ho, 2013.

113 Geoff Murphy, 1995.

114 Gos et Peyo, *Tonton Placide*, *op. cit.*

115 « Bécassine dans le wagon-restaurant », *Bécassine chez les Alliés*, *op. cit.*

116 Callaud, Les aventures de Bibi Fricotin, XI, *Bibi Fricotin chez les Chinois*, Paris, Société parisienne d'Édition, 1940.

117 Rivière, F. et Miniac, J.-F., *Le Crime de l'Orient-Express*, *op. cit.* ; Marc Piskic, *Le Train bleu*, adapté d'Agatha Christie, Paris, Emmanuel Proust Éditions, 2005 ; Goux et Convard, *L'Aigle chantera trois fois*, *op. cit.*

118 Forton, L., Les nouvelles aventures des Pieds-Nickelés, *Toujours de nouveaux exploits*, Paris, Société parisienne d'Édition, 1929 ; *Id.*, « Les nouvelles aventures des Pieds-Nickelés », en couverture de *L'Épatant*, 24e année, n° 1194, 18 juin 1931.

sentation du service ferroviaire à la française, avec maître d'hôtel en frac[119] (fig. 16). Le service commence sur le quai, avant même le départ, dans ces convois qui sont les traits d'union des grandes capitales européennes (*Rome-Express*). Les serveurs y apportent une touche d'élégance typique de cette « vieille Europe », comme dans *Le Pont de Cassandra*[120], dans l'Orient-Express, voire dans le Transsibérien, abondamment filmé (*Terreur dans le Shanghai Express*, *Transsibérien*). Le serveur annonçant les services à grand renfort de coups de clochette est un personnage emblématique des voyages ferroviaires[121]. Il fait l'objet de gags dans quantité de BD. Les serveurs sont les témoins privilégiés des scènes cocasses, des disputes amoureuses (*Le Pont de Cassandra*), des idylles qui se nouent, plus ou moins mercenaires, et peuvent même y prélever leur obole (*Terreur Express*)[122] quand la conquête d'un soir s'avère être une prostituée.

Il peut enfin s'agir de vendeurs ambulants : dans un train autrichien bondé, un homme en uniforme offre bières et coca cola aux voyageurs, tentant péniblement de se frayer un chemin à travers les wagons (*La Griffe*). Dans la BD, la boisson, identitaire, dépend du pays traversé : lait de yack en Sibérie et thé tchaï en Inde[123]... Les techniques de vente sont multiples : un garçon du buffet de la gare sert depuis le quai, par la fenêtre[124]. Plus extraordinaire, les riverains du métro aérien de Chicago, en 1913-1914, profitent de chaque ralentissement des convois pour proposer aux voyageurs, de fenêtre à fenêtre, du chop suey aux champignons[125] !

3.3. Les voyageurs nomades, de l'archétype au microcosme

Reflet de son temps, le train incarne tantôt une société en expansion, reflet d'une civilisation des plaisirs, tantôt une société en ruines : un siècle sépare ces deux mondes...

À la fin du XIXe siècle, les illustrations des récits en séquences d'images mettent volontiers en scène les échanges entre Paris et la province en « trains de plaisir », générateurs de généreux pique-niques. Elles n'éludent

119 McManus, G., *Bringing up Father. A Complete Compilation : 1913-1914*, introduction par Bill Blackbeard, Westport, Hyperion Press, 1977.

120 Georges Pan Costamos, 1976.

121 Paape, E., Les aventures de Jean Valhardi, 3, *Le Château maudit*, Dupuis, 1981.

122 Ferdinando Baldi, 1979.

123 Bonifay, P., Lebras, A. et Lereculey, J., *La Compagnie des glaces*, 2, d'après le livre de G. J. Arnaud, sur story-board de Christian Rossi, Dargaud, 2003 ; Cosey, Jonathan, *Celle qui fut*, Le Lombard, 2013.

124 McManus, G., *Bringing up Father...*, *op. cit.*

125 Hershfield, H., *Dauntless Durham of the USA, The Complete Strip : 1913-1914*, Westport, Hyperion Press, 1977.

pas non plus, sous l'angle humoristique, les transports… amoureux. Dans le journal *La Caricature*, Robida envisage le train des amoureux, le wagon des soupeurs, celui des noceurs et des danseuses, femmes faciles ; en 1900, l'humoriste Henri Avelot esquisse un projet humoristique de verrière pour la gare Saint-Lazare avec souper fin à minuit, champagne coulant à flots et compagnie en plein dévergondage[126] (fig. 17) : la bête humaine est, dans l'imaginaire, un lieu sensuel où plaisirs de la bouche et plaisir de la couche s'entrelacent. Les aventures érotiques dans les trains de nuit invitent donc à la représentation du petit déjeuner au wagon-restaurant ou dans le compartiment couchette, où il est alors arrosé de champagne[127]. Les cinéastes n'ignorent pas ces transports amoureux. Il existe même depuis 1975 au Japon un sous-genre érotico-ferroviaire du cinéma rose (*pinkueiga*)[128]. Les films relevant du *chikandensha* mettent en scène des pervers s'adonnant au *chikan* (actes d'attouchements sexuels sur des femmes dans les transports en commun, dont les trains). Dans une filmographie importante, citons *Molester Train*[129]. En Occident, les rencontres amoureuses mises en scène débutent souvent au wagon-restaurant (*La Mort aux trousses*, *TransAmerica Express*)[130]. Mais elles profitent aussi de la tranquillité des compartiments privés, où le champagne coule à flots (*Piège à grande vitesse*).

Symbole d'une société nomade où les frontières sont abolies, le transport ferroviaire illustre la menace que la mobilité fait peser sur l'humanité. Avec les années 1980, la terreur et l'horreur se sont instillées dans les histoires de trains de la BD. Les adaptations des livres d'Agatha Christie, notamment *Le Crime de l'Orient-Express*, en témoignent. Le train, lieu clos propice à la montée en puissance de l'angoisse, est aussi un lieu où l'on prend son dernier repas, que ce soit dû à la présence d'un monstre improbable (*Terreur dans le Shanghai Express*), ou à un risque bactériologique. Dans *Le Pont de Cassandra*, dans une cuisine désertée, un pestiféré répand ses bacilles sur le repas qui va être servi. Dans la BD, des virus mortels extra-terrestres s'attaquent aux voyageurs captifs de leur moyen de transport[131].

Dans un registre apocalyptique, à la surface d'une planète Terre dévastée et couverte de glace, le train devient l'unique moyen de survie dans

---

126 Robida, A., « Le train n° 1880 », supplément au n° 53 de *La Caricature* ; « Projet de verrières pour la gare Saint-Lazare », *Henri Avelot*, « Les Maîtres humoristes », n° 17, Paris, Société d'édition et de publications, 1908.

127 Par exemple, Hugdebert, *La Bête humaine*, 1993, et *Les Voluptés de l'Orient-Express*, 1989.

128 Sharp, J., *Behind the Pink Curtain : The Complete History of Japanese Sex Cinema*, Godalming, FAB Press, 2008.

129 Shinya Yamamoto, 1975.

130 Arthur Hiller, 1976.

131 Lamquet, C., Tropiques des étoiles, 3. *Les Boréales*, Bruxelles, Hélyode, 1993.

un monde où rien ne pousse plus et où les compagnies ferroviaires se sont partagés le globe, comme dans la série intitulée *La Compagnie des glaces*[132]. Reprenant une bande dessinée du début des années 1980, Le *Transperceneige*[133], *Snowpiercer*, aborde lui aussi le thème catastrophiste. L'humanité est réduite à un train obligé de circuler sans s'arrêter dans un monde pétrifié par le froid. Dans ce train ont été aménagés des wagons-potagers et d'autres dédiés à l'élevage de blocs de viande. Dans un lieu clos, où les ressources sont chichement rationnées, les survivants forment une société hiérarchisée où une caste de privilégiés jouit d'un confort alimentaire luxueux. La masse famélique est régulièrement épurée par des révoltes commandées depuis le wagon de tête, où le chef de train savoure des steaks de bœuf arrosés de vieux millésimes, quand il ne boit pas un verre de champagne dans son bain[134]. Pour assurer la survie de l'humanité, cuisines et wagons-restaurants occupent un rôle décisif. La restauration ferroviaire, même après la fin de notre civilisation, on le voit, reste un enjeu essentiel – le dernier peut-être.

Même hors catastrophe naturelle, atomique ou extra-terrestre, le train devient l'expression métaphorique d'une vie humaine qui se déroule sans but et sans espoir, comme sur des rails, en un cercle sans fin[135]. « *A life is like a train* », écrivait déjà Agatha Christie…

Conclusion

Loin de se contenter de mettre en scène de simples pratiques alimentaires dans l'univers ferroviaire, bande dessinée et cinéma témoignent du rôle symbolique joué hier et occupé aujourd'hui par la nourriture dans une société mobile. Même loin des rails, le wagon-restaurant crève l'écran et continue d'occuper les cases des albums, signe de son caractère emblématique. Se nourrir dans les trains est à la fois un invariant et un comportement qui ne cesse d'évoluer. En insistant sur les luxueux wagons-restaurants des lignes intercontinentales, les deux médias expriment une nostalgie pour des repas de qualité. L'avènement d'une restauration moderne, dans des voitures-bars, consommée debout ou sur son siège, constitue un de ces « mouvements nettement rétrogrades » que Norbert

---

132 Font et Cothias, Alise et les argonautes, 2, *La Souris verte*, Glénat, 1988 ; Bonifay, P., Lebras, A. et Lereculey, J., *La Compagnie des glaces*, 2, *op. cit.*

133 Lob et Rochette, *Le Transperceneige*, Casterman 1984 (pré-publié dans *À Suivre*, 1982).

134 Renard, C. et Schuitten, F., *Le Rail*, Paris, Les Humanoïdes associés, 1982.

135 Chihoi & Hung Hung, *Le Train*, d'après Hung Hung, « Le manège », Éditions Atrabile, 2010.

Élias analysait dans la *Civilisation des mœurs*[136]. Le voyageur du XXIe siècle a les mêmes rites que son homologue du XIXe. Le spectateur et le lecteur y trouveront ainsi de quoi nourrir leur goût du passé et leur dégoût d'une si bien nommée *fast food*.

La focale placée sur les repas de la bête humaine aboutit paradoxalement à faire du cuisinier une figure hors-champ et du matériel de cuisson un élément furtif d'arrière-plan. Si les autres acteurs (garçons, stewards…) sont davantage présents, ce ne sont toutefois que des seconds rôles. L'essentiel pour la BD et le cinéma est l'espace de consommation, lieu à la fois clos et ouvert, propice aux rencontres ou favorable à un entre-soi, théâtre de tous les actes de la comédie humaine.

Annexe

Filmographie et localisation de l'intrigue

L'Arrivée d'un train en gare de La Ciotat, Fr., 1985, Louis Lumière (France).

La Bête humaine, Fr., Jean Renoir, 1938 (France).

Une femme disparaît, R.-U., Alfred Hitchcock, 1938 (Europe centrale).

Pacific Express, USA, Cecil B. DeMille, 1939 (en direction de Cheyenne, États-Unis).

Berlin Express, USA, Jacques Tourneur, 1948 (entre Paris et Berlin).

Le Train de la mort, USA, William Neill, 1946 (entre Londres et l'Écosse).

Rome-Express, Fr., Christian Stengel, 1950 (entre Paris et Rome).

L'Énigme du Chicago Express, USA, Richard Fleischer, 1952 (entre Chicago et Los Angeles, avec un arrêt à la gare de La Junta, Colorado).

Voyage à Tokyo, J., Yasujirō Ozu, 1953 (entre Onomichi et Tokyo).

La Croisée des destins, USA, George Cukor, 1955 (Bhowani, Inde coloniale).

Le Survivant des monts lointains, USA, James Neilson, 1957 (Junction City, Kansas).

Certains l'aiment chaud, USA, Billy Wilder, 1959 (entre Chicago et la Floride).

La Mort aux trousses, USA, Alfred Hitchcock, 1959 (entre New York et Chicago).

Bons Baisers de Russie, R.-U., Terence Young, 1963 (entre Istanbul et la Yougoslavie).

Le Train, Fr.-USA, John Frankenheimer, 1964 (hôtel près de la gare de Rive Reine, en fait Acquigny).

Le Train des épouvantes, RU, Freddie Francis, 1965 (entre Londres et Bradley).

La Grande Vadrouille, Fr.-G.B., Gérard Oury, 1966 (France, zone occupée).

---

136 Norbert Elias, *La Civilisation des mœurs*, Paris, Calmann-Lévy, [1939] 1995, p. 178.

La Griffe, USA, Franklin J. Schaffner, 1966 (restaurant de la gare de Langenam, Arlberg, Alpes autrichiennes).

Il était une fois dans l'Ouest, It., Sergio Leone, 1968 (ville fictive de Flagstone, États-Unis).

Le Cerveau, Fr.-It., Gérard Oury, 1969 (entre Paris et Bruxelles).

5 pièces faciles, USA, Bob Rafelson, 1970.

L'Empereur du Nord, USA, Robert Aldrich, 1973 (en Oregon).

American Graffiti, USA, Georges Lucas, 1973.

Terreur dans le Shanghai Express, RU-Esp., Eugenio Martin, 1973 (entre Pékin et Moscou).

Le Crime de l'Orient-Express, RU, Sidney Lumet, 1974 (Yougoslavie).

Molester Train, J., Shinya Yamamoto 1975 (Japon).

Super Express 109, J., Junya Satō, 1975 (entre Tokyo et Hakata).

Le Dernier train de nuit, It., Aldo Lado, 1975 (entre Munich et Vérone).

TransAmerica Express, USA, Arthur Hiller, 1976 (entre Los Angeles et Chicago).

Train spécial pour Hitler, Fr., Alain Payet, 1976 (Europe orientale occupée).

Le Pont de Cassandra, RFA-It.-RU-Fr., Georges Pan Costamos, 1976 (entre Genève et Stockholm).

Terreur Express, It., Ferdinando Baldi, 1979.

Diner, USA, Barry Levinson, 1982.

Octopussy, RU-USA, John Glen, 1983 (entre RDA et RFA).

Les Douze Salopards : Mission fatale, USA-It.-Youg., Lee H. Katzin, 1988 (entre Munich et Istanbul).

Piège à grande vitesse, USA, Geoff Murphy, 1995 (entre Denver et Los Angeles).

Le Bon, la brute et le cinglé, Corée du Sud, Kim Jee Woo, 2008 (Mandchourie dans les années 1930).

Transsibérien, RU-RFA-Esp.-Lit., Brad Anderson, 2008 (entre Pékin et Moscou).

Snowpiercer, Corée du Sud-Fr.-USA, Bon John-Ho, 2013 (monde post-apocalyptique).

Figure 1. Wagon restaurant Pullman. Jeu de découpage, Puck, *vol. IV, n° 100, 23 juin 1906. Ancienne collection Pierre Couperie, coll. part.*

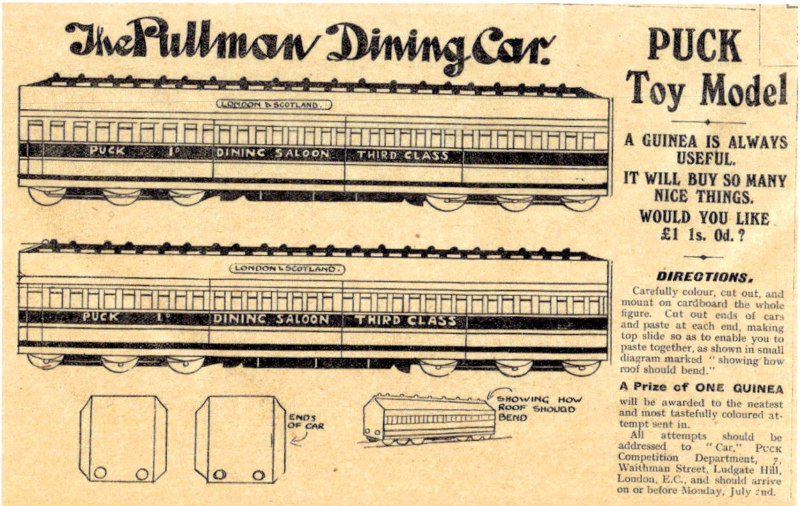

Figure 2. E. A. Schefer, « Le plus beau train du monde. Le Rapide "20e siècle" », Lisette, *n° 25, 18 juin 1939. Ancienne collection Pierre Couperie, coll. part.*

Figure 3. Un projet gastronomico-ferroviaire. « Récits et recettes », septembre 2014. webtrip-comics.com.

Figure 4. Richard Felton Outcault, « Buster Brown starts for his Grandma's but only get as far as the train », 1903.

Figure 5. Albert Robida, « L'embellissement de Paris par le métropolitain »,
La Caricature, *n° 338, 19 juin 1886.*

Figure 6. Étal à sandwichs en gare de la Junta (Colorado), 1952,
L'Énigme du Chicago Express, *Richard Fleischer.*

Figure 7. Une restauration sur le pouce, 1939, Pacific Express, *Cecil B. DeMille.*

Figure 8. François Ayroles, Notes mésopotamiennes, *Paris, L'Association, 2000. Copyright F. Ayroles et L'Association.*

Figure 9. La cuisine du Flying Scotsman. « If you want to be a chef », The Modern Boy*, rubrique « Careers in the making », 24 mars 1928. Ancienne collection Pierre Couperie, coll. part.*

CAREERS IN THE MAKING.

IF YOU WANT TO BE A CHEF.

There are big plums at the top of the tree for the go-ahead young fellow!

THE career of chef has far more attractions and opportunities for the go-ahead young fellow than most people believe. Provided you start early, and in the right way, there are big plums at the top of the tree if you take the trouble to climb there!

Training should begin at an early age—say fifteen or sixteen, and necessitates going through a complete kitchen course. Before you can reach the position of "King of the Kitchen" you must be prepared to undertake all kinds of jobs—from washing greens to drawing and trussing poultry! All this ground-work is necessary to enable you, as a successful head chef, to tell at a glance whether a dish has been properly prepared or not, and to detect any deficiency in it.

A knowledge of French is almost essential, since so many Frenchmen and others who speak the language are employed in the kitchens of our big hotels, where sometimes one scarcely hears English spoken. This knowledge of French may be acquired in the kitchen itself, where the beginner is apprenticed, or by means of special study in spare time.

There are all kinds of minor chefs in a big hotel kitchen. There is a sauce cook, roast cook, and so on, and the would-be head chef will have to have a working knowledge of the duties of these men, whom—while they all hold quite good jobs themselves, for each is an artist in his particular line—he hopes one day to "boss."

Assistant chefs usually receive commencing wages of about £2 or £3 a week, but a capable boy will receive quick promotion, so that in a year or two he should be worth £5 per week. Really good chefs are so rare and so desirable—from the hotel manager's point of view—that there is every prospect of advancement.

The fellow who is determined to get on will not hesitate to attend special classes of training in the work (such as are run by the London County Council), since such training counts as a part of the apprenticeship term which he will have to serve when he enters the hotel kitchen.

The fee for these special classes is about £5 a year, and the recommended period of training is three years.

When a boy is apprenticed to the chef of an hotel, the chef will see that the young fellow is passed from one department to another and that, in time, he is qualified to take up a responsible position. Once a man has reached this stage, he may perhaps have to wait until he can step into a head chef's shoes. A successful man is well known, and hotels and restaurants will retain him at big fees, often running into four figures.

To aspire to the really big positions in the world of catering, the young man who finishes his kitchen course in this country is well advised to go abroad and serve for a time in Continental hotels. To be able to produce papers to the effect that one has served with credit in Paris, Vienna, Berlin, the Italian Riviera, or New York is of immense help in obtaining a high position and establishing a reputation.

How would you like a job as chef on a train? The chef of the Flying Scotsman above) touches a switch, and a generator driven by a band from a wheel-axle supplies current to the electric kitchen.

The Modern Boy 20 24/3/28

Figure 10a. L'élégance du service, 1959, La Mort aux trousses, *Alfred Hitschcock.*

Figure 10b. Monte Barrett et Russel E. Ross, « Jane Arden », 23 juin 1935. Ancienne collection Pierre Couperie, coll. part. Copyright Register and Tribune Syndicate (GB).

Figure 11. Fontaine Fox (actif 1904-1955), « Toonerville Trolley ».
Extrait de Fontaine Fox's Toonerville Trolley, *compile par Herb Galewitz et Don Winslow, New York, Charles Scribner's Son, 1972.*

Figure 12. Fells Point Diner, Baltimore, 1982, Diner, *Barry Levinson.*

Figure 13. Une vision négative : espace réduit et compétences limitées. Benoît Peeters et Patrick Deubelbeiss, Le Transpatagonien : voyage dans l'insolite et dans la peur, *Tournai, Casterman, 1989. Copyright Casterman.*

Figure 14. Cuisine du Grand Continental, 1995,
Piège à grande vitesse, *Geoff Murphy.*

Figure 15. La brigade au complet. Louis Forton, « Les nouvelles aventures des Pieds-Nickelés », L'Épatant, *24e année, n° 1194, 18 juin 1931. Angoulême, Cité de la bande dessinée et de l'image.*

Figure 16. George McManus, « Bringing up Father », 1913-1914.

Figure 17. Henri Avelot, « Projet de verrières pour la gare Saint-Lazare ».
Extrait de Henri Avelot, *Paris, Société d'édition et de publications, 1908.*
Ancienne collection Pierre Couperie, coll. part.

Manger sur les rails devant l'œil de la caméra[1]

Cristina Bragaglia

Professeur d'Histoire du Cinéma,
Université Alma Mater de Bologne

1. La voiture-restaurant et la philosophie du luxe

En 1930, un réalisateur italien, Mario Camerini, qui plus tard deviendra un habile porte-parole de la petite bourgeoisie dans des comédies qui connaîtront un vif succès, dirige *Rotaie* (Rails) : un des derniers films muets du cinéma italien. L'intrigue est étroitement liée aux chemins de fer, la référence est visible dès le titre. L'œuvre de Camerini compare la réalité de la vie misérable d'un jeune couple à ses aspirations à une vie de luxe.

Rotaie *(1929) – le wagon restaurant*

[1] Je remercie Sonia Christin-Veyrenche pour la précieuse révision du texte.

Après une tentative de suicide déjouée par l'impétuosité d'un train en mouvement et grâce à la découverte d'un portefeuille rempli d'argent près du buffet de la gare Termini, les deux jeunes gens montent à bord d'un train de nuit en direction du Casino de Sanremo et s'installent à la table d'une élégante voiture-restaurant. Bien qu'ils aient trouvé de l'argent, leurs vies ne changeront pas comme c'était le cas dans presque toutes les œuvres de la période fasciste durant laquelle l'ascension sociale était impossible. Ayant perdu tout son argent, le couple doit rentrer à Rome dans un compartiment de troisième classe et accepter la nourriture que lui offre une petite famille pauvre mais heureuse. Le style cinématographique de Camerini dans ce film subit des influences opposées : d'une part celle de l'avant-garde et de l'expressionnisme et d'autre part celle du réalisme. De cette façon les scènes que nous avons décrites auparavant sont particulièrement efficaces. Elles symbolisent presque deux façons de manger à bord du train : la première est celle de la voiture-restaurant, la seconde celle du casse-croûte marquant ainsi l'acceptation d'un destin petit-bourgeois. Dans la séquence finale, filmée selon les canons du cinéma soviétique, la jeune femme enceinte, désormais oublieuse du luxe du wagon-restaurant, attend son mari devant les grilles d'une usine, dominée par de hautes cheminées.

Rotaie *(1929) – en troisième classe*

Le film de Mario Camerini expose avec une efficacité sémantique et visuelle la dichotomie que le spectateur retrouve chaque fois que le film traite la thématique du repas à bord du train. Dichotomie qui, à première vue, peut sembler idéologique (ce fut le cas pour Camerini), mais qui, en réalité, adopte un point de vue sociologique afin de refléter les habitudes ainsi que les coutumes des voyageurs et, plus précisément, leur évolution au fil du temps.

Depuis sa création, le cinéma aime le train : il partage avec lui le postulat constitutif donné par le mouvement et le fait d'être une découverte technologique emblématique de la modernité. Le critique français Albert Montagne va plus loin et établit une autre similitude poétique entre le train et le cinéma. Il considère qu'ils « sont gémellaires et ont de nombreux points communs. L'un est un ensemble longiligne de volumes en mouvement suivant une voie étroite sans fin, l'autre des images défilant sur un espace rectiligne délimité. Travellings de train et de caméras suivent le même mouvement. Tous deux sont des inventions technologiques marquant l'entrée dans un monde nouveau »[2].

Le septième art exploite pleinement la plupart des traits distinctifs du voyage dans un endroit fermé, cadencé par les arrêts, assimilant également des représentations du train fournies par la littérature[3]. Dans cette prédilection logistique s'insèrent des scènes où les voyageurs satisfont leur besoin de nourriture : au cours de leurs premiers itinéraires, les trains américains parcouraient beaucoup de kilomètres et nécessitaient par conséquent de nombreuses heures de voyage. Au début, les passagers les plus riches devaient descendre du train dans certaines gares et manger ce qui leur était préparé dans des cuisines plus ou moins bien équipées.

À partir de 1864, George Mortimer Pullman conçoit et construit des voitures meublées avec soin, accueillantes et confortables, parcourant les États-Unis et transportant de riches passagers pendant des trajets dont la durée peut s'étendre jusqu'à un jour et une nuit. En 1868, le Delmonico, la première voiture-restaurant de la Chicago & Alton Railroad – qui doit

---

[2] Montagne, A., « Préambules : Le train au cinéma, entre rêves et réalités, voix stellaires et voies ferrées », *Cinémaction*, n° 145 (décembre 2012), p. 14. À propos des relations symboliques entre le train et le cinéma voir également Méjean, J-M., *Polysémie de l'apparition du train au cinéma*, *ibid.*, pp. 20-24. En ce qui concerne l'analyse historique voir Corinaut D. et Viry-Babel, R., *Travellings du rail*, Paris, Denoël, 1989 ; Scanarotti, R., *Treno e cinema. Percorsi paralleli*, Gênes, Le Mani, 1997 ; Spencer Beck, J. et Suares, J. C., *Hollywood Trains*, Charlottesville (VA), Thomasson-Grant, 1994 ; Hunthley, J., *Railways on the Screen*, Shepperton, Ian Allan, 1993.

[3] Pour de plus amples informations consulter Ceserani, R., *Treni di carta*, Turin, Bollati Boringhieri, 2002.

son nom à un célèbre restaurant de New York[4] – sillonne les rails pour la première fois. Le « Delmonico's » était synonyme de la meilleure restauration de luxe qui s'inspirait de la tradition française : à bord des premières voitures-restaurants étaient employés les cuisiniers du restaurant new-yorkais qui servaient leurs plats les plus célèbres comme le « *Delmonico steak* » ou les « *Delmonico Potatoes* ».

Dès leur création, par conséquent, les wagons-restaurants tirent le meilleur parti possible de l'aura de luxe qui entoure le restaurant le plus renommé de l'époque et qui provient aussi bien de l'exploitation de la réputation de la cuisine française que du décor magnifique et raffiné proposé aux clients.

L'innovation américaine arrive en Europe seulement en 1879 lorsque le Royaume-Uni introduit un service de restauration sur la ligne Londres-Leeds. Quelques années plus tard, les voitures-restaurants sont réparties sur les itinéraires de longue distance de toutes les principales lignes ferroviaires européennes et, tout comme leurs ancêtres des États-Unis, leurs normes de service et de cuisine sont au plus haut niveau[5]. Elles doivent leur construction et exploitation à la Compagnie des wagons-lits, un nom et un logo (le fameux monogramme à deux lions) que le cinéma apprendra bientôt à connaître.

Dès son apparition, par conséquent, la voiture-restaurant est un symbole de luxe, tant et si bien qu'à la fin des années 1950 un fin observateur et interprète de la réalité contemporaine tel que Roland Barthes la met au centre de l'une de ses réflexions sur les mythologies de son époque, remarquant qu'une voiture-restaurant offre bien plus qu'un repas :

> Ce que le prix fixe de la Compagnie Cook[6] procure, c'est moins une nourriture qu'une philosophie. Le principe en est une gageure : que le voyageur

4 Appartenant à deux frères Giovanni et Pietro Delmonico, originaires du Tessin, le premier restaurant Delmonico, inauguré en 1830, est devenu en une dizaine d'années le restaurant de référence de la haute société new-yorkaise jusqu'à la fin du siècle.

5 En France le premier wagon-restaurant a été ouvert en 1882, sur la ligne Paris-Vienne, un prélude au futur et célèbre *Orient-Express*. Il partit de la Gare du Nord avec à son bord le roi belge Léopold II. En Europe, nous devons la propagation des voitures-restaurants aux chemins de fer britanniques, qui avaient inauguré le service le 1er novembre 1879 sur la *Great Northern Railway* entre Londres et Leeds. Ainsi en Italie, le premier wagon-restaurant, géré comme les voitures-lits par la Compagnie des Wagons-Lits, est apparu en 1890 sur la ligne Peninsular Express qui conduisait de Londres à Brindisi des passagers qui, pour la plupart, poursuivraient leur voyage en mer empruntant un bateau en direction de Bombay. Le transport des passagers était accompagné d'un service postal portant le nom évocateur de Malle des Indes. La connexion fut rompue en 1914, lors du déclenchement de la Première Guerre mondiale.

6 Roland Barthes se réfère ici à l'agence de voyages britannique Thomas Cook & Son (connue également sous le nom de Cook's Tour), qui en 1928 avait été achetée par la Compagnie des Wagons-Lits.

consomme au cœur même du voyage tout ce qui est constitutivement contrarié par le voyage. Le premier but est donc ici de purifier le repas de toute finalité proprement nutritive, de masquer sous un protocole de soins, sa contingence même, qui est tout simplement de se nourrir dans un train. […]. Par exemple, peu de place engendre beaucoup de linge, tout un gâchis de nappes et de serviettes (on en fourre jusqu'autour des corbeilles de pain), des couverts multiples, comme si ni l'espace ni le temps ne manquaient pour les ranger, les laver[7].

C'est cet aspect-là de la voiture-restaurant que capturent de préférence les cinéastes qui en font un lieu privilégié de rencontres, de séduction ou de crimes. Peut-être était-ce juste une question de fascination, ou peut-être s'agissait-il tout simplement de l'utilisation d'un symbole. En effet, le wagon-restaurant entre dans les plans cinématographiques à partir de 1903 dans ce genre d'archétype du Western représenté par *The Great Train Robbery* d'Edwin S. Porter dans lequel un plan général d'un train arrêté sur les rails montre la voiture-restaurant, indissociable des trains de luxe.

2. Le wagon-restaurant au cinéma, un espace privilégié de séductions et d'aventures

La présence d'une clientèle aisée et mondaine et une savante autant qu'innovante commercialisation font en sorte que la voiture-restaurant soit perçue comme un lieu qui allie le charme du luxe au goût de l'aventure. Le 11 mai 1916, Filippo Tommaso Marinetti publie sur le premier numéro de *L'Italie futuriste* l'article-manifeste « La nuova religione – morale della velocità », où il tente d'esquisser une sorte de philosophie de la vitesse et donc du dynamisme. Dans la liste des « lieux habités par le Divin », Marinetti classe, juste après les trains, qu'il considère comme étant les premiers, les wagons-restaurants, où l'on peut « manger en vitesse » en avalant la nourriture à 140 kilomètres à l'heure.

Le train, en particulier celui qui conduisait vers des destinations qui, à l'époque, étaient considérées comme exotiques, fascine avant tout les écrivains, qui soulignent et exacerbent les aspects les plus étranges de ce microcosme de voyageurs constitué au départ de riches commerçants et aristocrates, puis par la suite de nombreux aventuriers. En effet, plusieurs auteurs se sont intéressés au sujet : citons à titre d'exemple le poète révolutionnaire Guillaume Apollinaire (*Les onze mille verges*, 1907, dont les histoires érotiques des premiers chapitres ont lieu dans

[7] Barthes, R., « Wagon-restaurant », *Les Lettres nouvelles*, 18 mars 1959, p. 51.

l'Orient-Express) et un romancier de talent et à succès comme Maurice Dekobra qui, dans *La Madone des sleepings* (1925), peint le portrait original d'une dame anglaise qui voyage beaucoup et qui sait comment profiter de sa liberté, jusqu'à s'approcher de la psychanalyse et du socialisme révolutionnaire.

C'est grâce à ces pages et aux articles des rubriques mondaines que la voiture-restaurant devient, pendant de nombreuses décennies du XXe siècle, un des lieux privilégiés du luxe et du rituel social de l'élite, même lorsque le train doit céder sa suprématie aux autres moyens de transport en commun.

Parmi les cinéastes qui s'approprient cette réputation il convient de citer Alfred Hitchcock, un réalisateur aimant la nourriture, situant presque toutes ses histoires des années 1950 au sein de la classe aisée américaine et révélant à travers ses œuvres un penchant pour le train et les *dining cars.*

The Lady Vanishes *(1938)*

https://weeklyhitch.wordpress.com/2014/12/23/week-21-the-lady-vanishes-1938/.

En 1938, le metteur en scène tourne ses derniers films au Royaume-Uni avant de déménager à Hollywood. Il tire le sujet de *The Lady Vanishes* (*Une femme disparaît*, 1938) d'un roman d'Ethel Lina White et transforme une référence politique du roman policier d'origine en une véritable histoire d'espionnage afin de renouer avec le succès qui avait couronné ses autres films appartenant à ce genre. Par rapport au roman, la voiture-restaurant acquiert une plus grande importance, mais tout comme dans l'œuvre littéraire c'est le lieu où les Anglais peuvent se retrouver et reprendre les habitudes de la mère patrie, même dans des endroits inaccessibles tels que la fantomatique nation d'Europe centrale où les événements se déroulent. Ainsi est-ce dans le wagon-restaurant que l'héroïne Iris Henderson (Margaret Lockwood), au début du voyage, prend un thé avec Miss Froy et, par la suite, trouve un indice fondamental pour la résolution de l'intrigue. C'est également dans ce lieu que les passagers britanniques du train opposent une farouche résistance aux espions ennemis, jusqu'au moment où la locomotive redémarre et passe la frontière.

Les scènes du film concernant le train ont été tournées sur le chemin de fer militaire de Longmoor, dans le camp militaire homonyme du Hampshire, où l'on remisait de vieux wagons et locomotives. Hitchcock sait comment tirer profit au mieux de l'ancien matériel et transforme la voiture-restaurant en un lieu de refuge dans un train qui, pour l'héroïne, semble être devenu la quintessence du danger.

Strangers on a Train *(1951)*

http://www.ifi.ie/film/strangers-on-a-train-3/.

Si dans les années 1930 le réalisateur britannique joue avec la symbolique et la fierté d'appartenir à la nation anglaise de ses compatriotes, en 1951, désormais parfaitement intégré au sein de la machine de production hollywoodienne, il adopte une attitude plus réaliste (et par certains aspects sociologiques) envers les voitures-restaurants, tirant à nouveau profit de leurs aspects caractéristiques, respectant la règle selon laquelle le réalisateur doit choisir des lieux qui permettent au spectateur de comprendre de façon immédiate une grande partie de l'histoire et des personnages. Le film *Strangers on a Train* (*L'Inconnu du Nord Express*, 1951), tiré du roman homonyme de Patricia Highsmith, croise littéralement dès les premiers plans – grâce à l'utilisation de lignes obliques et au détail des pieds – les vies de Guy (Farley Granger), un célèbre joueur de tennis qui ne parvient pas à obtenir le divorce de sa première femme, et Bruno (Robert Walker), l'héritier paresseux d'une famille riche. Les deux hommes se rencontrent autour d'une table dans la voiture-restaurant du train qui relie Union Station qui se trouve à Washington à Penn Station située à New York. Tous deux sont ivres : ils ont en effet ingurgité des cocktails avant de prendre leur repas. Chacun d'eux avoue ses problèmes à l'autre et Bruno propose à un Guy ahuri de tuer sa première épouse. En échange, il éliminera le père du jeune homme afin que celui-ci puisse hériter de la fortune de la famille. Faute de mobile, personne ne les soupçonnera. Hitchcock, comme à son habitude, insère un événement inhabituel dans un environnement fréquenté quotidiennement par des milliers d'Américains. En effet, les *commuters*, qui appartenaient à la *middle class*, étaient accoutumés à passer une partie de leur voyage de retour – en direction de leurs logements situés dans des banlieues résidentielles – à avaler des cocktails. Il s'agit d'images classiques du cinéma américain des années 1930, 1940 et 1950. Hitchcock les renverse en insérant l'élément incongru de l'assassinat. En outre, d'une touche personnelle, il connote psychologiquement le choix des plats proposés dans le menu, comme il l'explique dans une interview :

> Preferences in food characterize people. [...] I have always given it careful consideration, so that my characters never eat out of character. Bruno orders with gusto and with an interest in what he is going to eat – lamb chops, French fries, and chocolate ice cream. A very good choice for train food. And the chocolate ice cream is probably what he thought about first. Bruno is rather a child. He is also something of a hedonist. Guy, on the other hand, shows little interest in eating the lunch, apparently having given it no advance thought, in contrast to Bruno, and he merely orders what seems his routine choice, a hamburger and coffee[8].

---

8 La déclaration d'Alfred Hitchcock est rapportée dans l'œuvre de Charlotte Chandler intitulée *It's Only a Movie : Alfred Hitchcock. A Personal Biography*, Londres, Simon &

Sept ans plus tard, Hitchcock utilise à nouveau une voiture-restaurant comme plateau pour l'une des scènes les plus importantes de *North by Northwest* (*La Mort aux trousses*, 1958), à la fois film policier, d'espionnage et d'amour. Le protagoniste Roger Thornhill (Cary Grant), pris pour un agent de contre-espionnage et injustement accusé d'homicide, doit échapper à une bande d'espions et au FBI. Pour cela il monte dans un train qui doit le conduire de New York à Chicago et rencontre Ève (Éva Marie Saint), qui l'aide à se cacher des contrôleurs, bien qu'elle aussi appartienne à la bande. Après qu'ils se sont donné rendez-vous dans la voiture-restaurant, Cary Grant se laisse séduire par Éva Marie Saint, tombant ainsi dans le piège de ses ennemis, mais, à son tour, la jeune femme tombe amoureuse de lui, jouant un rôle essentiel dans son salut. Après avoir regardé un menu moderne et stylisé, Roger commande « *a Brough trout* », une truite sauvage, pêchée dans les eaux claires du Brough Reservoir dans l'État de l'Utah, mais l'arrivée des agents de police l'empêchera de l'avaler.

North by Northwest *(1958)*

Schuster, 2005 aux pages 201 et 202. Le choix des décors ferroviaires est fréquent dans les œuvres de Patricia Highsmith, l'auteure du roman qui a inspiré le film d'Hitchcock. Un train est d'ailleurs au centre des événements de *Ripley's Game* (publié en France sous les titres *Ripley s'amuse* et *L'Ami américain*). En 1977, Wim Wenders sait en tirer profit dans son film *Der Amerikanische Freund* (*L'Ami américain*) : lui aussi fait entrer en jeu la voiture-restaurant, dans laquelle l'arrivée d'un gangster et de ses hommes menaçants contraint Jonathan et Ripley à fuir.

Pour le tournage, Hitchcock utilise le *20th Century Limited*, considéré alors comme le train le plus luxueux des États-Unis. Dans les annonces publicitaires, le style du train est présenté comme étant « spectaculaire, exclusif et sophistiqué ». De 1938 à 1967 à New York les passagers accédaient au train, en marchant sur un tapis rouge qui avait été utilisé pour la première fois à l'occasion du *20th Century Limited* et qui aujourd'hui a été adopté par les festivals du cinéma du monde entier : un lien que le film d'une certaine façon anticipe. Dans la voiture-restaurant des serveurs s'occupaient des passagers et dans la cuisine les chefs préparaient des dîners de luxe. Les menus offraient entre autres caviar, filet mignon et homard. Dans les trois *Club cars* on pouvait boire des cocktails tels que Manhattan ou Dry Martini[9]. L'ambiance de luxe et la renommée du train sont sûrement dignes de l'atmosphère des lieux où les événements se déroulent dans le film : du Plaza Hotel du début à la villa de l'élégant quartier de Long Island, jusqu'au Palais des Nations Unies. Un tel choix exprime à quel point le wagon-restaurant demeure non seulement un symbole de luxe et de raffinement, mais aussi de réussite sociale.

En 1963, un autre protagoniste du monde cinématographique – qui avait également intéressé Alfred Hitchcock, acquéreur des droits de *Casino Royale* [*sic*], le premier roman dans lequel le personnage était apparu – l'agent de l'intelligence britannique, le désormais légendaire James Bond, fréquente la voiture-restaurant comme s'il s'agissait d'un restaurant de luxe dans *From Russia with Love* (*Bons baisers de Russie*) réalisé par Terence Young. Là encore le déjeuner est interrompu parce que Tatiana Romanova (Daniela Bianchi), fuyant avec Bond des hommes de SPECTRE, s'endort après avoir été droguée. Les faits se déroulent à nouveau dans le wagon-restaurant d'un train de grande renommée : l'*Orient-Express*. Si l'agent 007 dans les années 1960 est l'expression la plus réussie de la culture cinématographique du grand public (avec une influence qui s'étend à d'autres domaines des médias), il se réapproprie certains mythes du passé, y compris le légendaire *Orient-Express* qui traversait l'Europe jusqu'à Istanbul. Comme chacun le sait, l'*Orient-Express* fut lancé sur les rails en 1883 : l'industriel belge Georges Nagelmackers voulut transporter sur le Vieux Continent les trains de nuit de luxe tels que les avait conçus Pullman aux États-Unis. C'est un mythe qui se forge dans le temps. Dans les années 1930, l'*Orient-Express*, le *Simplon Orient-Express*, et l'*Arlberg-Orient-Express* acquirent une grande renommée pour leur confort, leur luxe, y compris dans les voitures-restaurants et pour leur cuisine raffinée. Dans les compartiments se retrouvaient diplomates et espions, artistes et millionnaires, qui voyageaient pour satisfaire des exigences de travail

9 Cf. Cook, Sr., Richard J., *The Twentieth Century Limited*, Lynchburg (Virginia), TLC Publishing, 1993.

ou simplement le goût de l'aventure. Célébré par des écrivains comme Graham Greene, Guillaume Apollinaire et Ernest Hemingway, le train a atteint une grande notoriété en 1934 grâce à l'écrivain Agatha Christie, qui a habilement exploité à la fois la nature de huis clos que le train présente et l'aspérité des lieux que l'*Orient-Express* traverse, dans le roman *Murder on the Orient-Express* (*Le Crime de l'Orient-Express*), adapté en 1974 dans le film homonyme réalisé par Sidney Lumet[10]. La solution du crime commis dans une cabine de première classe est confiée à Hercule Poirot (Albert Finney), qui choisit la voiture-restaurant comme l'endroit où mener ses interrogatoires et réunir, selon sa coutume, tous les suspects pour exposer les résultats de ses enquêtes. Le chef décorateur Tony Walton a reconstitué minutieusement l'intérieur d'une des voitures de l'*Orient-Express*, utilisant cuir, velours et bois précieux. Pour le wagon-restaurant il s'est servi du modèle de la Voiture Salon-Bar *Train Bleu*, classée Monument historique. La perfection du travail a fait naître la rumeur selon laquelle les voitures originelles de l'*Orient-Express* furent utilisées pour le film alors que les tournages avaient eu lieu aux Elstree Studios, en Angleterre.

Murder on the Orient Express *(1974)*

http://thegreatkh.blogspot.it/2012/09/murder-on-orient-express-1974-lauren.html.

En réalité l'itinéraire du train dans le roman (et dans le film) nous permet de comprendre qu'il s'agit du *Simplon-Express* avec lequel Agatha

---

10 Considéré encore aujourd'hui comme la meilleure adaptation des romans d'Agatha Christie, le film présente un *all star cast :* Lauren Bacall, Ingrid Bergman, Jacqueline Bisset, Vanessa Redgrave, Sean Connery, Anthony Perkins, John Gielgud, Richard Widmark, Jean Pierre Cassel. Le financement massif des producteurs britanniques a également permis la reconstruction précise des wagons.

Christie avait voyagé plusieurs fois pour rejoindre son mari, archéologue en Iraq[11]. Toutefois, lors du tournage du film, les fastes de l'*Orient-Express* étaient lointains : le train avait perdu son aura de luxe et les voyages dans ses voitures étaient devenus très dangereux. En 1977 le train accomplit son dernier voyage[12], effacé par la modernité.

Le glamour de la voiture-restaurant s'affaiblit également. Si jusqu'ici nous avons vu comment dans les wagons-restaurants avaient lieu des scènes de séduction régulièrement enregistrées par la caméra, en 1995 un Italien, Carlo Verdone, modifie leur fonction. Dans *Viaggi di nozze (Voyages de noces)*, il situe dans la voiture-restaurant d'un ETR 460, dessiné par Giugiaro, une scène entre le comique et le tragique où Fosca, l'héroïne (Veronica Pivetti), au début de sa lune de miel, s'aperçoit avec horreur qu'elle a épousé un médecin grincheux, insupportable et imbu de sa personne (Carlo Verdone). La nourriture servie à table semble être en parfaite harmonie avec ce qui se passe : d'insipides soles bouillies et une purée de pommes de terre sont des plats dignes d'un repas proposé à l'hôpital. Fosca a, cependant, la confirmation de l'erreur qu'elle a commise lorsque le professeur émérite parle à voix haute au téléphone d'excréments, d'hémorroïdes et d'autres détails dégoûtants, suscitant l'indignation et le dégoût des autres convives. En cela les actions du médecin s'opposent radicalement à celles des deux séducteurs Cary Grant et Sean Connery. Encore une fois, le cinéma anticipe de quinze ans la fin d'un mythe ferroviaire. Bientôt en Europe le service de restauration est supprimé, même dans les trains de luxe, remplacé par des wagons avec cafétéria ou par la restauration à la place, comme dans les avions. En 2010, Florian Henckel von Donnersmarck dirige entre Paris et Venise le thriller cosmopolite et romantique *The Tourist*, où Angelina Jolie et Johnny Depp se déplacent dans les environnements canoniques du luxe européen raffiné : au cours du trajet entre la capitale française et la ville lagunaire, les protagonistes se rencontrent dans le compartiment d'un moderne ETR 500 *Frecciarossa.* Malgré ce qui se passe en réalité[13], c'est Trenitalia qui fournit le matériel

---

11 C'est de la réalité qu'Agatha Christie tire l'épisode de l'arrêt prolongé du train à cause de l'abondante neige, qu'elle avait vécu pendant un de ses voyages dans l'*Orient-Express* : elle l'avait décrit dans une longue lettre adressée à son mari. Le kidnapping à l'origine de l'homicide sur le train a été inspiré de l'enlèvement du bébé Lindberg, qui avait eu lieu en 1932, juste avant l'élaboration du roman. Cf. Morgan, J., *Agatha Christie, A Biography*, London, Collins, 1984, pp. 201-204.

12 Dans les années 1980, l'*Orient-Express*, sous le nom de *Venice Simplon Orient-Express*, reprend du service, sur le parcours Paris-Venise, grâce à James Sherwood, un magnat américain qui achète les wagons et le fait restaurer en conservant la décoration de la Belle Époque et en alimentant la nostalgie de l'âge d'or des longs voyages sur rail. Cf. http://www.seat61.com/OrientExpress.htm#.VeLgL4dH7IU (consulté le 9 juin 2016).

13 Le voyage est assuré par des wagons TGV et le dernier arrêt italien est Milan.

pour le tournage, deux wagons et une voiture-restaurant. La séquence qui se déroule dans le wagon-restaurant a acquis le statut de documentaire : en effet, un an plus tard, le service sera définitivement aboli à bord des trains italiens et les élégantes voitures-restaurants reléguées dans les entrepôts.

Viaggi di nozze *(1995)*

3. Casse-croûte, lunchboxes, cestini da viaggio et bentos

Ceux qui ne peuvent pas se permettre le luxe du wagon-restaurant doivent se contenter d'aliments préparés à la maison ou achetés hâtivement dans les kiosques des gares. Dans le cinéma italien, c'est une situation qui se répète quand des scènes se déroulent dans les compartiments d'un train. Les Italiens, comme chacun le sait, adorent parler de nourriture et utilisent parfois ce sujet pour débuter une conversation afin d'établir des différences régionales ou, au contraire, pour inviter avec générosité les autres voyageurs à leur repas improvisé, comme c'est le cas dans *Rotaie*, le film de Camerini. Souvent, dans les films d'après-guerre, on voyage du Sud vers le Nord et en troisième classe, où le service de restauration n'existe pas. Dans les compartiments, on ouvre des sacs et des balluchons copieusement garnis de nourriture et de boissons, qui font émerger de façon involontaire les différences régionales de la cuisine du sud de l'Italie (la cuisine sicilienne ne ressemble presque en rien à celle de Naples) et surtout le contraste avec le Nord, où l'on va pour chercher du travail et le bien-être, mais envers lequel on nourrit une méfiance profonde. La nourriture tient un rôle important dans le jeu de ragots présent dans le film *È primavera* (1949) de Renato Castellani, qui est l'histoire surréaliste d'un bigame : dans le compartiment où elle a trouvé place, l'héroïne, Maria Antonia, est mise en garde contre les Milanais qui sont de mauvaises personnes parce qu'ils ne mangent pas de pâtes, mais de la polenta[14]. Dans *Le Chemin de l'espérance* (*Il cammino della speranza*, 1950) de Pietro Germi des mineurs siciliens décident d'abandonner l'île et la pauvreté pour s'expatrier clandestinement en France avec leurs familles. Dans le train qui vient de traverser le détroit de Messine, assis sur des sièges en bois de troisième classe, le groupe mange la maigre pitance apportée : du pain, du fromage, des oranges, arrosés du vin qu'on boit d'une dame-jeanne. Un frugal repas que le groupe animé par l'espoir d'une nouvelle vie à l'étranger partage gaiement sur les notes d'une chanson populaire que l'un d'eux chante s'accompagnant sur sa guitare.

En 1996, Maurizio Ponzi revisite et réinterprète avec acuité le passé de l'Italie (également cinématographique) et son émigration intérieure, accordant de l'importance aux souvenirs d'un cheminot. Il situe dans un compartiment de train ses voyages des années 1960 du Sud vers le Nord et ceux du Nord vers le Sud dans les années 1990. Le film est intitulé symboliquement *Italiani*. Dans l'une des scènes faisant référence au passé, on reconstruit la préparation du repas : sur la table rabat, située sous la fenêtre, se trouve également un napperon blanc, sur lequel sont posés les verres pour le vin.

Il existait toutefois un autre type de restauration ferroviaire, très diffusée dans les années 1950 et 1960 : les *cestini da viaggio*, c'est-à-dire les paniers-repas. En venant du Sud ou du Nord, surtout en première classe, on attendait l'arrêt du train à la gare de Bologne ou de Cesena pour acheter ces paniers mythiques qui contenaient les spécialités de la cuisine de l'Émilie-Romagne : *lasagne*, *tortellini*, *tagliatelle*, *zampone* (un pied de porc farci et cuit) en hiver, poulet rôti en été, accompagnés d'une bouteille de Sangiovese. Toutefois la scène dont tout le monde se souvient appartient au film *Fantozzi contro tutti* (*Plus il est con plus il s'en donne l'air*, 1980), réalisé par Neri Parenti, et met en scène le comique Paolo Villaggio, qui pour cinquante mille lires (un peu plus de vingt-cinq euros) n'achète que du plastique. Il en résulte que la valeur gastronomique du panier est radicalement modifiée (même l'aile de poulet semble fausse).

14 En réalité l'aliment caractérisant la cuisine milanaise est le riz.

Fantozzi contro tutti *(1980) – l'achat du panier repas*

En réalité la qualité des paniers dans de nombreuses gares était excellente et leur souvenir reste encore aujourd'hui inoubliable. C'est à Cesena, une petite ville près de Rimini, qu'en 1913 Aldo Casali eut l'idée de réunir dans des paniers en paille les spécialités de son restaurant : dans un bol en faïence avec couvercle il y avait des *lasagne*, des *cappelletti* ou des tagliatelles, un rôti de chèvre, de poulet ou de veau, des légumes, un gâteau, du fromage, une petite bouteille de vin, un verre, une serviette. Dans les années suivantes, le menu devint plus simple et le papier remplaça la paille[15]. Dans l'après-guerre les paniers de Bologne étaient préparés par des femmes qui travaillaient pour une coopérative – Camst – qui aujourd'hui est devenue une des plus grandes entreprises de la restauration en Italie. Le service prit fin dans les années 1960, lors de la fermeture des restaurants des petites gares. Ces restaurants étaient appelés en Italie *buffet*. Le restaurant de la gare de Bologne était renommé pour ses pot-au-feu. Pupi Avati s'en rappelle dans le film *La rivincita di Natale* (2004) : mais le restaurant fut détruit dans l'attentat à la gare de Bologne du 2 août 1982 et n'eut d'autre choix que d'être transféré dans les salles du Palazzo Montanari, un palais du XVIIIe siècle situé en centre-ville. Également dans les gares des villes dépourvues de la renommée gastronomique de Bologne, les restaurants satisfaisaient les gastronomes les plus exigeants. À Rome, dans l'ancienne Stazione Termini, le restaurant Valiani remplissait ce rôle : en 1950 on inaugura la nouvelle gare, un symbole de modernité et un

15 Pour plus de détails, voir Casali, F., *Cestini… cestini caldi ! ! ! Storia dei Casali dal buffet della stazione di Cesena a Piccadilly Circus. Con menu e ricette del celebre ristorante*, Cesena, Il Ponte Vecchio, 2000.

des meilleurs exemples de l'architecture rationaliste italienne ; toutefois le restaurant laisse transparaître une sensation de froideur, soulignée par la banalité du décor. C'est ce dont témoigne un des films moins réussis de Vittorio De Sica, *Stazione Termini* (*Station Terminus*, 1953), où deux amants, Gianni Doria et Mary Forbes (interprétés par Montgomery Clift et Jennifer Jones) se réfugient dans le restaurant de la gare en quête de tranquillité. Mary doit expliquer les raisons de son départ inexpliqué pour son domicile. Pendant qu'ils parlent, le serveur leur dit que dans le restaurant le dîner ne sera servi qu'après vingt heures. Ils doivent alors sortir.

Avec la disparition des paniers-repas et l'abolition des voitures-restaurants, la restauration à bord des trains italiens perd énormément en qualité, malgré les *boxes* signés Eataly sur les trains Italo[16]. Peut-être devrions-nous rappeler le passé et nous inspirer des Japonais : leur *bento* (ou *ekiben*, mot qui naît de l'union du mot *ekiuri*, vendu à la gare et *bento* qui indique l'organisation de la nourriture dans une boîte à lunch[17], représente la solution qui allie à la fois modernité, hygiène et goût gastronomique. Le *bento* est une tradition qui a précédé l'introduction des chemins de fer au Japon, dans la seconde moitié du XIXe siècle, après la décision de l'ouverture vers l'Occident en 1868. Le *bento* était préparé à la maison pour ceux qui devaient prendre leur repas à l'extérieur. Il représentait – et représente encore aujourd'hui – le fruit de compétences culinaires et esthétiques, parce que la nourriture est artistiquement disposée dans la faïence ou la porcelaine, mais il symbolisait également l'amour que la ménagère éprouvait envers sa famille. Chaque région, ou même chaque province, a son propre *bento*, contenant les spécialités locales, chaque station a son propre – ou ses propres – points de vente d'*ekiben*. Il y a même des personnes qui voyagent simplement pour collectionner les différents *bento*. Un artiste de manga, Ken Sakurai, raconte dans *Ekiben Hitoritabi* (2006-2011) les aventures de Daisuke Nakahara, un homme qui aime les trains et les *ekiben*. Sa femme lui offre un billet pour effectuer la traversée du Japon dans les trains régionaux ce qui lui permettra de déguster ainsi les différentes boîtes à lunch. En 2012, le manga devient une série télévisée très réussie[18].

---

16 Les *Italoboxes* ont reçu beaucoup de critiques négatives, surtout du point de vue du rapport qualité-prix : cf. les deux sites gastronomiques les plus appréciés en Italie http://www.dissapore.com/grande-notizia/italobox-eataly-non-ci-ha-restituito-il-piacere-di-mangiare-in-treno-a-quanto-pare/ paru le 6 novembre 2012 et http://www.puntarellarossa.it/2012/10/18/l-italobox-li-vale-tutti-i-suoi-18-euro/ (consultés le 16 juillet 2016).

17 Voir Guichard-Anguis, S., « La consommation d'ekiben (litt. bentō de gare) mode ou motivation de voyage ? », dans ce volume.

18 *Nonchan Noriben* (2009) réalisé par Akira Ogata est également tiré d'un manga (de Kiwa Irie) et raconte l'histoire d'une femme qui découvre sa vraie personnalité en

Yasujiro Ozu se réfère également aux *bento* dans ses films (par son journal, nous apprenons qu'il aimait manger les *ekiben*). Le grand metteur en scène japonais pose habituellement un regard sensible sur la vie quotidienne de ses compatriotes et inclut souvent les allées et venues des trains dans ses descriptions d'un pays en mutation, qui permet à Pierre Manea d'affirmer que : « chez Ozu, le train semblait souvent l'annonce ou l'illustration de ces fluctuations culturelles qu'il observait en tant que Japonais, et qu'il mettait en scène en tant que réalisateur »[19]. Le critique français fait référence au film que le réalisateur tourne en 1953 et qui est considéré comme son chef-d'œuvre : *Tokyo Monogatari* (*Voyage à Tokyo*). Dans la première séquence du film, après les inserts de présentation du lieu où se déroule l'histoire, les deux personnages principaux, un couple de personnes âgées, achèvent les préparatifs pour le voyage qui les conduira à rendre visite à leurs enfants. Ils vivent avec leur belle-fille qui leur donne le *bento* qu'elle a préparé pour leur voyage. Un signe symbolique d'affection de la jeune femme, qui est veuve depuis huit ans maintenant, mais qui prend tendrement soin d'eux. Cette scène d'ouverture, apparemment anodine, est en fait emblématique de ce qui se passe dans le reste du film : leurs fils, pris par leurs vies chaotiques, ne les accueillent pas comme ils l'espéraient, ils retournent à leur ville de province et prennent conscience de l'affection que manifeste celle qui n'a pas de lien de sang avec eux.

Encore une fois les trains et les aliments tiennent un rôle qui va bien au-delà du simple enregistrement de la réalité. Les voitures-restaurants connotaient le luxe d'une époque, mais, comme nous l'avons vu, elles pouvaient faire office d'abri, permettre la découverte de la vérité, offrir l'occasion de séduire ou d'être séduit. La nourriture goûtée sur les sièges du compartiment était l'occasion d'établir un lien provisoire de solidarité avec les autres passagers et d'échapper à la solitude. Ces histoires racontées dans les films reflètent les coutumes et les habitudes (n'appartenant souvent qu'au passé), mais remplissent également le rôle d'un symbole, étendant leur pouvoir sémantique et reflétant également les thèmes et les questions sous-jacents dans la société contemporaine, lesquels parfois sont des signes avant-coureurs de l'avenir. À la lumière de ces réflexions, comment ne pas considérer comme prophétique la scène d'un film catastrophe sans grand mérite tel que *Cassandra Crossing* (1976), réalisé par George Pan Cosmatos, où la voiture-restaurant explose en raison d'une attaque terroriste ? Dans les années 1970, la société change et détruit les symboles du passé. La transition a demandé en fait plus d'un quart de siècle, mais

préparant des *bento* ; elle va ouvrir un magasin dans lequel elle vendra ses créations culinaires.

19 Manea, P., « Mélomane du rail dans *Café Lumière* de Hou Hsiao-Hsien », *Cinémaction*, n° 145 (décembre 2012), p. 65.

aujourd'hui le wagon-restaurant appartient au passé. De nouvelles façons de profiter de la nourriture en train sont appelées à prendre la relève et le rite de conjuguer le plaisir gastronomique à la relation avec le territoire sera renouvelé, pendant que, comme si nous étions au cinéma, derrière la fenêtre défilent des images de la région que nous traversons.

Le cinéma aime le train. Ce dernier, symbole de l'efficacité et du progrès, apparaît sur l'écran dès la première séance publique des frères Lumière en 1895. Le train devient le protagoniste de films tels que *Le Cheval de fer* (*The Iron Horse*, 1924) de John Ford, épopée de la construction du chemin de fer transcontinental des États-Unis, et *La Bête humaine* (1938) de Jean Renoir, tiré du roman homonyme d'Émile Zola, où le rapport entre le protagoniste (Jean Gabin) et « sa » locomotive fascine le metteur en scène, comme le montre la longue séquence d'ouverture où le train est lancé à pleine vitesse. Un binôme qui place le train au premier plan est celui de la guerre. Dans *La Bataille du rail* (1946), René Clément s'inspire du néoréalisme italien en retraçant la résistance des cheminots français, tandis que *The Train* (*Le Train*, 1964) de John Frankenheimer raconte dans un style hollywoodien comment les partisans détournent le train dans lequel les nazis ont entassé les tableaux du Musée du Jeu de Paume pour les transporter en Allemagne.

Le train fait son apparition dans les genres cinématographiques les plus variés : du mélodrame au film historique, du noir au drame social, du western au thriller.

En 1985, Andrej Konchalovskij dirige *Runaway Train – À bout de course* (*Runaway Train*), un thriller à couper le souffle sur la folle course d'un train emballé parmi les décors enneigés de l'Alaska, qui met en jeu la perpétuelle confrontation entre l'homme et la machine. Dans le genre des films d'espionnage sautent aux yeux ceux d'Alfred Hitchcock (dont nous avons déjà parlé dans les pages précédentes) ou ceux qui ont comme protagoniste James Bond, du début des années 1960 à nos jours (on se réfère au train vieux style qui, en 2015, de Tanger porte les protagonistes au Sahara dans *007 Spectre* de Sam Mendes, dans lequel encore survit un wagon-restaurant). De nombreux meurtres sont commis dans les trains comme le démontrent *L'Ami américain* (*Der Amerikanische Freund*, 1977) de Wim Wenders ou encore *Le Crime de l'Orient Express*, inspiré du roman d'Agatha Christie, précédemment cité. Le train est souvent synonyme de fuite : c'est en se jetant d'un wagon que Gian Maria Volonté s'évade dans *Le Cercle rouge* (1970) de Jean Pierre Melville échappant ainsi au commissaire Bourvil. Une fuite bien différente est celle imaginée pour les juifs roumains dans *Train de vie* (1998) de Radu Mihăileanu, lorsque ces derniers tentent d'échapper aux nazis. Le train au cinéma peut au contraire devenir le lieu où tout démarre, comme dans la série fantastique d'Harry Potter dans laquelle le train conduit le héros éponyme dans le monde magique de Hogwarts, où se déroulent ses péripéties dès le premier volet de la série : *Harry Potter à l'école des sorciers* (*Harry Potter and the Philosopher's Stone*) dirigé en 2001 par Chris Columbus. De la même manière, un jeune garçon monte dans un mystérieux train qui le conduira au Pôle Nord dans *Le Pôle Express* (*The Polar Express*, 2004), un film d'animation dirigé par Robert Zemeckis. Dans la comédie d'Ernst Lubitsch *Sérénade à trois* (*Design for Living*, 1933) les trois personnages protagonistes se rencontrent eux aussi dans le compartiment d'un train à destination de Paris.

Toutefois le cinéma tire au mieux profit du train, lorsqu'il raconte des histoires se déroulant à l'intérieur des wagons et des compartiments : l'espace clos devient la scène idéale de rencontres et d'aventures, comme dans *Shangaï Express* (*Shanghai Express*, 1932) de Joseph Sternberg, où Marlene Dietrich voyage dans le célèbre train pendant trois jours parcourant la Chine frappée par la guerre civile. Quelquefois entre les compagnons de voyage se crée un climat d'entente amicale favorisant ainsi les confessions que, de façon admirable, Luis Buñuel met en scène dans *Cet obscur objet du désir* (1977), son dernier film tiré d'un roman de Pierre Louÿs. Dans le train reliant Séville à Paris, Mathieu (Fernando Rey) raconte la tumultueuse passion qui le lie à Conchita. Si Buñuel évoque le surréalisme, Wes Anderson, jeune metteur en scène américain, est hyperréaliste et visionnaire, et parvient à obtenir lui aussi dans ses films des effets narratifs excentriques, comme dans *À bord du Darjeeling Limited* (*The Darjeeling Limited*, 2007), l'histoire d'un voyage à travers l'Inde de trois frères qui ne communiquent plus depuis la mort de leur père. Même si la fratrie abandonne le train, cette « quête » conduira les trois hommes à une plus grande maturité, malgré les imprévus et les obstacles rencontrés, puisque le voyage réel deviendra plutôt moral et spirituel. Wes Anderson apprécie les trains pour leurs connotations symboliques ; dans le spot publicitaire pour H&M de Noël 2016, il utilise un train, pour raconter une petite fable « ferroviaire » aux tons pastel : le train est en retard en raison de mauvaises conditions météorologiques, les passagers n'arriveront pas à temps pour le repas de Noël. Le conducteur, interprété par Adrian Brody, organise alors un brunch fait de chocolat chaud et chantilly, entouré de sapin et cadeaux. Quoi de mieux qu'un train pour abriter cette dimension ludique et artificielle protégeant de tout choc et d'une quelconque irruption d'un extérieur inconnu, typique du metteur en scène ? L'imagination cultivée et enfantine d'Anderson donne forme à un rêve : le train devient véritablement le vecteur des désirs et, dès qu'on monte à son bord, le moyen pour changer sa propre vie, soit en retournant chez soi, soit en allant à la rencontre de l'inexploré.

A Feast for Body, Soul and Eyes on Board the Orient Express, the trans-Siberian Express and other Trains de Luxe

Natalia Starostina

Associate Professor Young Harris College

One of the most important symbols of the Belle Époque was the Orient Express, the train that connected Paris and Constantinople. The Orient Express was immortalized in many fictional works and films, and its very name brought association with luxury and a sense of exclusivity. Everything about the Orient Express promised a great adventure: an exotic destination – distant Constantinople and the Ottoman Empire – beautiful comfortable interiors, interesting company, and sumptuous meals on board the train. In the book *From Paris to Constantinople*, Edmond About (1828-1885), a well-known French writer and journalist, devoted many pages to the description of beautiful interiors, sumptuous meals, and a unique opportunity to carry witty conversations with interesting companions.[1]

Today, travel on the Orient Express remains the symbol of unprecedented luxury and comfort, and many legends surround this train. It was immortalized in the works of many writers, including those by Agatha Christie (1890-1976), Paul Morand (1888-1976), John Dos Passos (1896-1970), and Graham Greene (1904-1991). The dining salon of the Orient Express was represented in such movies as: a part of Bondiana *From Russia with Love* and a screen version of Agatha Christie's *Murder on the Orient Express*. The wagon-restaurant of the Orient Express was associated with an exquisite atmosphere and, of course, superb feasts. The dining room of the Orient Express stood out for being a "mystery train." Companions on board the train included millionaires, diplomats, dancers, spies, writers, and other fascinating passengers. Dining on board the Orient Express was a great adventure not just because of the high quality of food, but also because the train had become a legend.

---

[1] About, E., *De Pontoise à Stamboul*. Hachette, 1884.

My article will highlight several representations of the wagon-restaurant on board the Orient Express. Because of the careful attention to the public representation of the Orient Express, the wagon-restaurant was a locus of bourgeois sociability. Meals on board the train were presented as gastronomical masterpieces. The dining room of the Orient Express, therefore, was imagined as the display site of cultural capital where the elite – who had a taste for sophisticated refined meals and expensive wine, and appreciation of fine aesthetical detail – playfully engaged with the past.

Methodologically, my article benefits from the theoretical insights of Pierre Bourdieu who introduced a concept of "cultural capital" to explain the identity formation of the bourgeoisie and, in general, the elite.[2] The artistic representations of dining experience on board the Orient Express fired up the imagination of contemporaries as one of the most exquisite experiences they could ever acquire. The imagery of the train brought together many aspects of what the European bourgeoisie considered their own cultural capital. Yet, the legend of the Orient Express would not happen without the wagon-restaurant on board the train that provided one of the ideal models of bourgeois sociability. The wagon-restaurant was the soul of the Orient Express because voyagers could share their life stories with each other. Because of the inviting atmosphere of the wagon-restaurant, the gathering of voyagers greatly encompassed the experience of traveling to Constantinople: the journey allowed passengers to be immersed into the stories of other travelers.

1. Wagon-Restaurant and the Concept of a Comfortable Voyage

The birth of a wagon-restaurant itself was an important improvement in the comfort of passenger travel. The first railroad with a steam locomotive was opened on 27 September 1825 in northern England. Yet, a notion that railway travel could be pleasant was only slowly beginning to develop, and comfort was not really on the horizon for first train voyages. Contemporaries complained about a lack of comfort on board the trains. One of the most unpleasant aspects of train voyages at this epoch was a lack of a wagon-restaurant and one's necessary suffering from the pangs of hunger. Trains lurched violently and all day long, passengers had to sit on uncomfortable wooden benches. In the winter, it was freezing in the wagons, and in the summer, it was unbearably hot. There was no heating and, of course, no air conditioning. After the sunset, wagons

2 Bourdieu, P., *Distinction: A Social Critique of the Judgment of Taste*. Translated by Richard Nice, Harvard University Press, 1984, pp. 258.

plunged into darkness because there was no electric light. There were no restrooms.[3] Gustave Flaubert (1821-1880), the French writer and the author of *Madam Bovary*, did not enjoy his train voyages at all and compared the experience with an annoying illness.[4] What especially irritated him was that it was nearly impossible to find good company on board the train, although the length of train travel was increasing and it was not uncommon to spend several nights on board. In these early days of train travel, such voyages were, so to speak, a necessary evil.

Flaubert also emphasized that one could not fall asleep on board or find a proper companion. Wolfgang Schivelbusch defines the nineteenth-century railway journey as traumatic for contemporaries: the description of railway accidents in newspapers – not without sensational and often gory details – made train voyagers anxious and uneasy about their experience.[5] Moreover, in the context of the nineteenth-century path of life, speed with which a train moved through landscapes was also disturbing. At the same time, one of the most inconvenient aspects of train travel in the mid-nineteenth century was the lack of dining cars, *wagon-restaurants*. Passengers had to take their meals in a basket and to consume cold food; if they had forgotten to prepare their snacks in advance, they would have to suffer hunger pangs. Mid-nineteenth century train travel, therefore, fell short of offering pleasure rides to its passengers. Contemporary visual sources show that voyages on an empty stomach were a matter of considerable inconvenience for railway passengers. An 1864 engraving by Antoine Gustave Droz published in Marc Baroli's *Lignes et lettres : Anthologie littéraire du chemin de fer* shows a state of chaos in a dining hall of a train station. There is only one waiter to serve at least forty-five train passengers who just got out of a train.[6] The engraving shows only two tables at the restaurant in addition to a bar. There is a middle-class man who comfortably sits alone at the table and enjoys his meal and a bottle of wine while the rest of the passengers try to get the attention of the waiter. The

---

3 Gregory, A., *The Golden Age of Travel, 1880-1939*. Rizzoli, 1991, pp. 46-67.

4 See the letters of Flaubert to Charles Edmond (1864) and to George Sand (1873), cit. in Baroli, M., *Le train dans la littérature française*, 3 ed., Editions N.M., 1969, pp. 204-5.

5 Schivelbusch, W., *The Railway Journey: The Industrialization of Time and Space in the 19th century*. University of California Press, 1986. The first edition of this book appeared as Schivelbusch. W., *Geschichte der Eisenbahnreise: zur Industrialisierung von Raum und Zeit im 19. Jahrhundert*. Hanser, 1977. Series: Hanser Anthropologie.

6 Baroli, M., *op. cit.*, p. 121. The source for this copyright-free image is http://commons.wikimedia.org/wiki/File:Antoine_Gustave_Droz_Buffet_de_chemin_de_fer.jpg. The hand-coloured lithograph is made after an earlier painting by Droz, date unknown. The reference for the engraving (source on Wikipedia…) is: Droz, A.-G. (1832-1895) & Régnier, Bettanier & Morlon (lithographers), "Un Buffet de Chemin de Fer," Paris, Dusacq & Cie, 1864.

waiter has dropped a dish he was about to serve; there is already a broken plate on the floor. There are two remarkable details about this engraving: first, the majority of customers appear to belong to the bourgeoisie, and, therefore, travel by first or second class; second, there is a relatively little food visible in this restaurant, certainly not enough to satisfy the hunger of this big crowd. This visual source reveals many inconveniences of not having a wagon-restaurant and an opportunity to have a snack on board.

Antoine Gustave Droz, Buffet de chemin de fer

In his "Boule de Suif," published on 15/16 April 1880, Guy de Maupassant conveyed the torturous stings of hunger, which passengers experienced during their voyages on an empty stomach.[7] Maupassant described

[7] The story tells of the moment during the Franco-Prussian war when ten residents of the city of Rouen have received a special permission to travel by coach to Dieppe and then eventually to Le Havre. The passengers hope to leave to England to escape occupation. "La voiture allait si lentement qu'à dix heures du matin on n'avait pas fait quatre lieues. Les hommes descendirent trois fois pour monter des côtes à pied. On commençait à s'inquiéter, car on devait déjeuner à Tôtes et l'on désespérait maintenant d'y parvenir avant la nuit. Chacun guettait pour apercevoir un cabaret sur la route, quand la diligence sombra dans un amoncellement de neige, et il fallut deux heures pour la dégager. L'appétit grandissait, troublait les esprits; et aucune gargote, aucun marchand de vin ne se montraient, l'approche des Prussiens et le pas-

the sufferings of hungry coach passengers: at the beginning of the story that takes place during the Franco-Prussian war of 1870-71, no passengers except for a courtesan nicknamed "Boule de Suif" had taken any snacks with them for this voyage; only Boule de Suif had a big basket filled with a delicious meal and wine.[8]

The introduction of luxurious standards of travel on the Pullman wagons resolved many of these problems and, very importantly, offered elaborate meals in wagon-restaurants. In the late 1860s, American entrepreneur George Mortimer Pullman in Chicago and Belgian businessman Georges Nagelmackers brought much more comfort to railway travel by modernizing the interiors of trains and incorporating wagon-restaurants.[9] Pullman had implemented a design for the new type of wagons that fulfilled the aspiration of the bourgeoisie for a comfortable train ride. The design of the Pullman wagons inspired Georges Nagelmackers who also developed individual compartments in his *trains de luxe*.[10] On December 4, 1876, Nagelmackers had founded "*La Compagnie Internationale des Wagons Lits*" (the CIWL).[11] Initially, he managed to negotiate adding his trains and a dining salon to several trains connecting many cities in France, Germany, and the Habsburg Empire. It took him time to work out a deal with European politicians and royalties to implement his dream: a train connecting Europe with the exotic Orient. Eventually, his dream train, the Orient Express, made her first inaugural voyage in October, 1883. The Orient Express connected Paris, Munich, Vienna, Budapest,

---

sage des troupes françaises affamées ayant effrayé toutes les industries. [...] Loiseau affirma qu'il payerait mille francs un jambonneau. Sa femme fit un geste comme pour protester ; puis elle se calma. Elle souffrait toujours en entendant parler d'argent gaspillé, et ne comprenait même pas les plaisanteries sur ce sujet. 'Le fait est que je ne me sens pas bien, dit le comte ; comment n'ai-je pas songé à apporter des provisions ?' Chacun se faisait le même reproche. [...] Enfin, à trois heures, comme on se trouvait au milieu d'une plaine interminable, sans un seul village en vue, Boule de suif, se baissant vivement, retira de sous la banquette un large panier couvert d'une serviette blanche." http://fr.wikisource.org/wiki/Boule_de_suif_(recueil)/Boule_de_Suif. Accessed March 30, 2015.

8 However, at the village of Tôtes, a German officer blackmails the passengers that they will not continue their journey if Boule de Suif will not sleep with the officer. The passengers put a great deal of pressure on the prostitute convincing her that it will be patriotic on her part to sleep with the officer. Boule de Suif yields to the pressure, and the passengers continue the journey.

9 Gregory 46-67; Des Cars, J., and Caracalla, J.-P., *L'Orient-Express : un siècle d'aventures ferroviaires*. Denoel, 1984, pp. 19-52.

10 Commault, R., *Georges Nagelmackers, un pionnier du confort sur rail*, Editions de la Capitelle, 1966.

11 *Compagnie Internationale des Wagons-Lits : Cinquantenaire de la Compagnie Internationale des Wagons-Lits & des Grands Express Européens, 1876-1926* J. Barreau, 1926, p. 7.

and Bucharest to Giurgiu; after taking a ferry through Danube and taking another train from Ruschuk, passengers would continue their journey for Istanbul. The press promoted this voyage in many ways, and described it as "the Magic Carpet to the Orient," "a land liner," and "grand hotel on wheels."[12] Eventually, Nagelmackers used the term "the Orient Express" to promote his new initiative. The ticket on board the train was very expensive: one could rent a stone mansion in London for the price of a ticket on the Orient Express. Nagelmackers faced a formidable challenge: he needed to sell the idea to the public that the train was something spectacular, a mystery train, an adventure of lifetime, and an experience that indeed was worth of a considerable sum of the money. From 1889, the Orient Express took passengers to Budapest, Belgrade, and Istanbul, and starting from 1900, to Athens. In 1906, the Company started offering the service to Italy via the Simplon tunnel under the Swiss Alps. Venice as a destination became especially popular among the tourists, and inspired several authors to write about Venice.

When the Great War began, the Orient Express stopped operating. Nonetheless, the comfortable sleeping cars were used for ambulance trains during the Great War. Moreover, a dining car became the place where the First and Second Armistice at Compiègne (France) were signed. This wagon-restaurant was used as a salon for Marshal Foch. Here, on November 11th, 1918, the document that ended the First World War was signed. In 1921, the wagon was taken to the inside backyard of the *Invalides* (Cour des Invalides) in Paris as the living symbol of the German defeat during the Great War and the victory of the Allies. However, after the fall of France in 1940, Hitler made a special order to take the wagon-restaurant to Berlin. In 1945, when it was clear that Germany was going to lose the war, this wagon-restaurant was destroyed. The wagon-restaurant of the Orient Express became one of the symbols of the twentieth century.

2. The Charms of the Orient Express and the Wagon-Restaurant

To excite the public opinion, Nagelmackers had offered a great deal of publicity to the maiden voyage on the Orient Express in 1883. There was a considerable gap between the representations of the Orient Express in the contemporary imagination and reality of this train project. As I will discuss below, the contemporaries saw in the voyage on board the Orient Express an exciting adventure, and the train as granting an unprec-

12 Cookridge, E.H., *Orient Express, the Life and Times of the World's Most Famous Train*. Random House, 1978, p. 29.

edented comfort for its passengers. At the same time, the representation of this train created an illusion that the Orient Express offered a seamless service to Constantinople. This was not correct. Nonetheless, one of the first voyages on board the Orient Express was given an immense amount of publicity. Two thick books written by two journalists, Henri Blowitz (1825-1903) and Edmond François Valentin About (1828-1885) describe the details of the voyages.[13]

Many distinguished guests were invited to the voyage. There were nineteen French, including chief administrators, the representatives of five major railway networks, the French journalists, including the son of the writer Alfonse Daudet, a journalist Henri Blowitz (1825-1903) who represented the *Times*. There were many Belgians, including Nagelmackers, and the Belgian Minister of Public Works Monsieur Olin. There was the first secretary of Turkish embassy who traveled for several days and who charmed everybody by his charisma and knowledge of several languages. In addition to Blowitz, another journalist Edmond About (1828-1885) wrote a report about the inaugural journey to a wide public. Blowitz was a journalist of the London *Times*, and he was known as "the King of Journalists" for his ability to learn the most confidential and the most secret information ahead of everybody (Blowitz managed to learn the conditions of the Treaty of Paris after the Russo-Turkish war of 1877-78 at the Berlin conference). About had written many stories about "the high society." The reports of these two journalists working for the newspapers that were read by the European bourgeoisie ensured that the maiden voyage of the Orient Express received the attention from the reading public. Later on, About had published a book *De Pontoise à Stamboul* which praised many merits of the new train. So, what aspects of the voyage on the Orient Express had made it so remarkable?

The Orient Express promised a great deal of adventure and excitement to its passengers. On board the train, passengers met famous journalists, ministers, and ambassadors. They enjoyed the refined company, and being on board the train created a unique sense of comradery and friendship. About characterized many voyagers on board the Orient Express as interesting companions. During the voyage, many hours were spent in conversations. The voyage was accompanied with adventures. During a maiden voyage, even traveling musicians, Gypsies, offered a ninety-minute concert that inspired the voyagers to dance with each other (funny enough, men danced with men because there were only two ladies on board the train). During this inaugural voyage, the passengers had a chance to visit the King of Rumania and to see for themselves how eccentric he was:

[13] Opper de Blowitz, A., *Une course à Constantinople*. Librairie Plon, 1884 and About, E., *De Pontoise à Stamboul*. Hachette, 1884.

they needed to climb the steep hill to visit his newly built castle. The passengers could also visit the Exhibition of Electricity in Vienna and were invited to the reception in Vienna that was organized on the occasion of the maiden voyage of the train. Yet reading about the voyage on board the Orient Express one can clearly see that it was the wagon-restaurant of the train that truly become a locus for this refined society and was an endless source of entertainment and excitement. It was the place where passengers could spend three hours at dinners conversing with each other, telling their stories, and building their friendships.

The staff of the Orient Express worked very hard to make dinners on board the Orient Express exceptional and truly remarkable. In the very beginning of the book, Abbot described its train cook, a colorful character with a big bushy beard, from Bourgogne, a region traditionally known for excellent cuisine: this cook was a person that was able to perform miracles.[14] In the aftermath of the voyage, About saved all menus that were offered at the train and characterized the cook on board of this train as an "unmatched artist" (*cet artiste sans rival*).[15] The first dinner on the Orient Express lasted for three hours.[16]

The dining salon of the Orient Express was spectacular and helped the passengers to imagine themselves traveling to the past. About in detail described the opulent atmosphere in the dining hall of the Orient Express. The dining hall opened with *the petit salon pour les dames* decorated in the style of Louis XV.[17] Opper de Blowitz characteristically described it as the *salon de société*. The interior of the dining salon itself was truly breathtaking. The wall panels were made of "mahogany and teak, inlaid with rosewood – with carved scrolls, cornices, and scallops at friezes and borders, adorned with gilded metal flowers and reaching the arched ceilings embellished by rather garish painting."[18] The décor was created by the students of the Paris Art Academy. There were very thoughtful details in decorating

---

14 About, E., p. 8.

15 *Ibid.*

16 *Ibid.*, p. 17.

17 Cockridge described it: "Louis XVI chairs and taborets, a miniature chaise longue, all covered with petit-point embroidery, a couple of dainty tables, the walls padded with tapestries adorned with scenes imitating Watteau's fêtes galantes and with hanging silk drapes covering the windows. It was indeed a miniature boudoir, as if transferred from the lady's wing of a French château. At the other end of the restaurant car […] was the gentleman's smoking room, furnished with heavy leather fauteuils and footstools and a bookcase containing reading matter, which included travel guides and maps of the countries the train passed, and French, English, German, and Austrian newspapers and journals, thus almost creating the atmosphere of a London club," Cockridge, E.H., p. 36.

18 *Ibid.*, p. 37.

the dining car: "the racks into which the diners could deposit some small articles, such as a book, a pair of binoculars, a cigar case, or a tobacco pouch, ran the length of the car on both sides, and their gilded brackets were handwrought and adorned with intricate ornaments. Between the windows were small gold frames with original aquarelles and etchings by some of the most celebrated artists, such as Delacroix, Decamps, Meryon, Schwind, and Seymour."[19] There were tables for four and for two. The dining car was also decorated with beautiful glass chandeliers operated by gas. To make sure that the passengers of the dining hall would be warm, an innovative heating system was introduced on board of the train; it used hot water from the low-pressure boiler. The cars were heavily insulated against winds and drifts: the ceilings and floor were insulated, and there were heavy carpets.

On the first day of the voyage, dinner was served at 8:15 pm. The finest glasses made of Baccarat crystal, silver cutlery, and porcelain plates were laid on damask table cloth. The most experienced waiters, many of whom had a long career of serving the distinguished guests in finest European hotels, were dressed up as valets in the epoch of Louis XV: their wigs were powdered, and their outfits consisted of "tail coats, breeches, and silk stockings."[20] (Interesting enough, waiters were later asked to remove their wigs because powder was falling to voyagers' meals.) The dinner itself consisted of ten courses: soup, appetizers (lobster, oyster, and caviar), "fish, a gigot of game, capon (all garnished with fresh vegetables and salads), – and finally, elaborated decorated cakes, sorbets, a selection of more than a dozen cheeses, and baskets of fresh the fruit."[21] The dinner lasted three hours, and became a great opportunity for socializing with guests.

About wanted to inspect the kitchen, and he was granted a permission to do so. He was impressed with the knowledge of delicatessen and wines by a chief. The chief had in his command three subchefs, three general handymen, and two cleaners. The kitchen on which the meals were prepared was tiny, and it was truly amazing that these masterpieces were prepared in such a small kitchen.

Therefore, the dining hall Orient Express became the synonym of luxury and opulence, the train for the elite. Supplying the passengers with the finest food was a formidable challenge during the first years of the Orient Express because there was no refrigerator on the board of the train. Contemporaries described how cooks replenished the supply of

---

19 *Id.*

20 About, E., p. 38.

21 *Ibid.*

finest bread, fruits, and vegetables at train stops. Curiously, the space of the dining hall was utilized as a sleeping space for waiters during the night.

3. The Wagon-Restaurant at the *Exposition Universelle*

During the *Exposition Universelle* of 1900 in Paris, the visitors of the Exhibition saw two *trains de luxe* on display. George Nagelmackers impressed the visitors with the show of the Orient Express. The Russian pavilion at the Exposition featured the Trans-Siberian express. French writer Paul Morand (1888-1976) described the Tran-Siberian as the true highlight of the exhibition. In Morand's "1900 A.D.," the memories of the Belle Époque became interwoven with the recollections of the Exhibition of 1900 and the gem of this exhibition, the sleeping-cars of the Trans-Siberian express, displayed in the Russian pavilion.[22] Morand described his adventure in a sleeping wagon of the Trans-Siberian railroad: "we sat down and the train at once started, or, rather, the painted country passed before the windows of our stationary carriages."[23] In order to impress the visitors of the exhibition, the Russian pavilion featured a simulated journey from the Ural Mountains to Beijing. Sitting on a comfortable chair and enjoying exquisite Russian cuisine in a dining car, Morand saw the images of rivers, pine and larch forests, vast deserts, and plains in the windows of the train. The beautiful interiors of the Trans-Siberian express astonished Morand: he included their meticulous description, that is, furnishing made of precious Ural crystal, onyx and marble, the fur of beavers, otters, red foxes, and white tigers covering the floor, and other astonishing treasures. Morand apparently described the interiors of the Moorish salon that was part of the Trans-Siberian express.[24] This journey stirred his imagination as a journey to the land of miraculous treasures. More than two decades after his visit, Morand still remembered many little details about the Trans-Siberian express. The author confessed that after taking this imagined journey on the train, he fell in love with Russia and with its fabulous wealth. This simulated journey on the Trans-Siberian railroad became, in the words of the author, "the real cynosure" of the Exhibition and one of the most remarkable impressions left by the Belle Époque. This simulated journey on the Trans-Siberian express also symbolized imperial

---

22 See also description in *Compagnie Internationale des Wagons-Lits : Cinquantenaire de la Compagnie*, p. 14.

23 Morand, P., *1900 A.D.* Translated by Romilly Fedden. Payson, 1931, pp. 102-103. See also the French edition: Les Éditions de France, 1931.

24 *Compagnie Internationale des Wagons-Lits : Cinquantenaire de la Compagnie*, pp. 25-26 and Caron, F., and Bachet, O., *Le patrimoine de la SNCF et des chemins de fer français*, pp. 269-271.

ambitions: the journey across great Siberian plains and rivers created a pleasant illusion of Russian imperial conquest as an enjoyable train ride.

There were, actually, two panoramas at the exposition. One, *Panorama Transsibérien*, consisted of four wagons with a moving panorama. It was located behind the windows of four wagons of the *train de luxe*. It was created by artists Jambon and Bailey and architect Georges Chedanne: behind the windows of four carriages, the visitors could see Russian and Chinese landscapes, including of the Great Wall and Lake Baikal. The *Panorama Transsibérien* included two restaurants, Russian and Chinese, and the visitors could see the views of the world when enjoying their dinners at restaurants.

Another panorama, the 914-meter Great Siberian Railway Panorama, was created by Russian doctor, artist, traveler, and explorer Pavel Yakovlevich Pyasetskiy (1843-1919) who started his monumental work in 1894.[25] Pyasetskiy was able to ensure the patronage of the Russian emperor Nicholas II who had personally subsidized finishing this expensive project. Nicholas II envisioned Pyasetskiy's panorama as a potential gem of the Exposition, and, indeed, the panorama by Pyasetskiy received the Gold Medal from the organizers of the Exposition and Pyasetskiy the order of the Légion d'honneur. The painting of Pyasetskiy documented the interiors of the train, including its wagon-restaurant, the process of the construction of the Trans-Siberian railway, changing landscapes along the route of the Trans-Siberian, bridges, rivers, Orthodox cathedrals, factories, the main streets of Russian cities and everything else that a traveler on board Trans-Siberian could see, thus making possible in an hour or so to see what a train voyager would see in fourteen days. Pyasetskiy's panorama also included the reproduction of separate salons for ladies and gentlemen, a bathroom, and a wagon-restaurant. He used a folded-out perspective.[26]

The *Exposition* thus highlighted how the *trains de luxe* offered the sumptuous aesthetic and corporeal feast, and wagon-restaurants, certainly played a central role in this fête. Moreover, it was possible to see all of Russia sitting at the table of the wagon-restaurant and consuming meals. The restaurant gave an opportunity for a visitor to display one's status and one wealth, to enjoy a refined meal in a regal atmosphere resembling feasts at Versailles. In addition to these pleasures, now a guest could immerse oneself in the display of the exotic Russian landscapes and Oriental dreams: Oriental in the sense of the term by Edward Said. More than fifty million people visited the Exposition, and it is safe to assume

[25] According to other sources, it was an 850-meter panorama.

[26] Eventually the panorama ended up in the Hermitage, and in the early 2002 *Russian Railways* participated at the restauration of the painting. Panorama was exhibited at one of Saint-Petersburg's railway station.

that hundreds of thousands visitors saw the moving panoramas of the Trans-Siberian. Many visitors of the Exposition acquired an experience of train travel on such simulated rides while the actual train ride on the Trans-Siberian was too expensive and too lengthy. Moreover, Pyasetskiy's panorama could remind one of the experience of being in a cinema theater. The rise of cinema transformed ways of seeing the word, and, indeed, all things moving: escalators, talking films, and such panorama embodied the modernity of the Exposition.

In contemporary accounts, the Russian pavilion at the International Exhibition of 1900 "brilliantly" conveyed impressions from a journey on board the Trans-Siberian express.[27] This interpretation had appeared in the commemorative brochure of the CIWL that emphasized the success of the Trans-Siberian at the Exposition. The train had demonstrated "the immense panorama" with "the most characteristic views" that a passenger could see during his journey to Vladivostok.[28] In 1900, the Trans-Siberian railway presented a great novelty: the railway began its operation on June 17, 1899, less than one year before the Exhibition. It was in April 1898 that the CIWL received permission from the Russian government to supply sleeping cars for the Trans-Siberian Express.[29]

The Great War interrupted the service of the Orient Express, and in 1918 it was restored again. In interwar decades, the glamour of the Orient Express was, to an extent, gone, because the train was passing through the devastated land of Europe. The apparent paradox of the fate of the Orient Express after 1917 was that the reincarnation of the Orient Express – the Simplon-Orient-Express – hardly matched the success of its forerunner. For the reason of the scarcity of food, the menu in the dining car lacked a variety of choices; moreover, being aware of the impoverishment of the Europeans, the railway management offered a standard dinner for four francs in 1918. The manners of people who were eating food in the wagon-restaurants were also of questionable quality. Dining cars on board the Simplon Express could sell only cheese, wine, and cigarettes

27 *Compagnie Internationale des Wagons-Lits : Cinquantenaire de la Compagnie*, p. 14.

28 *Ibid.*

29 The Trans-Siberian express consisted of first- and second-class compartments, a dining car, and even a car where passengers could take a shower. In the first years of service, passengers needed to board a ship after they arrived at Irkutsk and, during winter, to take a sleigh across Lake Baikal. After 1906, when the railway between Vladivostok and Irkutsk was completed, the Trans-Siberian express went directly from Moscow to Vladivostok. This journey required eighteen days, i.e., seven days to reach Irkutsk from Moscow and another eleven days to reach Vladivostok. The new service provided a reliable communication among Russia, China, and Japan: a traveler needed only fifty-one hours to reach Nagasaki and an additional four days to travel to Shanghai from Vladivostok. Train attendants were multi-lingual, thus adding convenience to travel.

of the country that the Simplon-Orient was crossing. One could pay for meals only by a currency of that country: this made passengers exchange their currency according to the "rather extortionate rate" offered by the management of the CIWL. Claire Price, a contributor to *The New York Times*, highlighted his feeling of "extreme surprise" of seeing a bill in the dining car of the Simplon Express: "once I thought I had not upon an adequate reply [*sic*] to a Simplon-Orient dinner bill by going through my pockets and offering in payment of it my last driblets dollars, francs, lire and dinars… [because] there is no adequate reply to a Simplon-Orient dinner bill."[30] Price ironically portrayed a voyager, a foreign minister of a newly established country in Eastern Europe. Perhaps Price was offended by the fact that this minister spoke many languages, but did not want to carry on a conversation in English.[31] These details made the journey on the Simplon-Orient Express less appealing for the Europeans and for foreigners; it no longer fulfilled a dream of a leisurely romantic voyage in refined company.

In the 1920s, the sentiment of nostalgia over the now gone Belle Époque became an important theme in French and world literature. The Orient Express, the Trans-Siberian Express, and other trains *de luxe* came to symbolize the bygone decades. The ambiance of wagon-restaurants played an important role in creating the mystique of long distance train travel as an exquisite experience that captured the charms of the departed era. The wagons-restaurants appear in many novels and films about *train de luxe* such as, for instance, *The Mystery of the Blue Train* (1928) and *Murder on the Orient Express* (1934) by Agatha Christie (1890-1976), *The Orient Express* (1927) by John Dos Passos (1896-1970), *The Orient Express* (1932) by Graham Greene (1904-1991), *Orient Express* (1934) by Jacques Chabannes (1900-1994), "Simplon-Orient-Express" by Pierre Boisent, *Le Voyage* by Paul Morand (1888-1976) and others. Morand described "strange specimen of the wagonlitesque flora" as fabulously wealthy people, whose pockets were stuffed with diamonds, or as diplomats and diplomatic couriers who always traveled in pairs, and when one had a dinner in a wagon-restaurant, another stayed in a compartment, guarding the priceless secrets of diplomatic mail.[32] The Orient Express was, in the

30 Price, C., "Europe's Most Famous Train," *New York Times*, 13 July 1924. p. 11.

31 Hence, the journalist used a great deal of sarcasm to describe this politician: "He [the minister] was returning from his coffee and rolls in the dining car, and we discovered in time that no Foreign Minister of any country, whether Balkan or otherwise, ever ate more than he did. Whether his country has yet succeeded in balancing its budget I don't know, but any deficit it may enjoy may be taken to represent the proportions of its Foreign Minister's gargantuan appetite." Price, C., "Europe's Most Famous Train," *New York Times*, 13 July 1924.

32 Morand, P., *Le Voyage*. Editions du Rocher, 1994. The first edition is in 1927.

words of Morand, "the genuine umbilical cord," which bound the aristocratic elite and the bourgeoisie across the world. The wagon-restaurants were the epitome of the bourgeois material culture. In interwar decades, the French railway companies even offered a new initiative, the Blue Train, *Le Train Bleu* that featured a beautifully decorated wagon-restaurant and sumptuous meals.[33] The commercialization of nostalgia played an important role in shaping the concept of leisurely voyage in interwar France.

4. The Dining Hall of the Orient Express in Literature

The service on the train resumed after the Great War. In interwar years, the route of the Orient Express was renamed the Simplon-Orient Express. The train served two routes, including the route to Syria. Initially, only the military were allowed to use this train. Dining service on board of the train was very modest. There are several accounts of how modest food was, and how exceptionally expensive travel on board the Orient Express was. Elmer Davis, a journalist from *The New York Times*, described how different voyages on the Orient Express were from those in pre-war years in the early twenties. Its route went through the devastated cities of Austria-Hungary.

Those selected few who had the privilege to travel on board the Orient Express had nostalgic memories about these voyages. Agatha Christie had taken the route of the Simplon Orient Express after the traumatic divorce with her first husband.[34] She was becoming a popular author in Great Britain, and by taking this journey, she fulfilled her long-time dream of taking this train, the train of her dreams. While reading her autobiography, one cannot truly find much information about the dining car on board the train. This lack of references and excitements may suggest that food was rather dull. An American writer Dos Passos also described the Orient Express in his story *The Orient Express*.[35] His account is remarkable by describing voyagers he met on board the train. The lives of most people he met on board the train were affected by the historical catastrophes of the twentieth century such as the Armenian genocide, the Great War, the Russian Revolution, and the Depression.

Graham Greene's *Stamboul Train* is a 1934 novel about several passengers of the Orient Express (Simplon Orient) for whom the voyage on

---

33 See my Ph.D. thesis: Starostina, N., *Engineering the Empire of Images: The Representations of Railways in Interwar France*. The Department of History, Emory University. Atlanta, 2007, written under advisorship of Professor Kathryn Amdur.

34 Christie, A., *An Autobiography* Dodd, Mead, 1977.

35 Dos Passos, J., *Orient Express*. Harper & Bros., 1927.

board the train appeared to become a life-changing event.[36] The wagon-restaurant was the place where people who would never otherwise share the same space met each other. Carleton Myatt, a businessman who was going to Constantinople on a business trip, met Coral Musker, a singer; Carleton and Coral spent a night together and felt so much attraction toward each other that they started making plans for the future. Carleton wanted to celebrate this sudden affair with a dinner and a live music (violin) in the wagon-restaurant and by offering complimentary wine to his guests. They planned to live together in Constantinople, but their plans were never realized. The novel highlights contingency in defining the fate of characters on board the Orient Express. Despite their intentions, they had little control over their destinies. The novel did not pay much attention to the quality of food in the dining hall of the Simplon Orient. It makes a quick reference to the curious fact: because of constant movement on train, wine, no matter how good it is, does not taste that well in the wagon-restaurant. At the same time, the Simplon Orient still delivered adventure; yet, in the whirlpool of the 1930s, the sense of "safe adventure" is gone, and the voyage on board the train has brought dark and sad events to the lives of protagonists.

Yet, the memories of the prewar Orient Express were more powerful than the actual experience of traveling on the Simplon Orient. Christie created a mystery story about a group of people who boarded the train to inflict revenge on the murderer of a little girl.[37] The wagon-restaurant became a key site for the novel: it was the place where the detective Hercule Poirot made observations about travelers, and where he interrogated the people who were suspected in committing this murder. The wagon-restaurant becomes the stage where, in the end of the novel, Poirot reveals who were the murderers and yet decides not to inform the police.

The Orient Express takes a special place in the European imagination. It was the place where the elite could feel at home when, paradoxically, traveling around the world. It was the place where the romance and appeal of long-distance voyages inspired the travelers. It was also the place where new forms of bourgeois sociability bloomed and shaped the identity of its passengers and those who read about their adventures. While unveiling the mystic of the Orient Express, it is important to highlight the key role of the dining hall in shaping the new patterns of travel and sociability.

There were many symbolic aspects of food sharing on board the train. Journeys on the Orient Express happened in the aftermath of the Franco-Prussian War and the Russo-Turkish War, when the Europeans

---

36 I have used the following edition: Greene, G., *Stamboul Train*, Penguin Twentieth-Century Classics. Penguin Classics, 1992.

37 Christie, A., *Murder on the Orient Express*. Collins Crime Club, 1934.

witnessed or participated in violent conflicts. Rising nationalism incited much animosity and revanchism. These sentiments, however, appeared to fade away when the passengers shared their meals and stories together in the wagon-restaurant of the Orient Express. Even though these nationalist sentiments did not disappear entirely as the reader can sense a little bit irony in Abbot's description of the Germans on board the train, the dining hall had a magic power to reconcile traumatic memories. Food and rites surrounding it became a remedy to heal political differences. At the same time, the wagon-restaurant of the Orient Express became the means of social identification: everything about food on board the train only affirmed the elitism of the Orient Express. Every single detail involved in serving the food on board the Orient Express could be read as a sophisticated statement highlighting a strong relationship between food, memory, and culture. Although the Orient Express was the product of the second Industrial Revolution, other aspects of the train implied its deep connections with the past.

Sources and Bibliography

About, Edmond. *De Pontoise à Stamboul.* Hachette, 1884.

Baroli, Marc. *Le train dans la littérature française*, 3 ed., Editions N.M., 1969.

Blowitz, Henri Georges Stephane Adolphe Opper dep. *Une course à Constantinople.* Librairie Plon, 1884.

Bourdieu, Pierre. *Distinction: A Social Critique of the Judgment of Taste.* Translated by Richard Nice, Harvard University Press, 1984.

Commault, Roger. *Georges Nagelmackers, un pionnier du confort sur rail.* Éditions de la Capitelle, 1966.

Compagnie Internationale des Wagons-Lits : Cinquantenaire de la Compagnie Internationale des Wagons-Lits & des Grands Express Européens, 1876-1926 J. Barreau, 1926.

Cookridge, E.H. *Orient Express, the Life and Times of the World's Most Famous Train.* Random House, 1978.

Christie, Agatha. *An Autobiography Dodd*, Mead, 1977.

Christie, Agatha. *Murder on the Orient Express.* Collins Crime Club, 1934.

Des Cars, Jean and Caracalla, Jean-Paul. *L'Orient-Express : un siècle d'aventures ferroviaires.* Denoel, 1984.

De Maupassant, Guy. *Boule de suif. Les Soirées de Médan.* P. Ollendorff, 1907, pp. 7-61, http://fr.wikisource.org/wiki/Boule_de_suif_(recueil)/Boule_de_Suif. Accessed 30 March, 2015.

Droz, Antoine Gustave, *Un Buffet de Chemin de Fer*, 1864, Lithograph after a painting, Paris. http://commons.wikimedia.org/wiki/File:Antoine_Gustave_Droz_Buffet_de_chemin_de_fer.jpg. Accessed 27 September 2016

Greene, Graham. *Stamboul Train*, Penguin Twentieth-Century Classics. Penguin Classics, 1992.

Gregory, Alexis. *The Golden Age of Travel*, 1880-1939. Rizzoli, 1991.

Morand, Paul. *1900 A.D.* Translated by Romilly Fedden. Payson, 1931. See also the French edition Paul Morand. *1900.* Les Éditions de France, 1931.

Morand, Paul. *Le Voyage*. Editions du Rocher, 1994. The first edition is Paul Morand. *Le voyage*. Hachette, 1927.

Passos, John Dos. *Orient Express*. Harper & Bros., 1927.

Le patrimoine de la SNCF et des chemins de fer français. Edited by François Caron and Olivier Bachet, Flohic, 1999.

Price, Clair. "Europe's Most Famous Train," New York Times, 13 July 1924, p. 11 [SM11].

Schivelbusch, Wolfgang. *The Railway Journey : The Industrialization of Time and Space in the 19th century.* University of California Press, 1986. The first edition of this book appeared as Wolfgang Schivelbusch. *Geschichte der Eisenbahnreise : zur Industriealisierung von Raum und Zeit im 19. Jahrhundert*. Hanser, 1977. Series : Hanser Anthropologie.

Starostina, Natalia. *Engineering the Empire of Images : The Representations of Railways in Interwar France*. Dissertation. The Department of History, Emory University. Atlanta, 2007, written under advisorship of Professor Kathryn Amdur.

Deuxième partie

L'espace ferroviaire source de contraintes et d'opportunités d'une alimentation mobile

La consommation d'*ekiben* (litt. *bentō* de gare), mode ou motivation de voyage ?

Sylvie Guichard-Anguis

Chargée de recherches au CNRS – laboratoire espaces, nature et culture (ENEC) UMR 8185 cnrs/Paris Sorbonne

Avant de prendre le train à l'heure des repas, le voyageur français peut se munir d'un de ces sacs de papier, devenus courants, dans lequel se trouvent disposés les divers articles de sa commande faite auprès de l'un des distributeurs d'alimentation sur le pouce que l'on trouve désormais dans les gares. C'est plus rarement le cas en dehors de ces horaires. À l'opposé, au Japon, un voyageur semblable n'hésite pas à affronter la cohue créée par la clientèle à toute heure de la journée, de l'aube à la fin de soirée, pour se procurer un repas froid emballé. Ce dernier prend le plus souvent l'aspect d'une boîte rectangulaire que le client tient soigneusement à l'horizontale jusqu'à ce qu'elle soit placée sur la tablette au niveau de son siège. Quand il estime que c'est l'heure de se restaurer, le voyageur français sort de son sac les différents mets qu'il a choisi d'associer afin de composer son repas et les place avec plus ou moins de succès sur l'étroite tablette devant lui. Le voyageur japonais, lui, ôte l'emballage, le plie soigneusement, ouvre la boîte et sépare les baguettes jetables en bois. Après avoir mangé son repas avec les doigts ou des couverts jetables, le voyageur français replace en les écrasant ou les froissant les différents emballages de son repas dans le sac de papier. Le voyageur japonais casse en deux les baguettes jetables, les replace dans la boîte, referme soigneusement le papier d'emballage et remet le tout dans le sac en plastique qui lui a permis de le porter. Dans le meilleur des cas, quand il descend du train le voyageur français jette le sac de papier et son contenu dans une poubelle installée sur les quais… ou laisse le tout sur sa tablette et s'en va comme l'auteur de ces lignes a pu le constater plus d'une fois. En général, une fois le repas achevé, le voyageur japonais se lève de son siège et va jeter le sac en plastique et son contenu à l'une des extrémités de la voiture dans les poubelles adéquates qui séparent les sacs de plastique et leur contenu des cannettes et bouteilles. Ou bien il le fait dès sa sortie du train, dans la première poubelle en vue sur les quais. Il lui arrive aussi, beaucoup plus rarement, de laisser les boissons mais jamais les reliefs de son repas.

Ce court préambule dessine deux modes alimentaires distincts dans le train, dans deux pays développés qui par ailleurs semblent avoir une politique ferroviaire présentant de grandes similitudes. Tous les deux ont développé le train à grande vitesse, mis en service en 1964 au Japon avec la première ligne du Shinkansen et en 1981 avec le premier tronçon du TGV en France. Les wagons-restaurants ont disparu dans les deux cas à l'exception de quelques trains prestigieux d'exception. Désormais dans les deux pays le plus souvent le voyageur recourt aux commerces de bouche dans la gare avant de monter dans le train, qui dans le cas français possède encore une voiture-bar et dans le cas japonais parfois une restauration rapide ambulante.

Cependant comment peut s'expliquer cette divergence pour le moins sensible dans les choix alimentaires entre deux pays développés à forte dimension ferroviaire ? La proposition d'un repas froid complet contenu dans un seul récipient au Japon s'oppose à la nécessité de composer son propre menu pour le voyageur en France. Ce même repas froid peut se consommer à toute heure du jour au Japon à l'opposé des prises alimentaires françaises qui distinguent un petit-déjeuner des autres repas et donc des consommations solides et liquides différentes. Il faut constater qu'aucune proposition de ce type ne se range parmi les repas froids japonais. À une forme de standardisation du repas répond une extraordinaire variété des propositions au Japon, bien différente de la pauvreté de la sélection des produits à emporter dans les gares françaises grandes ou petites. Il se dessine en arrière-plan des motivations fort différentes dans le choix des mets. Il est clair côté français que cette restauration qui ne s'appuie pas sur l'extraordinaire richesse de la cuisine française se limite à combler un creux, un vide à l'heure du repas, bref correspond à la simple fonction de s'alimenter. Elle ne constitue pas un moment exceptionnel tandis que du côté japonais la variété, semble-t-il sans limites des propositions d'un lieu à l'autre à toutes heures du jour, tend à évoquer bien plus que le simple besoin de se nourrir.

Par ailleurs malgré une pénétration toujours plus forte de l'occidentalisation dans la vie quotidienne au Japon comment peut s'expliquer la prodigieuse variété d'*ekiben* nom donné à ces boîtes de repas froids proposées dans les gares japonaises[1], qui suggèrent chez le voyageur japonais des habitudes sensiblement différentes de celles en usage en Europe ? Quels sont les facteurs de résistance face à une offre alimentaire qui ne cesse de se diversifier et de s'occidentaliser ?

1 Nozawa, J., « Ekiben : la gastronomie régionale sur les rails ou Dis-moi ce que tu manges dans le train, je te dirai où tu es ! », dans Marcilhac, V., et Moriniaux, V. (dir.), *Les établissements de restauration dans le monde*, Paris, L'Harmattan (coll. Géographie et Cultures) 2012, pp. 229-240.

Afin de répondre à cette question, un court rappel historique va permettre de dépeindre les diverses façons de s'alimenter lors de déplacements durant les siècles précédents au Japon. Il permettra de déterminer si ces pratiques contemporaines s'inscrivent dans une rupture ou une continuité. L'histoire ferroviaire et l'imaginaire associés à ce mode de transport contribueront ensuite à poser le cadre des modes contemporains d'alimentations dans le train. À travers la remarquable diversité de ces « bentō de gare » ou *ekiben* proposés au début du XXIe siècle, qu'il faut distinguer des simples bentō, se dessine une résistance culturelle porteuse de multiples sens qu'il faut tenter de cerner. Ils touchent la remarquable capacité de la culture japonaise contemporaine à absorber, domestiquer et ensuite émettre de nouvelles tendances que le reste du monde est prêt à adopter.

1. Marche et boulettes diverses à l'époque d'Edo (1603-1868)

Afin d'appréhender l'histoire de l'alimentation au cours de déplacements durant les siècles précédents les informations apportées par les estampes se révèlent particulièrement précieuses[2]. Cette brève évocation se limite aux siècles de l'époque d'Edo (1603-1868), au cours desquels ces déplacements prennent une ampleur inédite[3]. Ils s'effectuent pratiquement exclusivement à pied, si l'on fait exception d'une faible minorité à cheval ou transportée en palanquin. Il va de soi que ce mode de déplacement dicte celui de l'alimentation au cours des voyages à l'époque d'Edo.

Au col d'Itoga dans le département de Wakayama, sur Kii-ji, le chemin qui longe la côte pour se rendre aux trois grands sanctuaires de Kumano[4], se trouvait une maison de thé *chaya* qui proposait aux voyageurs parvenus à cette hauteur et épuisés par la montée des coupelles de thé ou saké, accompagnées d'une spécialité locale, *mikan mochi*. Cette boulette dont les secrets de fabrication ont été perdus tirait parti des ressources locales et en particulier des mandarines (*mikan*). La reproduction géante d'une estampe représentant cette maison se trouve dans le petit musée local intitulé « Musée folklorique de l'histoire des chemins de Kumano ».

---

2 Kanzaki, N., *Monomi yūsan to Nihonjin* (La recherche du plaisir et les Japonais), Tokyo, Kodansha (coll. Kodansha Gendai shinsho), 1991.

3 Guichard-Anguis, S., and Moon, O. (dir.), *Japanese Tourism and the Culture of Travel*, Londres et New York, Routledge, 2008.

4 Ces trois sanctuaires font partie d'un vaste ensemble qui s'étend sur trois départements, inscrit sur la liste du patrimoine mondial établie par l'UNESCO en 2004 sous le titre de « Sites sacrés et chemins de pèlerinage dans les monts Kii ».

Dans l'ouvrage de Satō et Fujiwara regroupant des estampes concernant le voyage[5] figure un extrait d'une œuvre d'Ando Hiroshige (1797-1858) appartenant à la série sur les 53 étapes du Tōkaidō. Elle représente celle de Fujizawa sur laquelle figure un groupe de voyageurs en train de pique-niquer assis sur des nattes disposées sur le sol. Certains d'entre eux tiennent en main un contenant oblong qui s'apparente aux objets tressés. Il contient des boulettes de riz blanc soigneusement alignées à l'intérieur et se classe parmi les *yanagi gōri* (*gōri* en saule) et plus exactement s'intitule *meshi gōri* (*gōri* à riz cuit). Les *gōri* constituent des contenants en général rectangulaires de toute taille, à la fois souples, donc incassables hormis dans le cas de chocs très sévères, très légers et robustes. Ils possèdent en outre la propriété de protéger contre les insectes et l'humidité. Tressés à l'aide d'une combinaison de branches et d'écorce de glycines avec du bambou, ils ont fait le renom de la ville de Kameoka dans le département de Hyōgo qui a été pourvoyeuse de ces objets pendant des siècles[6]. Très léger, donc, ce type de contenant une fois rempli sans laisser le moindre espace peut-être transporté dans des positions variées par le voyageur.

L'avantage de ces boulettes de riz nature ou enrobées de feuilles autorise une consommation directe qui ne nécessite que les doigts. Au début du XXIe siècle, les auberges japonaises continuent à pourvoir les voyageurs de ce type de repas portable, dans lequel le riz occupe une place prépondérante comme l'atteste le repas portatif proposé en 2008 (fig. 1). Dans cet exemple le riz se trouve enrobé de feuilles de *Takana* (Brassica Juncea) pour donner naissance à l'une des spécialités régionales *mehari zushi*. *Yanagi gōri* a été remplacé par une boîte de plastique jetable et à la différence des siècles précédents des baguettes également jetables accompagnent cette proposition de repas. *Mehari zushi* qui consiste en *onigiri* (boulette de riz blanc) agrémentés de condiments et enrobés de feuilles de *Takana* a été choisi comme *ekiben* emblématique de la cuisine régionale dans la gare de Shingū dans le département de Wakayama. Parmi les spécialités culinaires les plus populaires de cette région sur laquelle se fonde une partie du discours touristique, *mehari zushi* connait un renouveau semblable à bien des préparations de ce type dans le Japon contemporain.

Roan Yasumi dans son ouvrage *Ryokō yōjin shū* (ensemble de recommandations en vue de voyager) paru en 1810 et réédité à plusieurs reprises à tel point que les spécialistes du voyage évoquent invariablement la com-

5 Satō Yōjin et Fujiwara Chieko, *Ukiyo e de miru Edo no tabi* (Le voyage à l'époque d'Edo vu à travers les estampes), Tokyo, Kawade shobō shinsha, 2000.

6 Cet artisanat (*Toyooka kiryū saiku*) remonte à plus de mille ans et a pris son essor véritable à la fin du XVIe siècle pour étendre le renom du fief de Kameoka dans tout le pays. Il bénéficie d'une reconnaissance nationale en tant qu'artisanat d'art traditionnel (*dentōteki kōgei*) par le ministère de l'Industrie et du Commerce depuis 1992.

paraison avec les « best-seller » contemporains, établit la liste des articles indispensables lors de déplacements, qui souvent prennent la forme d'objets suspendus à la personne (*keitai*). Il va de soi que l'auteur insiste sur l'importance de réduire au maximum leur nombre et leur poids. Parmi eux ne figure aucune allusion à la prise alimentaire, signifiant par cela que les objets indispensables à la consommation alimentaire sont procurés par les auberges ou les maisons de thé sur les routes. Par contre Roan Yasumi insiste sur la vigilance concernant le choix des mets et l'importance de se garder en bonne santé en faisant preuve de mesure dans tous les domaines.

Les boîtes superposées semblent réservées à de courts déplacements comme l'attestent de multiples estampes. Parmi elles dans la série les quatre saisons du mont Fuji, Torii Kyonaga (1752-1815) dépeint une jeune femme, sans doute une paysanne si l'on en juge par son vêtement retroussé, s'aidant d'une main au port sur la tête d'un plateau sur lequel repose une boîte composée de plusieurs niveaux superposés (*jūbako*) et tenant dans l'autre main une verseuse de métal contenant du thé infusé (*yakan*)[7]. Cette estampe démontre à quel point ce type de contenants nécessite une position horizontale lors du transport. Ces boîtes (*jūbako*) à plusieurs niveaux, que l'on ouvre et dispose sur une natte, trouvent leur terrain de prédilection lors de pique-niques destinés à admirer les floraisons (*hanami bentō*) ou les colorations de l'automne, comme le démontre une grande quantité d'œuvres picturales de nature très variée. Leur emploi correspond à une sortie de quelques heures mais ne peut convenir à des déplacements plus longs. Leur usage tend à s'affaiblir de nos jours à l'extérieur mais se concentre désormais dans les restaurants de cuisine plus ou moins gastronomique ou lors de rites dans l'univers domestique (début de l'année[8], etc.).

En résumé, lors de longs déplacements les repas prennent la forme de boulettes diverses de riz ou d'autres ingrédients. Dans le cas des boulettes de riz consommées en route, différentes protections, consommables ou non, aux propriétés antibactériennes les enrobent et permettent leur transport dans des positions diverses. Paradoxalement dans la seconde moitié de l'époque d'Edo ce sont les boulettes autres que celles de riz proprement

---

7 Cette même verseuse continue à être utilisée mais pour l'eau froide dans l'univers des cérémonies de thé.

8 Une enquête effectuée en 1988 et en 2014 par la société de produits alimentaires Kibun à partir d'un échantillon de 600 femmes montre que la possession de *jūbako* est passée de 85,3 % à 66,7 % et leur usage de 51 % à 36,1 %. Cette chute témoigne de la défaveur concernant la cuisine japonaise (*washoku*) telle qu'elle était conçue jusqu'aux années 1950 au profit de mets de plus en plus occidentalisés. C'est cette cuisine qui a été inscrite sur la liste du patrimoine immatériel mondial par l'UNESCO. Ce mouvement se trouve en grande partie à l'origine de la candidature japonaise afin de faire prendre conscience aux Japonais de l'excellence de leur cuisine.

dit qui deviennent des spécialités locales (*meibutsu*) et représentent dans bien des cas l'origine de multiples douceurs contemporaines (*kashi*). Le repas de riz froid lors de déplacements ne présente pas encore une grande diversité en comparaison de l'époque contemporaine. Un, voire plus rarement plusieurs condiments, souvent locaux, l'accompagnent.

Dans un pays montagneux comme le Japon les cols (*toge*) se succèdent et le besoin de reprendre son souffle tout en délassant ses jambes s'impose à intervalles réguliers. La présence, non seulement au sommet des cols mais à des points névralgiques de communication, sans compter tout au long des routes (*kaidō*), d'établissements spécialisés (*chaya*) dans l'offre de gobelets de thé vert ou de saké accompagnés d'une douceur, traduit ce besoin impératif. La plus grande partie disparaît avec l'évolution des transports et la transformation de ces axes en voies routières. Il n'en subsiste que quelques-uns transformés en curiosité touristique comme Amazu *chaya* à Hakone ou bien encore Toganoki *chaya* sur le chemin de pèlerinage Nakaheji près de Chikatsuyu dans le département de Wakayama. Tsūen *chaya* au bord de l'Ujigawa à Uji remonterait à 500 ans environ. Si la voie subsiste et continue à être empruntée par des marcheurs, des panneaux comme dans le cas des chemins de pèlerinage de Kumano, auxquels se rattache Nakaheji signalent les *chaya* disparues. Des lieux de dégustation réputés pour l'unique douceur qu'ils servent font désormais partie intégrante des lieux de mémoire et restent indissociables des lieux célèbres (*meisho*) comme par exemple dans le cas des *aburi mochi* près du grand sanctuaire shintoïste de Imamiya à Kyoto. La maison Ichiwa située à l'entrée du sanctuaire, tenue par la 23e génération, propose cette douceur dont la consommation protégerait contre les maladies depuis des siècles. Dans d'autres cas, seule la spécialité subsiste et continue à être servie dans des établissements qui n'ont plus grand-chose à voir avec ceux de l'époque d'Edo. C'est le cas d'*Ubaga mochi*[9] à Kusatsu ou d'*Abekawa mochi* aux alentours de la rivière du même nom. Non seulement les journaux de voyage, mais aussi les romans et les guides de l'époque d'Edo permettent de connaître ces douceurs sans oublier une iconographie abondante, en particulier dans le domaine de l'estampe.

À l'époque contemporaine, lors de visites touristiques, la consommation locale de ces douceurs participe directement à la consommation des lieux et s'inscrit presque automatiquement dans le programme du déplacement, tout particulièrement pour les plus célèbres d'entre elles. Une visite au grand jardin promenade Korakuen à Okayama reste incomplète sans la dégustation des spécialités sucrées locales *Kibi dango* (les boulettes de Kibi). De même aller contempler la floraison des cerisiers sur les pentes

9 *Mochi* désigne une pâte souple confectionnée à partir de riz gluant. Elle permet d'enrober des garnitures diverses d'où le grand nombre des déclinaisons de *mochi*.

montagneuses à Yoshino ne peut se concevoir sans un arrêt dans un établissement spécialisé dans l'offre de *Kuzu kashi* (douceurs à base de fécule d'arrow-root *kuzu* (Pueraria Thunberingiana). À Ise le commerce *Aka fuku* vend aux pèlerins depuis 1707 la douceur du même nom devenue la spécialité par excellence de cet endroit. Les empreintes à la surface de cette douceur imitent les flots de la rivière Isuzu dans laquelle les pèlerins doivent se purifier. Ces douceurs jouent à l'époque d'Edo le rôle de collation lors de voyages[10] d'où la très grande popularité de certaines d'entre elles comme *Aka fuku*.

À partir du début du XVIIIe siècle, avec la popularité grandissante des déplacements à des fins ludiques, même si des raisons officielles masquent le plus souvent le véritable but, la consommation des douceurs commence à tenir une place non négligeable dans l'univers du voyage. Elle devient synonyme d'agrément lors de déplacements qui se situent dans un cadre hors de celui de la vie quotidienne (le sucre reste encore une denrée inaccessible pour une grande part de la population). C'est ainsi que les *mochi*, boulettes (*dango*) et *manjū*[11] sont devenus des spécialités locales (*meibutsu*), qui du fait de l'impossibilité de les conserver doivent être consommées sur place. La révolution des transports produite par l'apparition des chemins de fer bouleverse cet univers[12], en créant une nouvelle sélection des spécialités proposées dans des lieux plus ou moins proches des lignes. Elle va parfois jusqu'à modifier la nature même de la spécialité afin de la rendre transportable et conservable. *Abekawa mochi* désormais vendu dans la gare de Shizuoka se transforme pour ne plus contenir de *mochi* (riz gluant écrasé) mais *gyūhi*, une pâte obtenue à partir de farine de riz gluant qui se conserve beaucoup mieux tout en conservant son nom[13].

Il faut donc attendre l'époque de Meiji (1868-1912) pour que ces douceurs deviennent des cadeaux (*miyage*) que l'on rapporte en souvenir des déplacements[14] à la place des amulettes, des images et des médicaments des siècles précédents. Un phénomène de fusion entre les spécialités sucrées

---

[10] Kozu, A., *Chanoyu no rekishi* (Histoire de Chanoyu), Tokyo, Kadokawa 2009.

[11] La douceur ronde *manjū* qui consiste en une boule de pâte de haricots, enveloppée entièrement d'une couverture faite de farine et d'eau, constitue l'une des plus populaires. Cuites à la vapeur elle peut se consommer toute chaude et présente une très grande variété de goût et de couleur, qu'elle soit parfumée au saké dans le cas des *sake* (ou *saka*) *manjū*, ou que la pâte soit faite avec de la farine de sarrasin dans celui des *soba manjū*, ou qu'elles contiennent de l'igname, etc.

[12] Suzuki, Y., catalogue : *Omiyage to tetsudō* (Cadeaux souvenirs et chemins de fer), Tokyo, Higashi Nihon tetsudō bunka zaidan, 2013b.

[13] Suzuki, Y., *OMiyage to tetsudō Meibutsu de kataru Nihon no kindaishi* (Les cadeaux-souvenirs et les chemins de fer. L'histoire de la modernisation du Japon racontée à travers ses spécialités), Tokyo, Kodansha, 2013a.

[14] Kanzaki. N., *Omiyage* (Cadeaux), Tokyo, Seikyūsha, 1997.

et les souvenirs intervient alors, accéléré par la révolution des transports. L'achat de douceurs et leur offre au retour constituent la preuve formelle que le voyageur s'est bien rendu sur les lieux.

2. Le train, tourisme et imaginaire du voyage au Japon

Ce rapport à l'alimentation au cours des déplacements se trouve bouleversé avec l'arrivée du chemin de fer. La position assise pendant plusieurs heures dans le train transforme la prise du repas lors de déplacement. Pour le voyageur immobilisé dans les wagons, au besoin de se reposer succède celui d'occuper le temps. L'abondance des boissons et mets sur les tablettes dans le Japon du début du XXIe siècle, quelle que soit l'heure, permet de comprendre à quel point la consommation d'un en-cas est devenue prépondérante dans l'usage de ce temps. Cette consommation s'est mise en place comme elle s'est modifiée progressivement en épousant la mise en service de trains toujours plus rapides.

Un rapide historique de l'histoire ferroviaire permet de compléter le tableau du contexte de l'apparition des *ekiben*. La première ligne ferroviaire remonte à 1872 entre Shinbashi à Tokyo et Yokohama[15]. En 1874, la ligne qui relie Osaka à Kobe est ouverte. En 1889 le train relie la capitale à Kobe. La même année c'est au tour de la gare d'Ueno à Tokyo de servir de départ par le train jusqu'à Aomori dans l'extrême nord de Honshū. En 1896, des rapides commencent à circuler entre Shinbashi et Kobe. En 1906, une nationalisation des chemins de fer jusque-là aux mains de multiples entreprises privées régionales a lieu. En 1912, les premiers express roulent entre Tokyo et Shimonoseki à l'extrémité méridionale de Honshū. L'année 1914 voit l'inauguration de la gare de Tokyo dont le centenaire donne lieu à de multiples festivités en 2014, sans compter une rénovation spectaculaire de cette désormais ancienne gare. En 1925, l'avènement d'un début de temps libre et des premiers déplacements ferroviaires dans un but récréatif provoque la vente des premiers bons d'excursion. Mais il faut attendre les années 1970 et surtout 1980 pour que l'on puisse réellement évoquer une période de loisirs au Japon. La politique de conquêtes, l'entrée en guerre du Japon, cette dernière suivie de la reconstruction mettent d'abord un frein à cette évolution, puis la stoppent pendant des décennies.

En 1956, toute la ligne du Tokaidō est électrifiée. En octobre 1964, la première ligne de train à grande vitesse Shinkansen relie Tokyo à la gare de Shin Osaka. Les trains Hikari font quatorze fois par jour l'aller et retour et mettent quatre heures pour joindre ces deux grandes villes. En 1965 est

---

15 Oikawa, Y., *Nihon tetsudōshi. Bakumatsu. Meiji hen* (Histoire des Chemins de fer japonais. Fin de l'époque d'Edo. Époque Meij) Tokyo, Chuokoron, 2014.

inaugurée la classe « verte » dans le train qui correspond à des premières. En 1970, les chemins de fer japonais lancent une campagne qui fait date et s'intitule « *Discover Japan* ». À l'occasion de l'exposition mondiale d'Osaka, les Japonais commencent à se déplacer à des fins récréatives dans des proportions encore inédites et le voyage individuel prend son essor. Jusque-là, une grande partie des déplacements dans un but de loisirs se faisait en groupe. Désormais les familles, les jeunes femmes célibataires deviennent la cible des campagnes de promotion touristique.

En 1971, le Shinkansen relie Tokyo à Okayama, puis en 1975 jusqu'à Hakata au nord de l'île de Kyūshū. En 1982 sont inaugurées les lignes de Shinkansen vers le Tōhoku avec celle vers Morioka et vers Niigata. En 1987, Japanese Railways disparaît au profit du groupe JR composé de compagnies régionales. En 1992, Yamagata dans le Tōhoku est aussi reliée par le Shinkansen. En résumé, l'île principale de Honshū, puis celle de Kyūshū, se voient couvertes progressivement d'un réseau de lignes de trains à grande vitesse puisque ce dernier joint Kagoshima en 2011 tout au sud de l'île de Kyūshū et, en mars 2015, Kanazawa sur la mer du Japon.

Les montagnes occupent au Japon plus des deux tiers du territoire, aussi la circulation en voiture reste-t-elle lente malgré la construction d'autoroutes et l'usage du train se trouve-t-il préféré pour des distances de plus d'une centaine de kilomètres. Si le vacancier japonais privilégie la rapidité, c'est aussi parce que la durée de son séjour hors du domicile reste très courte, soit 2,56 nuits en moyenne en 2009[16]. Par ailleurs l'univers associé aux trains fascine la plupart des Japonais. L'extraordinaire variété de trains qui portent chacun des noms particuliers[17], de formes de locomotives, de couleurs des rames constitue un monde en soi, destiné à une exploration sans limites. À l'automne 2014, JR Nishi Nihon (JR Ouest Japon) publiait une brochure de 14 pages montrant pour chaque région touristique de cette partie du Japon les trains appropriés. Force est de reconnaître que, entre la locomotive à vapeur qui circule durant la saison estivale sur les lignes touristiques et les trains régionaux aux couleurs vives, sans compter ceux porteurs d'illustrations associées aux univers des manga ou bien de personnages fictifs comme « Hello Kitty » de la société japonaise Sanrio, circule une exceptionnelle diversité de trains.

---

16 Kankōcho (dir.), *Kankō Hakusho* (Livre blanc sur le tourisme), Tokyo, Kokudo Kōtsushō, 2011.

17 Ainsi, sur la ligne Tokaidō, parmi les trains à grande vitesse Shinkansen circulent, du plus lent au plus rapide, Kodama puis Hikari et enfin Nozomi. Sur les lignes régionales, la diversité également règne comme par exemple autour de la péninsule de Kii au sud d'Osaka, que longent sur son rivage ouest les express régionaux Kuroshio et sur celui de l'Est les Nanki.

Le Japon se trouve être sans doute l'un des rares pays au monde où l'imagination se déploie autant dans la décoration des trains. Dans le département de Shimane sur la mer du Japon, se trouve la ville portuaire comme l'indique son nom de Sakai Minato (le port de Sakai) où Mizuki Shigeru (1922-2015), célèbre *mangaka*, a passé son enfance et sa jeunesse. Créateur de personnages associés au folklore et en particulier à l'univers des apparitions, ses œuvres sont connues de tout un chacun au Japon. En particulier le personnage de Kitaro le repoussant (*Gegenoge Kitarō*), chasseur de fantômes, jouit d'une extraordinaire popularité. Sa dégaine inoubliable avec son œil unique et ses socques aux pieds est reproduite sur les trains comme à l'intérieur des voitures qui circulent le long de la lagune de Nakanoumi entre Sakai Minato et Yonago (fig. 2).

Une littérature extrêmement variée, souvent spécialisée, permet de se documenter sur cet univers qui attire dès le plus jeune âge[18]. Entre les très longues rames de Shinkansen et les trains à deux voitures (*wanmansha*)[19] qui circulent dans les parties isolées du Japon, les chemins de fer japonais présentent un remarquable échantillon, qui prête à toutes sortes d'usage, d'interprétations et d'imaginaire (fig. 3).

L'univers des albums illustrés pour enfants comme les grands titres de multiples revues dédiées au tourisme et au voyage lui consacrent une large part en s'attachant à tous les types de train. Prendre ce dernier s'inscrit directement dans l'imaginaire des très jeunes enfants. À l'âge adulte, les amateurs se tournent vers des magazines qui reprennent à longueur d'années les mêmes évocations, comme par exemple la découverte d'une région enneigée à partir du train. Au Japon le déplacement à titre récréatif peut avoir comme but celui de prendre un train particulier. Il va de soi que l'environnement direct autour de ce train particulier joue un rôle attractif non négligeable que ce soit sur le plan des paysages traversés, du repas consommé dans le train, ou des souvenirs achetés dans les gares. Dans ces dernières, des boutiques spécialisées proposent des articles inspirés par le caractère unique de ces trains en les reproduisant sous forme miniature, ou les représentants sur toutes sortes de support. L'univers des douceurs japonaises (*wagashi*) s'est aussi approprié ce thème puisqu'il existe des petits gâteaux en forme de gare ou de trains, devenus spécialités à leurs tours. On retrouve le même type de douceurs appartenant aux *monaka*[20]

---

18 Guichard-Anguis, S., « Trains et perception de l'espace dans la littérature enfantine japonaise », dans Blanchon, F. (dir.), *Aller et venir : faits et perspectives*, Paris, Presses de l'Université de Paris-Sorbonne (coll. Asie), pp. 313-328, 2002.

19 *Wanman* désigne en japonais le fait d'avoir dans un moyen de transport collectif une seule personne qui joue à la fois le rôle de conducteur-chauffeur et de contrôleur.

20 Monaka désigne une douceur composée de pâte à gaufrette entourant une garniture aux haricots rouges *azuki*.

avec la reproduction du train Enoden[21] que l'on peut se procurer à Kamakura, comme celle de la gare de Tokyo uniquement en vente dans cette gare même (fig. 4).

L'imaginaire associé au train, qu'il soit littéraire, cinématographique ou bien personnel, se nourrit du caractère unique de chaque ligne, des produits consommables en rapport, comme des paysages qui défilent le long des voies. Le récit diffère, il va sans dire, en fonction du type de train. De manière générale, la littérature enfantine privilégie le départ de la grande ville vers la découverte d'un ailleurs assimilé au monde de la province japonaise, moins urbanisé et surtout moins occidentalisé et en conséquence rattaché à un passé imaginaire. Les récits cinématographiques, qui furent pour la plupart de grands succès publics, privilégient ces dernières années les petites lignes régionales. Leur thème joue sur l'effet de la nostalgie qui étreint les habitants des grandes villes japonaises pour un Japon rural, peu urbanisé encore, relié à toutes les traditions qui rendent la culture japonaise unique. De façon générale, les destinations en province constituent un ailleurs dépaysant pour l'habitant des grandes villes, avec leur relief inhabituel incarné par les montagnes, les bords de mer, etc., bien loin de l'univers aseptisé et sur aménagé de béton des grandes métropoles japonaises. Sans trop s'avancer sur le chapitre suivant, c'est un peu ces paysages-là que l'on consomme à travers *ekiben*.

En d'autres termes, prendre le train au Japon constitue déjà en soi-même un voyage. Le temps passé dans le train revêt une dimension supplémentaire avec la consommation d'*ekiben* acheté en gare avant de monter.

3. *Ekiben*, diversité et diversification contemporaine

Compte tenu de l'extraordinaire émiettement de la production des *ekiben* et du renouvellement permanent des propositions, il reste très difficile d'évaluer le nombre de types d'*ekiben* en vente dans tout le pays. Il est clair qu'il s'agit de plusieurs milliers, mais les sources sur ce sujet ne s'accordent pas. Cette profusion de propositions génère une certaine difficulté à choisir et une littérature abondante a surgi ces dernières décennies proposant des cartes des *ekiben* les plus significatifs dans chaque région, les plus savoureux dans tout le pays. Des voyageurs amateurs et écrivains qui se disent spécialistes de la consommation d'*ekiben* vont jusqu'à établir des classements de ces derniers[22]. Le sous-titre de cet ouvrage « les 100 meil-

21 La ligne de chemin de fer appelée familièrement Enoden a été ouverte en 1902 et relie l'ancienne capitale de Kamakura à la ville de Fujisawa.

22 Kanaya, S., *Ekiben to rekishi wo tanoshimu tabi* (Les ekiben et les voyages qui permettent de savourer l'histoire), Kyoto, PHP Shinsho, 2010.

leurs *ekiben* qui permettent de savourer les traces historiques » souligne l'enracinement de la conception d'*ekiben* dans un environnement culturel local. Cette sélection va jusqu'à accorder des étoiles à certains *ekiben*[23] et il n'est pas rare dans la presse quotidienne de lire un article sur un *ekiben* particulièrement cher du fait de la qualité de son contenant et des produits assemblés, sans oublier sa réalisation par un grand chef.

Dans la gare de Tokyo se trouvait proposé en avril 2015 un *ekiben* qui fait directement allusion à l'ouverture de la nouvelle ligne de Shinkansen reliant Tokyo à Kanazawa en mars 2015 (fig. 5). Il souligne la créativité et le renouvellement permanent dans ce domaine. Il se trouve mis en valeur en tant que nouveauté par rapport à l'extraordinaire profusion offerte dans ce domaine par les stands habituels de toutes les gares. Ces différents clichés (fig. 6, 7, 8) révèlent la prodigieuse variété qui existe dans ce domaine non seulement dans les grandes gares japonaises, mais aussi dans des gares beaucoup moins empruntées.

Ils confirment également la profusion de variations autour d'*ekiben* à la fois sur le plan du contenu comme du contenant. Le premier affecte le plus souvent une forme rectangulaire, qui rappelle les *yanagi gōri* des siècles précédents. Mais il peut aussi épouser toutes sortes d'autres formes en fonction d'une inspiration qui semble sans limites. Le choix des matériaux joue un rôle prépondérant dans ce domaine. Rectangulaire s'il n'est pas en carton ou toute autre matière jetable, il peut être tressé en bambou. Le recours aux lamelles de bois permet également d'autres variations, qui se rattachent à des usages et à des savoir-faire plus traditionnels. Par contre, l'usage de la terre cuite donne en général des formes rondes qui vont de l'imitation d'une petite marmite individuelle à riz prisée dans certaines régions montagneuses au pot à poulpe à proximité du pont d'Akashi[24] à quelques kilomètres de Kobe. Le recours au plastique permet une inventivité sans commune mesure avec les autres matériaux en imitant des personnages fictifs comme Urotoraman[25] ou encore « Hello Kitty », ou des héros d'albums illustrés pour jeunes enfants comme Anpanman[26] en

23 Kobayashi, S., *Ekiben joō ga tabete eranda* (Les *ekiben* que la reine de ces derniers a choisis et consommés), Tokyo, JTB Paburisshingu 2010.

24 Hippari gohan vendu dans la gare de NishiAkashi à l'ouest de Kobe reproduit un pot destiné à attraper les poulpes. Il va de soi que le riz qui le garnit contient quelques morceaux de ce mollusque. Cette spécialité récente se trouve proposée également dans toutes les grandes gares de la région.

25 Urotoraman est un personnage fictif apparu dans une série télévisée en 1966, qui a inspiré quantité d'autres fictions. D'apparence mi-humaine mi-robot, il possède des pouvoirs extraordinaires qui lui permettent de combattre les forces du mal venues de l'espace sidéral.

26 Anpanman (litt. L'homme à la tête de brioche fourrée de pâte de haricots rouges) est un personnage d'albums illustrés pour enfants extrêmement populaire au Japon. Il a

vente à la gare de Takamatsu dans l'île de Shikoku d'où est originaire l'auteur Yanase Takashi (1919-2013). Les trains constituent un autre vaste domaine d'inspiration comme nous avons pu le constater précédemment. Lors de l'exposition intitulée « 49e Convention d'*ekiben* (*Ekiben taikai*) » qui se tenait en janvier 2014 dans le grand magasin Keio à Tokyo, se trouvaient en vente des *ekiben* représentant le Shikansen Tsubasa qui relie Tokyo à Yamagata ou encore des trains à vapeur. Il va de soi que certains de ces contenants peuvent être réutilisés, sans que cette propriété constitue une obligation. L'auteur de ces lignes a pu constater plus d'une fois que ces contenants faits main dans des matières plus naturelles que le plastique n'évitaient pas les poubelles pour autant. Malgré cette tendance il n'est pas singulier de se demander si parfois le choix du contenant ne l'emporte pas sur celui du contenu.

Les quelques illustrations proposées proviennent de régions diverses, soit de grandes métropoles qui regroupent les *ekiben* des régions voisines ou encore de gares situées à proximité du littoral (la mer du Japon pour Yonago) ou au sein des Alpes japonaises (Ichigo Yuzawa). Force est de constater que la teneur des *ekiben* épouse cette diversité. Si l'on se réfère aux noms attribués à ces *ekiben*, dans la gare de Yonago peuvent s'acheter entre autres *kani chirashi zushi* (sushi de crabe dispersé), *akagai meshi* (riz aux coques rouges), *sushi emaki* (peintures de sushi), bref une grande majorité d'*ekiben* dont le contenu se trouve dominé par des produits marins. Cependant ces derniers côtoient *Daisen okowa bento* (bento de riz gluant du Daisen) qui, comme son nom l'indique, fait référence au Daisen, le grand volcan qui domine toute la région. Son contenu diffère des précédents en donnant la priorité aux plantes et légumes que l'on trouve sur les flancs de la montagne.

Importante station thermale et station de sports d'hiver, IchigoYuzawa ne se trouve qu'à quelques dizaines de kilomètres de la mer du Japon. Dans la gare d'Ichigo Yuzawa, une affiche fournit le classement des *ekiben* locaux les plus appréciés. *Ikura tarako meshi* (riz aux œufs de saumon et œufs de morue) occupe le premier rang, suivi en second par *sukisuki bento* (bento à la viande de bœuf cuisiné en *sukiyaki*)[27] et en troisième *rindō kamameshi* (marmite de riz du chemin forestier). La situation d'Ichigo Yuzawa explique cette diversité mêlant des produits de la mer et de la montagne. Les techniques de conservation et les modes de transport contemporains rendent tout à fait possible l'offre de produits marins crus en pleine montagne. La présence du bœuf et la conception de la marmite du chemin

---

l'habitude de donner à manger aux enfants, pour les sauver de la faim, sa tête qui a la propriété de rapidement se reconstituer.

27 *Sukiyaki* désigne un plat qui consiste à faire revenir de très fines tranches de viande de bœuf, que l'on mijote ensuite dans un bouillon additionné de sauce soja.

forestier à base de plantes et de légumes comme pour l'*ekiben* du Daisen rappellent la nature continentale de la localisation d'IchigoYuzawa.

L'ancrage dans des lieux précis semble donc une référence forte dans l'invention des *ekiben*. En d'autres termes, la géographie paraît très présente dans la conception de cet univers mais l'histoire n'en est pas absente pour autant. Lors de la 49e Convention d'*ekiben* tenu dans le grand magasin Keio en 2014, un *ekiben* portant le nom du personnage historique Kuroda Kanbei (1546-1604) figurait parmi les 250 propositions sur ce thème. Daimyo et grand stratège auprès de Toyotomi Hideyoshi (1537-1598), l'un des trois grands unificateurs du Japon durant le XVIe siècle, sa vie fit l'objet du feuilleton historique dominical de la NHK durant l'année 2014. Véritable institution culturelle, ce feuilleton promeut une région voire plusieurs sur le plan touristique à travers la biographie riche en péripéties (il faut tenir plus de quarante épisodes !) d'un personnage historique. Compte tenu des orientations de la consommation japonaise, il va de soi que des *ekiben* font allusion à ces choix durant la période de diffusion du feuilleton. Leur conception démontre l'importance du renouvellement incessant de ces *ekiben*.

Une analyse plus poussée du contenu des *ekiben* autorise à souligner la domination du riz dans la composition du menu proposé aux consommateurs. Le plus souvent blanc, plus rarement gluant, son goût est mis en valeur par l'addition d'autres produits d'origine animale ou végétale, qui peuvent se trouver directement incorporés au riz même. Il n'est plus question du simple riz blanc accompagné d'une prune salée ou de quelques rares condiments que l'on pouvait consommer sur les routes aux siècles précédents. Acheté dans la gare, il peut se conserver plusieurs heures sans aucun risque pour la santé, sauf lors de très fortes chaleurs estivales. Désormais la rapidité des transports, les techniques de conservation comme le renouvellement de l'offre sur les stands permettent l'adjonction de toutes sortes de mets différents, susceptibles d'être consommés le jour même sans se précipiter. *Ekiben* correspond donc automatiquement à une composition, mais aussi à une variation sur un thème donné, que ce soient les produits de la mer ou ceux d'une région montagneuse plus continentale, sans compter l'illustration de tous les archétypes de la culture populaire japonaise contemporaine. Toujours froid, son contenu s'intègre directement dans la culture des spécialités locales (*meibutsu*) évoquées précédemment, que seules les douceurs ont pu incarner à l'époque d'Edo pour des raisons de conservation. Une ou plusieurs de ces spécialités se trouvent intégrées au menu de l'*ekiben* et forment partie intégrante de son caractère unique. Leur consommation permet d'activer le sentiment de nostalgie pour un Japon effacé par la modernité et des modes alimentaires qui n'appartiennent plus à l'univers quotidien.

Cette combinaison donne lieu à des choix esthétiques précis. La forme des ingrédients, leur couleur, leur texture, par le contraste qui les met en valeur mutuellement, doivent former un ensemble plaisant sur le plan visuel et, surtout, attirer l'appétit de l'acheteur éventuel. Le dessert ne fait pas partie en principe de cet ensemble, imitant en cela le repas habituel japonais. *Ekiben* n'offre donc que des solides, le liquide prenant en général la forme de thé vert désormais en bouteilles individuelles de plastique voire en cannettes. L'usage de conserver une association étroite entre la consommation de thé vert et de riz persiste malgré la très forte occidentalisation de la cuisine japonaise et son évolution vers une cuisine de plus en plus hybride ces dernières décennies.

Ekiben se rattache directement à la culture du bentō[28] qui consiste en un repas froid structuré disposé dans une boîte munie d'un couvercle qui se consomme à l'aide de baguettes. Les bentō confectionnés au domicile par la maîtresse de maison et destinés aux enfants et à l'époux… et de plus en plus souvent produits par des hommes célibataires, comme aiment à le refléter différents programmes télévisuels, sont destinés à une consommation à l'extérieur du domicile, que ce soit dans le cadre scolaire[29] ou professionnel. Ils permettent dans le second cas des économies non négligeables quand l'entreprise ne possède pas de cantine. Dans une famille japonaise, il n'est pas rare de voir l'épouse se lever à cinq heures du matin afin de confectionner les différents bentō des membres de la famille ! Ces bentō se consomment qu'à l'heure du déjeuner à la grande différence d'*ekiben* qui ne connaît pas d'horaire de consommation. Ils peuvent aussi s'acheter à l'extérieur et les queues devant les stands proposant ces boîtes à l'heure du déjeuner sont devenues banales dans les quartiers d'affaires, voire de bureaux, de toutes les villes japonaises[30].

Ekiben s'écrit à l'aide de deux caractères chinois, le premier désignant la gare *eki* et le second *ben* qui fait référence à l'utilité. C'est ce dernier que l'on retrouve dans bentō et désormais dans toutes sortes de nouvelles

---

28 Cobbi, J., « Des repas mis en boîtes : le bentô japonais », dans Julia Csergo, *Casse-croûte*, Paris, Autrement, 2001, pp. 110-119.

29 Beaucoup d'établissements scolaires japonais ne disposent pas de cantines. Et même si c'est le cas de la confection du bentō par la mère certains jours revêt un caractère emblématique en exprimant l'attachement d'une mère à ses enfants comme la conscience de son rôle dans la société. À ce sujet voir : Allison, A., « Japanese Mothers and Obentôs : the lunch-box as Ideological State Apparatus », dans *Food and Culture. À Reader*, 2e edition, in Counihan, C., et Van Esterik, P., New York et Londres, Routledge, 2008, pp. 221-239.

30 Rodriguez del Alisal, M.-D., « Japanese Lunch Boxes : From Convenient Snack to the Convenience Store », dans Ashenazi, M., et Clammer, J., *Consumption and Material Culture in Contemporary Japan*, Londres et New York, Kegan Paul International, 2000.

combinaisons qui font référence à l'usage d'un bentō dans un cadre précis comme *juku ben* (bentō des écoles privées extra-scolaires)[31].

Mais ne pas évoquer une autre proposition d'alimentation nomade qui gagne chaque année du terrain avec les sandwichs et les pains individuels spéciaux donnerait une image extrêmement fausse de l'offre alimentaire dans les gares. Lors de cette même 49e Convention d'*ekiben* tenue dans le grand magasin Keio en 2014, parmi ces derniers se trouvait un certain nombre de propositions (fig. 9) qui ne se rattachaient pas à un régime alimentaire à base de riz mais de pain. Parmi elles le sandwich de Kōshu, préfecture du département de Yamanashi, qui porte sur la boîte de carton le nom d'*ekiben*, révèle la compétition que se livrent ces deux types de propositions. Il ne faut pas oublier que la population japonaise consomme plus de pain que de riz depuis quelques années. Le désintérêt grandissant pour la cuisine japonaise dans sa forme classique telle qu'elle s'est constituée jusqu'aux années 1960 a contribué à la candidature de la cuisine japonaise dite *washoku* sur la liste du patrimoine immatériel de l'humanité établie par l'UNESCO, afin de provoquer une véritable prise de conscience chez les habitants de l'archipel japonais. En d'autres termes, dans le Japon contemporain jamais on a autant parlé de *washoku* et jamais on n'en a aussi peu consommé dans la vie de tous les jours. Cependant, le sandwich de Kōshu (*Kōshu katsu sandō*) montre toute l'ambiguïté d'une séparation entre ladite cuisine japonaise et les autres cuisines. Les tranches de pain enferment en effet des feuilles de chou autour de *tonkatsu*[32], plat japonais qui se consomme avec du riz blanc et un bol de miso dans les restaurants japonais. Par ailleurs, la part de riz dans le bentō tend à diminuer de façon générale et continue par rapport aux autres ingrédients. Seul un tiers des foyers japonais conserve la trame du repas « classique japonais » d'une soupe et trois plats (*ichijū sansai*). Le recours à l'assiette unique (*ranchi purēto*), sans oublier la poêle devenue, semble-t-il, dans plusieurs émissions populaires de cuisine en 2015 le seul mode de cuisson, a révolutionné les habitudes et surtout soulagé la maîtresse de maison qui peut servir le repas sur une seule grande assiette unique par personne au lieu du grand nombre de petites coupelles, bols et petits plats individuels habituels.

---

31 Dans son numéro du 27 décembre 2014 un article du grand quotidien *Asahi* portait le titre de « *Jukuben o naka kara juken o ohen* » (Jukuben une aide à la préparation des examens qui vient du ventre).

32 *Tonkatsu* est le prototype de met hybride apparu au XXe siècle devenu par la suite un plat populaire japonais. Il consiste en de la viande de porc panée et frite, qui une fois découpée en tranches se trempe dans une sauce un peu sucrée et s'accompagne de choux émincés.

L'histoire d'*ekiben* s'inscrit désormais dans les fouilles archéologiques, les musées et les collections. Un article du quotidien Asahi révélait la prodigieuse quantité de grandes verseuses à thé vert en terre cuite (*dobin*) trouvées sur l'emplacement de la toute première gare japonaise à Shiodome en plein centre de Tokyo[33]. Des travaux d'archéologie préventive ont en effet fait resurgir des *dobin* qui portent le nom de différentes gares, voire de commerces disparus d'*ekiben*, exposés par la suite dans le musée construit sur l'emplacement de cette ancienne gare.

Accompagnement privilégié de la consommation des *ekiben*, le thé vert est vendu à partir de 1889 à Shizuoka sous la forme de petites verseuses de thé en terre cuite (*kisha dobin*) dont le couvercle fait office de petit gobelet. Destinées à être jetées après usage, ces dernières font désormais l'objet de réédition lors d'événements commémoratifs. Cependant, la possibilité de les remplir de nouveau au cours du même déplacement existait, tout en considérant qu'il s'agissait d'un contenant dont on pouvait se débarrasser une fois le déplacement achevé. Reproduites en plastique jusque dans les années 1970, elles finissent par disparaître définitivement dans les années 1990 avec la commercialisation des cannettes et des bouteilles de plastique individuelles. Ces *kisha dobin* permettaient d'écouler les thés tardifs de moins bonne qualité. La réglementation qui suit la nationalisation du réseau ferroviaire impose de faire figurer le nom de la gare où ces articles sont vendus comme celui du commerce les produisant[34]. Elles ont été remplacées temporairement par des bouteilles de verre dans les années 1920-1930 pour des raisons d'hygiène, avant d'être abandonnées définitivement du fait du manque d'enthousiasme de la clientèle pour boire du thé dans du verre.

Outre ces terres cuites, les papiers d'emballage (*kakegami*) constituent un autre objet de collection du fait de leur extraordinaire variété et de leur attrait artistique. Leur conception graphique épouse les courants de la mode. Ils constituent une remarquable source d'information sur l'histoire des *ekiben*, et montrent l'importance des produits locaux (poissons de rivière, ressources maritimes, etc.) dans leur conception.

Plusieurs hypothèses se présentent quant à l'apparition du premier *ekiben*[35]. La plus connue est celle d'une origine associée à la ville d'Utsunomiya en 1885. Lors de l'ouverture de la ligne entre cette dernière et la gare d'Ueno à Tokyo, une auberge proche aurait vendu des boulettes de

---

33 Voir : *Shinbashi teisha jōseki (Shiodome iseki)* (Traces de l'arrêt à Shinbashi. Ruines à Shiodome), *Asahi Shimbun*, 15 avril 2014.

34 Gifuken tōji shiryōkan, *Kisha dobin* (Les verseuses en terre cuite destinées au voyage en train), Tajimi, Gifuken tōji shiryōkan, 1999.

35 *Tabi no techō* (Carnet de voyage), n° 11, *Ekiben banzai* (Vive l'*ekiben*), Tokyo, Kōtsū shimbun sha, 2006.

riz aux graines de sésame salées (*nigiri gomashio*) agrémentées de prune salée et de radis long en saumure *takuan*, le tout enrobé dans une feuille de bambou. La conception de ce premier *ekiben* se situe directement dans la prolongation de l'alimentation nomade des siècles précédents. En 1875, la vente d'articles divers, dont des produits d'alimentation, est autorisée dans les gares. Les auberges japonaises *ryokan* se lancent alors dans la commercialisation des premiers repas portatifs[36]. Face à la multiplication des propositions de ce type, en 1906 une première législation réglemente les types d'*ekiben*, leur prix, l'origine du fabricant, l'information du consommateur, etc. Sur le papier entourant la boîte *kakegami* figurent le nom de la maison qui a fabriqué le bentō et celui de la gare dans laquelle il est vendu. La vente ambulante des *ekiben* se développe sur les quais des gares du fait de la possibilité de procéder aux échanges commerciaux par les fenêtres des trains qui s'ouvrent. Leur fermeture définitive entraînera par la suite un bouleversement dans les processus de vente. Dans quelques très rares endroits au Japon cet usage se poursuit encore, mais sur les quais comme dans la gare de Mino Oota où se vend *matsutake kamameshi* dans sa marmite de terre *kama* comme le nom l'indique en japonais. La gare est située à l'embranchement de lignes ferroviaires qui traversent les Alpes japonaises et le contenu de cet *ekiben* se fonde sur la présence du champignon des pins (*tricholoma matsutake*), très recherché du fait de sa saveur, et de plantes de montagne.

L'essor progressif des déplacements et du temps libre au cours des décennies du XXe siècle accompagne celui des *ekiben*, en dehors d'une période qui s'étend de l'entrée en guerre du Japon jusqu'aux premières années de la reconstruction du pays. L'électrification des voies et par conséquent la rapidité sans cesse accrue des déplacements modifient les comportements de consommation. Désormais *ekiben* s'achète à l'intérieur de la gare, voire sur les quais avant de monter dans le train, ou parfois dans le wagon même si des vendeuses poussant un chariot passent. Pendant des décennies, lorsque les Shinkansen traversaient la région de Shizuoka, on pouvait entendre ces dernières proposant un « Shizuoka bentō ». Cet usage tend à disparaître également et une grande majorité de trains, surtout les express, ne propose plus ce service. La rapidité sans cesse accrue des déplacements comme l'extension du réseau de Shinkansen nuit fatalement à leur consommation. L'essor de la voiture individuelle et celui des supérettes ouvertes 24 h sur 24 h qui proposent des bentō et que l'on trouve partout portent un coup dur également à cette vente et la consommation d'*ekiben* de façon générale se trouve en perte de vitesse.

36 Suzuki, Y., catalogue : *Omiyage to tetsudō* (Cadeaux souvenirs et chemins de fer), Tokyo, Higashi Nihon tetsudō bunka zaidan, 2013b.

Face à cette désaffection, des événements se multiplient qui tendent à inciter le consommateur à voyager simplement à travers la dégustation d'*ekiben*. Il n'est pas rare en effet, depuis que les *ekiben* se conservent quelques heures, d'en acquérir plusieurs afin de les faire savourer à tous ceux qui n'ont pas participé au déplacement. Cette consommation s'établit alors de retour au domicile. Cette habitude provient directement de la culture encore très forte au Japon de l'usage des cadeaux souvenirs associé à celui de l'achat de spécialités locales. La création d'événements annuels comme les grandes foires d'*ekiben* organisées par le grand magasin Keio pour la région de Tokyo et Hanshin pour celle d'Osaka dont nous avons parlé s'adresse à ces amateurs. Ces deux grands magasins établissent un classement annuel des meilleures ventes d'*ekiben* sur les plus de 200 sortes proposées. Les clients peuvent acquérir des *ekiben* qui viennent de tout le Japon et les consommer sur place dans un cadre qui rappelle un wagon ou les rapporter au domicile. Ces foires constituent l'occasion inespérée de se procurer des spécialités en vente dans des gares situées parfois dans des endroits extrêmement reculés de l'archipel japonais. Des *ekiben* disparus sont également recréés pour cette occasion, l'enveloppe de papier comprise comme le cas *d'oyako meshi*[37] en vente il y a plus de 80 ans dans la gare de Nagoya et en 2014 dans le grand magasin Hanshin. Le succès du même *ekiben* se retrouve dans les deux cas en 2014 puisque *ikameshi* (des encornets farcis de riz) se classe en premier dans le cas du grand magasin Keio et en second pour celui de Hanshin. Dans les deux magasins, le sandwich de Kōshu a gagné la septième place et signale la montée inexorable de l'alimentation à base de pain et de viande dans la consommation quotidienne japonaise. Afin d'attirer de nouveaux consommateurs peu enclins à prendre un repas froid, un dispositif qui permet d'en réchauffer en quelques minutes le contenu a été mis au point. Il autorise l'élargissement des mets proposés en pouvant inclure des plats en sauce.

Paradoxalement, le succès d'*ekiben* l'a emporté sur celui des wagons-restaurants qui ont totalement disparu des lignes ferroviaires japonaises hormis dans le cas de quelques trains de très grand luxe. Deux remarquables ouvrages extrêmement détaillés content cette histoire[38] qui justifierait à elle seule un autre chapitre.

---

37 *Oyako meshi* désigne littéralement le riz aux parents et enfants, soit d'un côté de la chair de poulet hachée et de l'autre des œufs durs en miettes, disposés sur un lit de riz blanc. Le contraste entre les deux couleurs qui se partagent le riz contribue à son aspect esthétique et gourmand.

38 Testudō tomo no kai, kyakusha kidosha kenkyukai, *Nihon no shokudosha* (Les voitures restaurants japonaises), Testudō tomo no kai, Kyakusha Kidosha kenkyukai, 2012 ; Miyake Toshihiko, *Tokushiyō sharyō. Shokudōsha* (Des wagons d'usage particulier. Les wagons restaurants), Tokyo, Kodansha, 2012.

Dès 1889, un repas à l'occidental est offert dans le train pour les voyageurs en première classe tandis que pour ceux de seconde et de troisième classe il s'agit d'un menu japonais. Ce choix reproduit la restauration de l'époque qui réserve à une élite plus au fait des habitudes occidentales une alimentation servie avec des couverts. Le premier wagon-restaurant a été inauguré en 1901, mais ce mode de consommation qui progressivement est devenu plus populaire a conservé un certain prestige comme l'atteste la conception des menus. Dans les années 1970, le menu, même dans le wagon-restaurant intitulé « Le réfectoire japonais », *Nihon shokudō*, reste occidental avec une carte en anglais et japonais.

Les wagons-restaurants continuent à rouler dans des trains exceptionnels par leur luxe dans le Japon du début du XXIe siècle. Le *Twilight Express* qui reliait de nuit quatre fois par semaine Osaka à Sapporo dans l'île de Hokkaidō le long de la mer du Japon disposait d'un wagon-restaurant où une cuisine française synonyme de grand luxe au Japon pouvait être dégustée. Le dernier a roulé le 12 mars 2015 et sera remplacé en 2017 par une nouvelle version, le *Twilight Express Mizukaze*, où seront proposées de la cuisine japonaise et occidentale conçues par deux grands chefs japonais dont la renommée s'étend jusqu'à l'extérieur du Japon. Dans l'île de Kyushu circule depuis 2013 le *Seven stars* qui offre également un luxe sans égal à seulement 28 passagers par train.

Conclusion vers une disparition ou un renouvellement

En résumé, *ekiben* s'inscrit dans une culture alimentaire qui continue à accorder une grande importance à une alimentation nomade relativement structurée. Durant l'époque d'Edo, ce mode de consommation a pris tout d'abord la forme de boulettes de riz accompagnées de quelques morceaux de légumes confits ou en saumure qui procurent l'apport de sel nécessaire. Ces boulettes de riz pouvaient être enrobées de feuilles de différentes origines selon les régions. Mais fondamentalement peu de diversité existait dans la composition de cet en-cas, du moins entre toutes les régions productrices de riz. Néanmoins il faut noter que l'habitude d'emporter lors de déplacements un repas à base de riz froid est prise.

Il faut attendre la fin du XIXe siècle et l'essor du déplacement ferroviaire pour que progressivement une variété de propositions se mette en place. Il va de soi que l'amélioration des techniques de conservation et celle de l'hygiène ne sont pas étrangères à cette évolution. La pratique du voyage en particulier à des fins de loisirs et de temps libre fait naître des motivations supplémentaires. Désormais savourer les lieux s'inscrit également dans le domaine gustatif, en s'appuyant sur un imaginaire associé aux déplacements en train qui ne cesse de se développer jusqu'à nos jours.

Jusqu'à l'apparition du train, sur le plan alimentaire les spécialités locales *meibutsu* concernaient principalement le domaine des douceurs, que l'on consommait sur place dans le lieu de production accompagnées de thé ou saké. Mais avec l'apparition des premiers *ekiben* ce sont pratiquement toutes les productions alimentaires terrestres et maritimes qui vont pouvoir prendre place dans cette alimentation nomade, une fois transformées. Ces dernières reflètent la diversité des lieux, des environnements, de la culture et de l'histoire locales, etc. Le contenant lui-même comme le papier d'emballage permet d'accentuer ce dépaysement en faisant allusion aux matières premières ou aux ressources alimentaires locales. Désormais des baguettes sont devenues indispensables pour consommer ce repas nomade du fait de la grande variété de mets proposés qui pour des raisons de commodité ne peuvent plus être consommés directement avec les doigts. Cette culture alimentaire prend une ampleur telle qu'elle finit par se détacher de la nécessité même de voyager en train.

Une définition d'*ekiben* n'a pas été donnée car comme le souligne cet article il reste difficile de cerner sa conception. En d'autres termes, sa malléabilité constitue sa première caractéristique. *Ekiben* peut ne pas correspondre à un repas froid, encore moins à base de riz. Il consiste en un repas nomade qui entretient un rapport avec le voyage, sans que le déplacement soit obligatoire. Les ouvrages sur *ekiben* se terminent désormais par de nouvelles déclinaisons comme *soraben* (les bentō aériens) que l'on trouve en vente dans les aéroports ou en encore les *sokuben* proposés sur les aires d'autoroute. Sans aucun doute cette souplesse de sens et cette adaptabilité, profondément ancrées dans la créativité et la capacité à se réinventer de la culture japonaise, garantissent le mieux la pérennité de ce mode alimentaire.

Références bibliographiques

Allison, Anne, « Japanese Mothers and Obentôs : the lunch-box as Ideological State Apparatus », dans *Food and Culture. À Reader*, 2e edition, in Counihan Carole et Penny van Esterik, New York et Londres, Routledge, 2008, pp. 221-239.

Cobbi Jane, « Des repas mis en boîtes : le bentô japonais », dans Julia Csergo, *Casse-croûte*, Paris, Autrement, 2001, pp. 110-119.

Gifuken tōji shiryōkan, *Kisha dobin* (Les verseuses en terre cuite destinées au voyage en train), Tajimi, Gifuken tōji shiryōkan, 1999.

Guichard-Anguis Sylvie and Moon Okpyo (dir.), *Japanese Tourism and the Culture of Travel*, Londres et New York, Routledge, 2008.

Guichard-Anguis Sylvie, « Trains et perception de l'espace dans la littérature enfantine japonaise », dans Blanchon Flora (dir.), *Aller et venir : faits et perspectives*, Paris, Presses de l'Université de Paris-Sorbonne (coll. Asie), pp. 313-328, 2002.

Kanaya Shunichiro, *Ekiben to rekishi wo tanoshimu tabi* (Les ekiben et les voyages qui permettent de savourer l'histoire), Kyoto, PHP Shinsho, 2010

Kankōcho (dir.), *Kankō Hakusho* (Livre blanc sur le tourisme), Tokyo, Kokudo Kōtsushō, 2011.

Kanzaki Noritake, *Omiyage* (Cadeaux), Tokyo, Seikyūsha, 1997.

Kanzaki Noritake, *Monomi yūsan to Nihonjin* (La recherche du plaisir et les Japonais), Tokyo, Kodansha (coll. Kodansha Gendai shinsho), 1991.

Kobayashi Shinobu, *Ekiben joō ga tabete eranda* (Les *ekiben* que la reine de ces derniers a choisis et consommés), Tokyo, JTB Paburisshingu 2010.

Kobayashi Shinobu, *Zenkoku itsutsu no ekiben. Soraben* (Les *ekiben* à cinq étoiles dans tout le pays. Les soraben), Tokyo, Shoseki, 2009.

Kozu Asao, *Chanoyu no rekishi* (Histoire de Chanoyu), Tokyo, Kadokawa 2009.

Oikawa Yoshinobu, *Nihon tetsudōshi. Bakumatsu. Meiji hen* (Histoire des Chemins de fer japonais. Fin de l'époque d'Edo. Époque Meij) Tokyo, Chuokoron, 2014.

Miyake Toshihiko, *Tokushiyō sharyō. Shokudōsha* (Des wagons d'usage particulier. Les wagons restaurants), Tokyo, Kodansha, 2012.

Nozawa Joji, « Ekiben : la gastronomie régionale sur les rails ou Dis-moi ce que tu manges dans le train, je te dirai où tu es ! », dans Marcilhac Vincent et Vincent Moriniaux (dir.), *Les établissements de restauration dans le monde*, Paris, L'Harmattan (coll. Géographie et Cultures) 2012, pp. 229-240.

Rodriguez del Alisal Maria Dolores, « Japanese Lunch Boxes : From Convenient Snack to the Convenience Store », dans Ashenazi Michael et John Clammer, *Consumption and Material Culture in Contemporary Japan*, Londres et New York, Kegan Paul International, 2000.

Satō Yōjin et Fujiwara Chieko, *Ukiyo e de miru Edo no tabi* (Le voyage à l'époque d'Edo vu à travers les estampes), Tokyo, Kawade shobō shinsha, 2000.

Sakurai Masanobu (ed.) (Roan Yasumi. 1810), *Ryokō yōjin shū* (Ensemble de recommandations en vue de voyager), Tokyo, Yasaka shobō, 2009.

Suzuki Yūichirō, *OMiyage to tetsudō Meibutsu de kataru Nihon no kindaishi* (Les cadeaux-souvenirs et les chemins de fer. L'histoire de la modernisation du Japon racontée à travers ses spécialités), Tokyo, Kodansha, 2013a.

Suzuki Yūichirō, catalogue : *Omiyage to tetsudō* (Cadeaux souvenirs et chemins de fer), Tokyo, Higashi Nihon tetsudō bunka zaidan, 2013b.

Tabi no techō (Carnet de voyage), n° 11, *Ekiben banzai* (Vive l'*ekiben*), Tokyo, Kōtsū shimbun sha, 2006.

Testudō tomo no kai, kyakusha kidosha kenkyukai, *Nihon no shokudosha* (Les wagon-restaurants japonais), Testudō tomo no kai, Kyakusha Kidosha kenkyukai, 2012.

Figure 1. Bentō de l'auberge Tsukinoya à Chikatsuyu en 2008 (département de Wakayama)

Cliché Sylvie Guichard-Anguis

Figure 2. Le train Kitaro entre Sakai Minato et Yonago en 2015

Cliché Sylvie Guichard-Anguis

Figure 3. Wanman ressha *de la ligne ferroviaire Ichibata*[39] *en 2015*

Cliché Sylvie Guichard-Anguis

Figure 4. L'ancienne gare centrale de Tokyo sous forme de douceurs en 2015

Cliché Sylvie Guichard-Anguis

39 Les chemins de fer privés Ichibata relient principalement la ville religieuse de Izumo à Matsue dans le département de Shimane. La première ligne a été ouverte en 1914. La gare à Izumo en partie désaffectée remonte à 1930 et exerce une attraction touristique non négligeable du fait de son style moderniste.

Figure 5. Ekiben *associé à l'ouverture de la ligne de Shinkansen Tokyo-Kanazawa en 2015*

Cliché Sylvie Guichard-Anguis

Figure 6. Ekiben *en vente dans la gare de ShinOsaka en 2015*

Cliché Sylvie Guichard-Anguis

Figure 7. Ekiben *en vente dans la gare de Yonago (département de Shimane) en 2015*

Cliché Sylvie Guichard-Anguis

Figure 8. Ekiben *en gare d'Ichigo Yuzawa (département de Niigata) en 2015*

Cliché Sylvie Guichard-Anguis

Figure 9. Ekiben *de Kōshu (département de Yamanashi) en 2014*

Cliché Hosoya Yumi

Food in Transit

Railway Catering and Commensality in Colonial India

Aparajita Mukhopadhyay

Professor department of history – Salisbury University, USA

This chapter explores the impact of railway catering on food practices in colonial India. It makes two specific points: (1) railway catering created a distinct sub-culture of food and consumption of food in colonial India that was unique to railway travel; and (2) this sub-culture had divisive impact on existing social identities in colonial India. This process moreover, had wider implications for Indian society, a discussion of which however, is beyond of the scope of the paper.

Railway operations formally commenced in India from 1853. Though the railways were primarily introduced to fulfil the economic and military needs of an expanding colonial administration, its role in uplifting India from her putative stupor was considered to be equally, if not more significant. This confidence in the instrumentality of railways to transform India was also part of a wider belief which credited technology with an ability to propel social change. Thus, the introduction of railway communications was expected to convey a powerful ideological message claiming that railways would 'improve' India and bring the fruits of modernity to its inhabitants, albeit in an unspecified future. Railway's links with advent of modernity is well-known to warrant detailed discussion.[1] In colonial India, among other things, the railway's most significant role was said to be its ability to transform social behaviour and practices and thereby dissolve social boundaries. It would not be an exaggeration to argue that this was the most publicised social and moral role of the railway in India. This robust belief in the putative ability of steam was possibly influenced

1 Hobsbawm, E.J., *Industry and Empire: from 1750 to the present day*, 2nd revised edition, Penguin, London, 1999.

by the fact that the railway's promoters and colonial officials claimed that if Indians could let go their inhibitive social practices, then they would modernise, speedily and successfully. Further, the colonial administration hoped, and claimed that the dissolution of social boundaries would create a common bond among Indians – forging their specific caste, religious or regional identities into a national one. In other words, it was expected that the experiment of putting people in an unfamiliar setting would make customs change and barriers fall.

Interestingly, such possibilities of social change offered by railway encounters, especially railway travel, has also been celebrated by Indians, both contemporary commentators and later, post-colonial[2] scholars. In the current historiography there is barely any critical engagement with issues of railway and social change in colonial India.[3] In particular, there is an unquestioned assumption that communal experiences of railway travel such as sharing of food, had a positive impact on the notions of identity and community in colonial India, and such experiences even 'unified' Indian society.[4] Broadly speaking, as Ian Kerr rightly notes, a belief in this ability of railway has even outweighed their alleged role in subordinating India's economy and commerce to the interests of metropolitan Britain.[5] In other words, the current understanding of the impact of the communal aspects of railway travel broadly echoes the colonial discourse. But as we will see, this view of the relation between railway and social change in colonial India is misleading at best and inaccurate at worst. More specifically, it displays a lack of understanding of the economic and socio-political context in which railway catering was introduced in colonial India.

The introduction of catering in railway transit transformed aspects of Indian food culture irreversibly. But contrary to current historiographical assumptions, I argue that food culture in railway transit in colonial India neither 'modernise' Indian society; nor did it unify different social

2 The use of the word is strictly chronological, i.e. post-1947.

3 For a collection of essays on the interactions between railway and Indian culture see, Kerr, I. (ed.), *27 down: New Departures in Indian Railway Studies*, Delhi, Orient Longman, 2007. Also, Bear, L., *Lines of the nation: Indian railway workers, bureaucracy and the intimate historical self*, New York, Columbia University Press, 2007; Prasad, R., 'Tracking Modernity: experience of railways in colonial India' (unpublished PhD dissertation UCLA, 2009); Bury, H., 'Geographies, histories, boundaries: the formation of regional cultural idiom in colonial north India' (unpublished PhD dissertation, SOAS, 2006).

4 Chatterjee, K., 'Discovering India: travel, history and identity in late 19th century and early 20th century India', in Ali, D. (ed.), *Invoking the past: the uses of history in South Asia*, New Delhi, Oxford University Press, 1999.

5 Hurd, J., and Kerr, I. (eds.), *India's Railway History: a research handbook*, Leiden, Brill, 2012.

groups through shared food. The necessities of railway travel created specific demands such as, long distance in several days, travelling in close physical proximity with people of different castes and religious backgrounds, and so on. More importantly, these demands were mostly at odds with the existing rules of commensality in colonial India.[6] Here, I claim that this incompatibility between needs of railway travel and rules of commensality, affected the subjective experience of railway journeys, particularly those related to availability, sharing and consumption of food. More importantly, this process, I suggest, provided new (railway) context, spaces and occasions to experience and sharpen notions of identity and community, a transformation which, as noted above, had consequences for Indian society.

The creation of this seemingly contradictory sub-culture of food, with unifying possibilities, yet divisive consequences, can possibly be explained better by analysing railway spaces as 'social spaces'.[7] Drawing upon Henri Lefebvre's idea that roads, railways and other forms of infrastructure are materialisations of social relations in space, I argue that the catering arrangements in the new, railway-specific social spaces reflect a process of contestations over these spaces by different social groups, Indians and Europeans. Here, social space is defined as 'a social product "[…]" The space thus produced also serves as a tool of thought and action "[…]" In addition to being a means of production, it is also a means of control and hence of domination, of power'.[8] To analyse social space, I have used the conceptual framework developed by Ravi Ahuja in his work on colonial Orissa,[9] especially the hypothesis of conflict, to explain the contested processes of production and reproduction of social space in which different social groups unevenly participate. More specifically, I suggest that the distinct sub-culture of food engendered by communal eating experience in a railway setting, provided occasions for different groups (the colonial administration and Indian railway passengers) to produce, through contestation, railway catering (social) spaces with unique rules for social regulation and control.

Last but not least, I argue that, the pecuniary imperatives of the railway companies also played a critical role in shaping the nature of the railway food sub-culture in colonial India. More specifically, new archival evidence suggests that railway catering policies in colonial India were deter-

6 See section II for a longer discussion on rules of commensality in India.

7 Lefebvre, H., *The Production of Space*, trans. D. Nicholson-Smith, Oxford, Basil Blackwell, 1991.

8 *Id.*

9 Ahuja, R., *Pathways of Empire: circulation, 'public works' and social space in colonial Orissa*, Hyderabad, Orient Longman, 2009.

mined as much by the profit margin of railway operations as it was by the needs and demands of Indian railway passengers. This complex process of negotiations will be discussed later in the chapter. Here it would be to sufficient to note that this analysis supports and encourages a re-appraisal of our historiographical assumptions about railway operations in colonial India. Here the role of railway catering is assessed by combining new evidence from hitherto unused archival sources of railways companies,[10] with reports from Indian language newspapers, and travelogues written in Bengali and Hindi by Indian railway travellers in the mid-nineteenth and early twentieth century.[11] This analysis covers around six decades from c. 1855 to c. 1920. The territorial focus is the Indo-Gangetic plain and Bengal, though comparisons with other areas will be made from time to time. This geographic focus also limits the analysis to those private railway companies (unless specified as state managed) which operated in the region. These are: the East Indian Railway Company (EIRC), the Eastern Bengal Railway (EBR), the Oudh and Rohilkhand Railway (O & R), the Sindh, Punjab and Delhi Railway (SPDR), and the Bengal and North-Western railway (BNWR).[12]

This paper is divided in two sections. The first focuses on railway catering in colonial India, including the specific measures introduced by railway authorities and how Indian railway passengers responded to these changes. The second section analyses the impact of railway catering on Indian society and food culture through an interpretative analysis of the evidence, followed by concluding remarks*.

---

10 These include the correspondence between the agents of the railway companies based in India and their Board of Directors in London. I claim this source as hitherto unused because I have not come across any reference to the use of these correspondences in any secondary literature on the Indian railway. The railway companies whose correspondence has been consulted include the East Indian Railways, the Eastern Bengal Railway, the Oudh and Rohilkhand, the Indian Midland Railway and a series called 'Railway letters miscellaneous' which contained letters from several railway companies on diverse issues. For details see L/PWD/2 series, IOLR, London.

11 For a comprehensive list of travelogues used see Blumhardt, J.F. (ed.), *Catalogue of Bengali printed books in the library of the British Museum* (1886) India Office Records, British Library, London, and *The catalogues of the Hindi, Punjabi, Sindhi and Pushtu printed books in the library of the British Museum* (1893) IOR. A note on translation: unless otherwise stated, all translations are mine.

12 Hereafter these acronyms will be used. *I am thankful to the organisers of the conference ('History of railway catering: a worldwide perspective', 16th-17th December, 2014, Tours, France) for offering me a wonderful opportunity to share my ideas with a discerning and engaged audience.

1. Railway catering in colonial India

Railway catering in colonial India was introduced with the expressed purpose to provide refreshments to passengers both Indians and Europeans, particularly on long journeys. But the success of railway enterprise in India hinged on attracting primarily 'native' passenger traffic. Indians constituted approximately ninety-five percent of railway passengers in colonial India.[13] In order to ensure passenger presence, the railway companies therefore, had to think about the specific needs and demands of Indian passengers. Moreover, it was argued that in a country of the size of India, with its prolonged and severe summer, food and drinking facilities had to be adequately arranged to satisfy the 'genuine' needs of railway travellers.[14] Thus the logic behind introducing refreshment facilities was an odd mix of humanitarian gesture and economic common sense. But the provision had to be such as not to offend the religious and caste sensibilities of the Indian passengers.

Broadly speaking, the rules of commensality offered both restrictions and certain flexibilities in matters of choice and sharing of food in nineteenth century India.[15] At the risk of simplifying a complex and long process of evolution in rules of commensality, one can largely claim that Hindus and Muslims did not share either cooked food or water.[16] Among Hindus the caste rules were as flexible as they were undefined, and varied according to contexts. But, upper caste Hindus usually did not partake food cooked or touched by anyone beneath their caste status. Drinking water too, was subjected to similar restrictions. Dry and uncooked food for instance fruits, could be consumed without jeopardising caste rules and

---

13 As we will see, the implication of this statistics is significant. For railway passenger statistics, see, Huddleston, G., *History of the East Indian Railway*, Calcutta, Thacker, Spink &Co., 1906; also Reports to the Secretary of State for India in Council on Railways in India, [Volumes consulted: 1860-1900], in Parliamentary Paper, V/4 Series, IOLR, London.

14 The Annual Railway reports to the Secretary of State for India and the 'Railway Letters' exchanged between the Board of Directors and the respective agents for the railway companies in India repeatedly stress this point.

15 A discussion about the specifics of rules of commensality and caste, is a theme beyond the scope of this paper. But for a useful discussion, see, Thapar, R., *Early India: From Origins to AD 1300*, Penguin, 2002; Dumont, L., *Homo Hierarchicus: the caste system and its implications*, 2nd edition Chicago, University of Chicago Press, 1981; Bayly, S., *Caste, Society and Politics in India from eighteenth century to modern age*, The New Cambridge History of India, Vol. III Cambridge, Cambridge University Press, 2001.

16 Though 19th century India had Christians, both Europeans and Indian converts; they too, were subjected to similar, if not more restrictive rules of commensality.

status. Interestingly, everyone, regardless of their caste status was permitted to eat food cooked by an upper caste individual, particularly a Brahmin.[17]

In the context of railway catering, it was the supply of drinking water which received initial attention to cater to the needs of the Indian railway passengers.[18] At this early stage, food was considered to be a risky item to offer to a society which was regulated by strict rules of commensality.[19] But in the case of water too, caste and religious sensibilities were the guiding principles which shaped the supply arrangements. For instance, in 1866-67, the East Indian Railway Company made arrangements to supply drinking water at all stations on its line, and bhistis (water-carriers) of different castes were employed to serve the water.[20] The EIRC Board appreciated the measure and acknowledged the utility of the system especially in a climate like that of India. Half-yearly reports on the subject were demanded in order to learn how far the experiment had met the 'prejudices' of the different castes. In the half-yearly inspection report of 1868, the EIRC agent assured the Board that the arrangements had received approval from the people judging by their acceptance of the service and their response appeared 'satisfactory'.[21] Broadly speaking, the railway companies employed high caste Hindus (usually Brahmins) and Muslims to provide drinking water at the railway stations to Hindu and Muslim passengers respectively. Some railway companies even managed to supply drinking water to the Brahmin passengers separately. The Ratlam-Godhra branch line employed Brahmin children to supply *Brahmanchya Paniya* (Brahmin water) exclusively to its Brahmin passengers.[22] Not all railway managements followed such elaborate arrangements. The Madras railway company kept it rather simple. In the stations under the management of this company, drinking water was supplied through a pipe and a bucket was constantly filled up from this pipe. Passengers were expected to either drink directly from the pipe or to fill up their *lotas* (water pots) from the bucket.[23] Interestingly, even where measures to suit caste and religious sensibilities were introduced, 'native' passengers occasionally complained

---

17 Hindu notions of commensality are essentially based on notions of purity and pollution and has been sanctioned by the caste system. Consequently, food cooked by a person of the highest caste, i.e. a Brahmin cannot by implication pollute anyone, and thus is a fair game for all.

18 Letter to the Agent EIRC, dated August 1867, in Letters of EIRC, L/PWD/2/83, 1867, IOLR, London.

19 *Id.*

20 Quarterly Inspection Report, EIRC, May 1868, in Letters of EIRC, L/PWD/2/84, 1868, IOLR, London.

21 *Id.*

22 Baboo Gopalram, *Lanka Yatra Vivaran* (Kashi, 1885).

23 *Id.*

about the inadequacies in the arrangements to supply water.[24] A newspaper report complained about inadequate arrangements for the supply of water to Muslim passengers on the Sindh Punjab and Delhi line.[25] Though it acknowledged the presence of Hindu and Muslim *bhistis*, the latter were alleged to attend to the demands of Europeans, as a result of which Muslim passengers found it difficult to obtain water.

The arrangement of food for Indian passengers was more complicated and developed in phases, well into the early twentieth century. Initially, no food was provided for Indian railway passengers. To offer food, it was argued, caste prejudices had to be adhered to. But long hours of waiting at the stations or tedious journeys necessitated the availability of food in transit. In 1864, the consulting engineer to the Government of North Western Provinces drew the attention of the railway companies' towards the issue. His inspection report of the railway stations between Allahabad and Agra noted that ample catering facilities were provided for the European passengers who were numerically insignificant, while nothing existed for the 'natives' who constituted '999 out of 1,000 railway passengers'.[26] The report argued that attending to an 'important matter like this' would be advantageous to the company, and increase the popularity of the railways. It pointed to the presence of 'natives' on the platforms selling confectionery from baskets to the third class passengers in the carriages. The railway companies were advised to fill this 'great want' and earn a reasonable profit.[27]

But for Indian railway passengers any facilities were likely to be inadequate since most of them were unwilling to have food at the refreshment rooms, largely because of religious and caste issues. Railway travel posed a threat to the established rules of commensality. The trick lay in travelling by the trains, while avoiding the pollution. Only westernised Indians were thought to patronise the refreshment rooms, and to a great extent this was the case. The dilemma faced by the average Indian railway passengers is captured in the contemporary travelogues. In 1860, Jagmohan Chakrabarty on his first railway trip to Rajmahal from Calcutta described his predicament when the train reached *Burdwan* station at mid-day, but

24 Such reports draw our attention to yet another issue of water supply, i.e. inadequate supply, a theme not covered in this paper. But it also informs us about the nature of water supply arrangement, a significant component of this discussion.

25 'Sadiq-ul-Akhbar', 3rd June 1880 in 'Selections from Native Newspaper Reports', NWP, L/R/5/57, IOLR, London.

26 'Inspection of railway stations', Note by the consulting Engineer to the Government of NWP, on the stations in the NWP between Allahabad and Agra, dated 15th March, 1864, in Proceedings of the Railway Department, Government of NWP and Oudh, P/217/37, 1864, IOLR, London.

27 *Id.*

did not halt long enough for him to walk to nearby *bazar* to buy food. The author was left with the choice of eating at the refreshment room, but decided not to because his 'too sensitive caste stood across the doorway'.[28] Kashinath Mukhopadhyay, the author of another Bengali travelogue – also preferred non-railway food. Faced with the choice of a place to eat, he decided to patronise a shop selling dry food, instead of cooked food available in and around the station (Burdwan). He noted the range of choices passengers made, by remarking that westernised *baboos*[29] preferred English food, and went towards the refreshment room, while the rest went to shops around the railway stations which sell a variety of dry victuals.[30]

Interestingly, though not surprisingly, despite rules of commensality, Indian railway passengers complained about lack of catering arrangements while in transit. In a petition submitted in 1866, the British Indian Association complained about the lack of proper restaurants for the mass of native passengers.[31] The petition which was signed by 3251 Indian railway passengers, including Sir Syed Ahmad Khan,[32] described an average railway journey as 'enforced starvation' for thousands of Hindus and Muslims. It proposed building of two separate enclosures at two ends of important stations for Hindu and Muslim passengers, for supply of food of all sorts, cooked and otherwise. The railway authorities were requested to place these restaurants in the hands of Muslim and high caste Hindu cooks, who would cater to their specific demands. Contracting out the rights of these restaurants was also suggested in case the railway companies were keen on higher profit. In a demand showing an awareness of the issues of railway catering arrangements in different parts of India, the petitioners urged the government of the North Western Provinces to build *pukka serais* for 'natives' at different principal points along the EIR line, following a similar precedence set by the Madras Government, and the Madras railway.[33]

For the railway companies, the solution lay in opening refreshment rooms catering to the needs of the passengers. In order to do so, care had to be taken to adhere to the caste and religious sensibilities of Indian passengers, which meant that the companies had to employ cooks from all

---

28 Chakrabarty, J., "My first railway to Rajmehal," *Mookerjee's Magazine*, 1: 1, February, 1860. (Calcutta, 1861), IOLR, London.

29 A mildly derogatory term to describe an anglicised Bengali.

30 Mukhopadhyay, K., *Railway Companion* (Calcutta, 1863), IOLR, London.

31 'The humble petition of the British Indian Association, North-Western province', dated 16th October 1866, Aligarh in 'Miscellany Railway Letters', L/PWD/2/190 (1865-1867), IOLR, London.

32 *Id.*, Sir Syed was then the Secretary of the British Indian Association for North-Western Provinces.

33 *Id.*, pukka *serais* were permanent facilities for accommodation.

possible castes. In some large stations separate refreshment rooms were built for Hindu and Muslim passengers, employing a Brahmin cook in the former, and a Muslim in the latter. But this pattern was difficult to replicate especially in the smaller stations due to the capital expenditure involved. Moreover, Indian passenger response to the existing refreshment rooms was rather lukewarm, and the railway companies deliberated long and hard before investing. Interestingly, despite employing Brahmins, the food available in the refreshment rooms remained suspect. As the accounts of the authors of the travelogues discussed above suggest, the railway companies' claim of employing Brahmin cooks was thought to be dubious at best, and most of the 'native' passengers were averse to accept food cooked by someone whose caste status was unknown. Consequently, in the early days of catering arrangements, Indian passengers either preferred to cook food for themselves at the bigger stations, utilising the in-built halts in the train schedules,[34] or ate dry food sold by Indian shopkeepers and vendors around the railway stations.

Contemporary Indians entrepreneurs too, were aware of the need to offer catering arrangements tailored to suit the specific needs of Indian railway passengers. For instance, in 1869, a Bengali businessman, Nil Kamal Mitra, proposed to construct refreshment rooms for Indian passengers at several railway stations along the EIR line, especially at Burdwan, Sahebganj, Danapur and Kanpur.[35] Mitra wanted to enter into an agreement for the hire of the refreshment rooms for 'natives', and offered to undertake the management of the existing native refreshment rooms by providing all the necessary requirements of Indian passengers. The EIRC accepted the proposal and it was resolved to let Mitra to build rent-free, refreshment rooms at stations along the line. One possible reason for the EIRC's acceptance of Nil Kamal Mitra's proposals was his 'impeccable reference' from Lieutenant Governor of the North Western Provinces.[36] In addition, the EIRC decided to supply food (mainly dry), milk, fruits and sweets at the platforms through Indian vendors.[37] To attract passen-

[34] Passenger trains, which mostly carried Indian passengers, ran on a schedule in which in-built long halts of 45/60 minutes were provided, twice in 24 hours, with the expressed purpose to offer time to Indian passengers to cook and clean themselves as per their caste and religious preferences. Rendel, A.M., 'Report to the EIR on the cost and maintenance of EIR line', 1st January, 1868, in Letters of EIRC, L/PWD/2/84, 1868, IOLR, London.

[35] 'Proposal to construct waiting and refreshment rooms for natives', Letter from Baboo Nil Comul Mitter of Allahabad, dated 14th May 1869, to the Lieutenant Governor, NWP, in Proceedings of the Railway Department, Government of Bengal, P/433/44, IOLR, London.

[36] *Id.*

[37] Letter from the Agent of the East India Company to the Board of the EIRC, Dated 9th October, 1875, in Letters of EIRC, L/PWD/2/91, 1875, IOLR, London.

gers, the price was kept low, especially as 'native' food stalls around the stations offered stiff competition. The idea of mobile vendors caught on, and eventually shouts of food vendors became a ubiquitous symbol of the railway stations.[38] Eventually, most railway companies followed the East Indian Railway Company's pattern, and sold rights to sell food on the station platforms to Indian contractors.[39] But this arrangement was liable to abuse and usually contracts were given to those who offered better revenue sharing deals to the companies. This meant passengers paid higher price for obtaining low quality, stale and unwholesome food. Consequently, many passengers still had to rely on food sold outside the stations or had to carry their own.

Contemporary newspapers are replete with grievance against the catering arrangements for Indian passengers on the railways. In particular, frequent complaints were made against the contract system. At most stations vendors had to pay a fee of 10 or 25 rupees to the railway company for permission to operate. To recover this amount they overcharged customers, and sold low quality food.[40] Moreover, the railway authorities were blamed for being intentionally disregardful of the needs of the 'native' passengers and encouraging European enterprise at the cost of Indian traders.[41] Newspaper articles suggested a range of solutions to improve the situation which included consulting 'leading Indian gentlemen' and regular inspection of the existing food stalls.[42] By the turn of the twentieth century the issue also acquired a distinct political character. This shift can partly be explained by the rise of anti-colonial movements and sentiments, and passing over the railway management in the hands of the Government of India.[43] Eventually in 1902, Lord Curzon issued a circular that 'Hindu restaurants' should be opened at the

---

38 A travelogue written in 1911 makes a note of how the shouts of the Indian food vendors was a characteristic feature of all railway stations, especially the EIRC one. Chatterji, F.C., *Pather Katha* Calcutta, 1911, IOLR, London.

39 'Refreshment rooms for native passengers', extract from minutes of the meeting, dated 8th July 1870, in Proceedings of Railway Department, Government of Bengal, P/433/49, IOLR, London.

40 'Koh-i-Nur', 15th July 1871 in Selections from Native Newspaper Reports, NWP, L/R/5/48, IOLR, London.

41 'Bharat Sangskarak', 19th February 1875, 'Selections from Native Newspaper Reports' Bengal, L/R/5/1, IOLR, London.

42 'Indian Mirror' 18th January 1908 in 'Selections from Native Newspaper Reports' Bengal' L/R/5/35 and 'Hindustan' 29th April 1907, 'Selection from Native Newspaper Reports', NWP, L/R/5/81, OIOC.

43 Since the commencement of railway operations in India (1853), Indian railways passed through diverse system of managements, varying from private, to government control to a combination of both. But by 1907 railways finally came under direct government control.

principal stations, discontinuing the practice of selling licenses to food vendors on the railway platforms.[44] Indians were invited by several railway managements to open hotels in the stations on contractual basis.[45] These hotels operated under the railway management and regulated the quality and price of food.

The foregoing discussion illustrates well the catering arrangements made by railway authorities to fulfil the needs of the most paying section of railway traffic – the Indian passengers. As the report by the consulting engineer to the North Western Provinces government claimed, the numbers could be ignored only at the risk of jeopardising profit. In addition, the railway companies were also aware of the peculiarities of the Indian conditions. By employing water suppliers of different castes, or hiring Brahmin cooks, they sought to attract Indian passengers by offering services commensurate with their specific caste or religious needs. Interestingly, as the petitions and the newspaper reports show, Indian passengers too, knew their importance, and made demands for improvements on that basis. For instance, rising passenger complaints against the cost of food sold on the platforms led the traffic superintendent of the Oudh and Rohilkhand Railway to institute an enquiry, and the rates were fixed at par with those of local market. Such responses were influenced by the knowledge that 'native' passengers were not dependent on the railway companies for provision of these facilities; passengers regularly patronised the food shops right outside the railway stations selling fresher food at cheaper price. Such competition jeopardised the companies' financial prospects. Similarly, as the appointment of Nil Kamal Mitra to open catering facilities for Indian passengers on the EIRC line demonstrates, the railway companies sought alternate methods to satisfy the needs of the Indian passengers, if only because of their numerical significance and the difference their satisfaction level made to the companies' profit margins. In other words, as already noted, these interactions demonstrate the ways in which pecuniary imperatives shaped catering arrangements on Indian railways. At another level, possibly more relevant to the theme of the present volume, these arrangements also reveal an ideological aspect which not only added a new and railway-specific food-culture in India; but had implications for colonial Indian society and beyond.

---

44 Railway Circular, Number 13, in Proceedings of the Railway Conference, 1902, Simla, 25/720/32, IOLR, London.

45 'Hitavadi' 18th July 1902, 'Selections from Native Newspaper Reports' Bengal, L/R/5/28, IOLR, London.

2. Food in transit

Obviously, introduction of catering arrangements to attract 'native' passengers, or accommodating their demands was based on stereotyping of Indians and Indian customs. The decision to employ high-caste Brahmins and Muslims as *bhistis*, to provide Brahmin cooks at the railway refreshment rooms – all were based on a presumed knowledge of 'native behaviour'. This knowledge in turn was a product of a wider process of colonial information gathering – a characteristic feature of the nineteenth century Indian administration. The railway companies' decision to borrow from this pool of readymade information is not surprising, as it promised comprehensive understanding of the 'native' society. Moreover, though the decision to farm out catering arrangements for Indian passengers to Indians was possibly based on an understanding of Indian society as 'exceptional' and 'different' and thereby best left to Indians to manage the niceties of commensality; yet, as the petition from British Indian Association quoted above suggests, Indians too, preferred to articulate their choices to their compatriots or co-religionists, whom they perceived as having more understanding of their specific needs. In other words, though such behaviour underline the significance of colonial administrative policies in 'creating' Indian society along lines of caste identity, it would be inaccurate to ignore that the imperatives of such decisions also had an element of participation by Indians.

Here therefore, I argue that while it cannot be denied that the policies chosen for arranging refreshments for passengers were based upon an understanding of Indian society which placed caste and religious identities at the centre, neither the colonial state, nor the railway companies created these identities. If anything, these measures crystallised existing ideas of purity and pollution, first by providing facilities in keeping with the caste or religious rules; and secondly by pandering to demands based on such ideas with sustained regularity. Whether it was the decision to offer the contracts to Brahmins to manage the refreshment rooms, or to employ Brahmins as food inspectors, or suspending lower-caste *bhistis* followed by passenger complains – the impact was not a levelling of identities, but self-awareness.

Now I turn to Indian language newspaper reports and the travelogues written in Bengali and Hindi by Indian railway travellers to assess the impact of railway catering on colonial Indian society. Broadly speaking, the catering arrangements based on notions of difference, purity and pollution were appreciated by Indian railway travellers. This is evident from their choice to travel more on lines which catered to their specific needs.[46] Interestingly, on occasions, the Indian passengers were also critical of the catering arrangements. At one level, the criticism of these measures by Indian passengers questions the validity of the colonial stereotype; and at another, more critical level, it contests the claims of their impact on Indian society. In the existing historiography, it is argued that railway operations created a homogenised category of Indian passengers based on racial ideas, and flattened the internal division within communities.[47] But the impact of railway catering on issues of identity was quite opposite.

The newspaper reports and the travelogues reveal two curious patterns. One, the catering arrangements were appreciated as long as they did not violate any real or imagined religious or caste taboos; and two, demands were made to offer even more caste or religious specific measures, arguing that such regulations were central to Indian social arrangements, and that the colonial state had a duty to safeguard and respect its Indian subjects. For instance, the *Oudh Akhbar* reported two such instances of 'disregard' shown by the railway companies to Hindu and Muslim sensibilities.[48] In the first case, an unwashed cup was used to give water to a Muslim passenger after a European had used it; and in the second, a Hindu *bhisti* did not clean the vessel from which a Bengali passenger had drunk, and put the vessel back into the bucket of water. The report concluded by noting: 'such things are opposed to the prejudices of Hindus and Mussulmans. The railway officials should exercise a check over the water carriers in this matter.'[49] In a similar incident, passengers complained against the contractor in charge of the food stall at Burdwan station, who was allegedly a non-Brahmin, and therefore could not offer cooked food. The East Indian Railway Company responded to the crisis by issuing additional contracts to four Brahmins to meet the passenger demands.[50] Newspapers are also replete with petitions by Hindu railway passengers, especially pilgrims, demanding separate railway compartments expressly to avoid contact with Muslim passengers eating their food (meat, onion, garlic) – an act which arguably threatened the ritualistic status of the high-caste

---

46 The authors of many travelogues expressly favoured travelling on the EIRC as the company was known to take care of the catering arrangements respecting notions of commensality. Also, Huddleston, 'History'.

47 Goswami, M., *Producing India: from colonial economy to national space*, Chicago, University of Chicago Press, 2004.

48 'Oudh Akhbar', 2nd October 1880, in 'Selections from Native Newspaper Reports', NWP, L/R/5/57, IOLR, London.

49 *Id.*

50 'Education Gazette', 13th June 1890, in 'Selections from Native Newspaper Reports', Bengal, L/R/5/16, IOLR, London.

Hindus.[51] As noted above, demands were also made to ban sale of beef on railway platforms, as it 'offended' the religious sensibilities of Hindus.[52] Moreover, in the instances where the railway authorities did not pander to 'native' customs, interestingly, the passengers articulated notions of difference through their behaviour. On occasions the authors of the travelogues admitted to denying entry to Muslims on the basis of their food habits. Saratchandra Shastri, for instance, refused Muslim passengers entry into his carriage because he thought their food and body odour, reeking of garlic and meat, would make his journey unpleasant.[53]

As the foregoing analysis suggests, railway catering arrangements in colonial India certainly had implications for Indian society, as they sharpened notions of identity and community in a railway-specific context. More importantly, as the archival sources demonstrate, contrary to current historiographical assumptions, the realities of communal eating as a part of the railway travel practice neither homogenised nor unified different sections of Indian society. If anything, the results had divisive consequences for Indian society, a detailed discussion of the significance of which is beyond the scope of this chapter. But, here it will be instructive to note that the demands for separate catering arrangements based on caste and religious identities reveal a pattern which was part of a wider movement in the late nineteenth and early twentieth century, whereby demands were made on basis of particular social identities – a process in which the colonial administrative policies played a critical role. But continuing to analyse these demands primarily as a reflective or even derivative products of colonial administrative measures by different sections of Indian society certainly ignores the question of Indian agency. More importantly, such analyses miss a critical element, viz. the selective use and appropriation of the colonial policies, in this respect railway catering policies to demand services and measures to suit specific agendas of particular social groups in Indian society.

Interestingly, as the Indian passengers' demands for introducing catering facilities, despite rules of commensality suggests, that in this respect (as in many others)[54] they responded to practical changes and needs, exactly in the same way as railway passengers in other parts of the world. Such behaviour therefore, also challenge an understanding of Indian railway passengers as somehow a 'unique', and by implication, separate, homog-

51 Bharat Jiwan 5th December 1898 in Selections from Native Newspaper Reports, NWP, L/R/5/75, IOLR, London.

52 Dabdaba-i-Qaisari, 5th July 1890 in Selections from Native Newspaper Reports, NWP, L/R/5/67, IOLR, London.

53 Shastri, S., *Dakshinapath Bhraman* (Murshidabad, 1878), IOLR, London.

54 For instance, in demanding toilet facilities in the carriages.

enous category whose behaviour can be explained only through the prism of caste or religion. Moreover, at a critical level, these evidence bring out an apparent incongruity in the behaviour of Indian passengers. On one hand, they demand services based on caste or religious grounds; one the other, they claim service regardless of their specificities. This ostensible incompatibility, I suggest, is explained by two factors: (*a*) a clear awareness among Indian passengers of their numerical significance as far as railway profits went; and (*b*) based on this awareness, demanding services or measures which suited specific agenda of particular social groups. For instance, Hindu passengers demanding ban on the sale of beef on railway platforms in north India.[55] Such behaviour demonstrate 'agency of the colonised'. But, they also exhibit a contestation and competing over social spaces by different and unequal groups, with consequences for Indian society. Not surprisingly, these demands symbolised a much deeper tension, between Hindus and Muslims, than putative unease and discomfort (of Hindus) over food choices.

Here, I argue, that on occasions, Indian railway passengers used categories of caste or religion both as practical devices, either to underline their numerical significance to demand commensurate services; or to contest and control the new railway social spaces. In other words, I suggest that the measures undertaken by the railway companies to cater to the specific needs of Indian railway passengers, as well as the responses and demands of Indians to these measures, in essence reflect a contestation over the social spaces created by the railway operations in colonial India. Railway operations created several new social spaces and modified the existing ones; but the ones relevant in the context of this analysis are those related to catering arrangements for railway passengers, for instance, the railway refreshment rooms, the station platforms and the shops and the serais where passengers gathered to cook, eat or share food. More importantly, these social spaces were not created *in vacuum*, but were produced and reproduced through a process of contestation and conflict over the control of them. The measures by railway administration to introduce catering arrangements and the responses of Indian railway passengers to these measures, illustrate this process well. The railway companies and administration desired to control the social spaces associated with railway catering and introduced measures which were to direct the dietary choices of the railway passengers, a process which was expected to influence the behaviour of Indian railway passengers, which may have had the ability to control them by making their behaviour comprehensible and thereby more amenable to control, albeit for a limited time and within railway

55 Dabdaba-i-Qaisari, 5th July 1890 in Selections from Native Newspaper Reports, NWP, L/R/5/67, IOLR, London.

context. But the Indians too, participated in the production of these spaces by contesting such measures, and in effect resisted control by both practical measures (choosing non-railway spaces for food) or by articulating the logic of numbers which the railway companies understood and responded. More interestingly, through this process of contestation and conflict over the railway catering sites, neither of the contending groups, the railway/ colonial administration or the Indian railway passengers enjoyed the control over these spaces or direct the other to their complete advantage. At a more critical level, it also highlights the ways in which the category of Indian railway passengers was not a homogenous one – and how different groups of Indian society participated, even if unevenly and conflictingly in the production, reproduction and control of these spaces. This is perhaps best illustrated in the ways in which Hindu railway passengers on different occasions either demanded the ban of sale of beef on railway station platforms, or separate carriages for Hindu pilgrims. Such demands were based on an uneven participation of Hindu railway passengers (more numbers, or more vocal, or both) compared to Muslim railway passengers in the social spaces produced by railway catering. But interestingly, as the noncompliance of these demands by the railway authorities suggests, the participation of Indian passengers (or a section of them) was indeed uneven, since despite the strength of numbers, the final authority to control, reproduce and direct these spaces remained in the hands of colonial railway administration.

Conclusion

To conclude, I suggest that railway catering altered the food-culture of India by creating a distinct sub-culture of food consumption and practice. More importantly, this sub-culture, I argue, heightened identities – both religious and caste, rather than levelling them. Evidently, the railway catering arrangements, alongside the new travel practices introduced by the railways created the conditions in which identities were experienced in a more sharpened way. Railways in effect offered an additional site to experience and articulate notions of identity and community; but by no means did it create them. As a related point, though at one level, it seems that the policies of the colonial state and the railway companies perpetuated the religious and caste identities of Indian society, it will be instructive to note that this behaviour was mainly sustained by a desire for profit – a characteristic concern of both colonial empires and private companies. Also, the Indian responses to these measures bring out the 'agency of the colonised' inasmuch demonstrating that the Indian railway passengers not only accepted and rejected specific arrangements of railway catering, while creating a distinct sub-culture of food; but more importantly, appropriated and demanded specific measures such as rejecting Muslim food practices as 'impure', 'foreign' and 'polluting', which suited their broader agenda. Last but not least, at a theoretically critical level, I suggest that a plausible way to understand the ways in which the railway catering policies and the food culture engendered by it, affected colonial Indian society, will be to analyse railway-specific catering spaces as 'social spaces' and to examine the production and reproduction of them through a process of contestation and conflict between various social groups.

While making such claims, I am aware of the risks of generalising from my conclusions, inasmuch it is based on a limited spatial and chronological frame. Yet, as the foregoing discussion based on archival evidence suggests, an attempt at extrapolating my claims offers a tantalising possibility of re-appraising our understanding of the impact of railway catering on Indian food culture and society.

As a closing remark, in contemporary India, one can safely claim that 'railway food' represents a distinct sub-culture, both in terms of taste, and culinary standard. Broadly speaking, food in railway transit is associated with dubious quality and taste, with little or no attention to quality control. Nevertheless, given the popularity of railways as mode of transit combined with (usually) long hours of travel, consuming railway food is more often a necessity rather than a luxury. At a more critical level, the 'railway food' is distinguished by a *seeming* disregard for rules of commensality and notions of purity and pollution which continue to affect other, non-railway food cultures.

But as we have seen, railway food in India was not a sub-culture in which social regulations were disregarded. This evolution I suggest loses its peculiarity once we realise that the current sub-culture, despite its appearance, neither questions nor replaces the existing rules of commensality. It merely suspends them while in transit, and in the process continues to pose a challenge to unify Indian society through collective railway travel experiences – an ironically similar aim which the post-colonial Indian government shares with its colonial predecessor.

Eataly et *Italo*

La *slow food* au service de la très grande vitesse ferroviaire

Michèle Merger

Chercheur honoraire CNRS – Rails et Histoire

Depuis la publication de la désormais très célèbre directive 91/440 du 29 juillet 1991, les chemins de fer européens ont connu d'importantes réformes. C'était en effet la première directive d'une longue série visant à recomposer le secteur ferroviaire en fonction d'une approche libérale. L'adoption des trois premiers paquets ferroviaires de 2001 à 2007 a conduit à la remise en cause du statut juridique des entreprises publiques ferroviaires, à la séparation entre réseau (infrastructure) et exploitation, et à l'ouverture des réseaux à la libre concurrence. L'adoption du troisième paquet ferroviaire en octobre 2007 prévoyait l'ouverture du marché des services internationaux de voyageurs au 1er janvier 2010. Aucune échéance ayant valeur d'obligation n'était fixée pour libéraliser le transport national des voyageurs, chaque Pays pouvant s'engager sur cette voie selon des modalités différentes et propres à chacun.

C'est dans ce contexte qu'est née le 11 décembre 2006 la société NTV (Nuovo Trasporto Ferroviario) dont le principal objectif était d'obtenir l'autorisation de faire circuler des trains à grande vitesse sur le réseau TAV de la Péninsule[1] et venir ainsi concurrencer l'opérateur historique

[1] Le projet TAV (Treno altà velocità) a été élaboré à la fin des années 1980 : présenté en octobre 1987, il prévoyait la construction de plus de 1 000 km de lignes nouvelles de Turin à Venise et de Milan à Naples. Les vicissitudes du projet en ont considérablement ralenti la réalisation : en effet, c'est en 2005 seulement que le premier tronçon a été achevé entre Rome et Gricignano (ville située à 18 km de Naples) et c'est le 13 décembre 2009, que le dernier tronçon, construit entre Florence et Bologne, a été inauguré ; cf. Michèle Merger et Andrea Giuntini, « La très grande vitesse ferroviaire en Italie entre innovations et tergiversations », *Revue d'histoire des chemins de fer*, n° 46-47, 2012, pp. 229-246.

Trenitalia, né de la réforme de 2001[2]. Fondée par trois célèbres hommes d'affaires italiens (Luca Cordero di Montezemolo, Diego della Valle, Gianno Punzo) et par l'ingénieur Giuseppe Sciarrone, la nouvelle entreprise a bénéficié de l'engagement à ses côtés de la banque Intesa San Paolo, de l'entreprise Brembo, de la compagnie Assicurazioni Generali, de la société MAIS d'Isabella Seragnoli et de la société Voyages et Développement du groupe SNCF. Ayant obtenu la licence ferroviaire puis l'autorisation d'accéder au réseau en 2007, NTV a souscrit, en janvier 2008, un contrat avec Alstom pour la livraison de 25 trains de type AGV, une nouvelle rame articulée dont le premier prototype a été officiellement présenté quelques semaines plus tard à l'usine d'Aytré. Les nombreux litiges qui ont opposé NTV à RFI ont retardé la mise en service du nouveau train : après plus de cinq ans de travail pour relever un défi, celui de remuer « les eaux stagnantes du monopole »[3], le voyage inaugural d'Italo (nom attribué au train après deux sondages successifs effectués auprès des Italiens grâce à Internet) a eu lieu le 20 avril sur les axes Milan-Bologne et Rome Tiburtina – Naples et, le 28 avril, l'exploitation commerciale a commencé entre Milan et Naples. À la fin de l'année 2012, Italo desservait les neuf principales villes de la Péninsule (Milan, Bologne, Florence, Rome, Naples, Padoue, Mestre, Venise, Turin).

Soucieux de valoriser le temps passé à bord du train, les dirigeants ont voulu mettre fin au classique dualisme 1re classe /2de classe : ainsi chaque rame composée de 11 voitures pouvant accueillir 460 passagers offre trois principales « ambiances » : Club (une voiture), Prima (4 voitures), Smart (5 voitures) et Smart Cinéma (une voiture). À cette nouvelle conception des espaces offerts aux voyageurs correspondent trois types de tarification (Low cost et Economy pour l'Ambiance Smart ; Base et Economy pour l'Ambiance Prima et l'Ambiance Club) est venue s'ajouter une autre innovation qui concerne le service de restauration. Le nouvel opérateur a rejeté la formule classique du wagon-restaurant car la très grande vitesse réduit la durée des voyages et les horaires prévus apparaissaient peu compatibles avec une restauration traditionnelle ; il a également rejeté la formule de la voiture-bar car, comme la précédente, elle oblige les passagers à se déplacer. NTV n'a pas non plus eu recours aux plateaux-repas, préparés à terre

2 La société Rete ferroviaria italiana (RFI spa) a été fondée le 1er juillet 2001. Cette création répondait aux directives européennes. Responsable de l'infrastructure ferroviaire, RFI doit donc gérer un réseau de 16 200 km, plus de 2 700 gares et plus de 450 établissements consacrés au trafic marchandises ; elle coordonne le trafic, garantit la sécurité sur les voies et elle doit commercialiser les créneaux horaires disponibles pour les opérateurs autorisés à assurer un service ferroviaire.

3 Luca di Montezemolo, *Da zero a Italo Così è nata la concorrenza*, Milano, Skira, 2013, p. 7.

avec des produits ayant une durée de vie trop brève et dont la fraîcheur peut laisser à désirer. L'entreprise a souhaité garantir des repas de grande qualité et mettre en place un service de restauration comparable à celui de la restauration aérienne. C'est pourquoi elle s'est tournée vers Eataly, la célèbre société que le piémontais Oscar Farinetti avait fondée quelques années auparavant.

Cette étude a pour but d'analyser non seulement les caractéristiques et les composants de ce service de restauration, mais aussi les effets qu'il a engendrés. Soumis à la concurrence de NTV, l'opérateur historique a dû lui aussi innover pour conserver une clientèle exigeante mais le plus souvent déçue par les prestations culinaires traditionnelles à bord des trains.

1. Eataly : une chaîne originale de magasins alimentaires et de restaurants, fidèle aux concepts de la Slow Food

La société Eataly (dont le nom résulte de la contraction des syllabes des deux mots anglais Eat et Italy) a été fondée à Alba en février 2004 par Oscar Farinetti et un groupe d'associés au premier rang desquels figuraient Coop Liguria, Novacoop et Coop Adriatica[4]. Cet événement correspond à un véritable tournant dans la vie professionnelle d'Oscar Farinetti. Né à Alba en 1954, il a fréquenté la faculté d'Economia e Commercio de Turin de 1972 à 1976 sans toutefois achever sa formation universitaire et, à l'âge de 24 ans, il est entré au service de l'entreprise familiale de supermarchés – Unieuro – que son père – Paolo Farinetti – un ancien résistant qui s'était illustré durant la Seconde Guerre mondiale – avait fondée avec d'autres associés à Alba en 1967. C'est à partir de ces années 1978-1979 qu'Oscar Farinetti a fait d'Unieuro (dont il est devenu Président) une grande chaîne de magasins spécialisés dans la vente d'articles ménagers et d'appareils électroménagers. En 1990, l'entreprise comptait dix points de vente et vingt autres magasins ont

[4] Rappelons que le système Coop dont les origines lointaines remontent à 1854, date de la création, à Turin, de la première Alleanza Cooperativa, regroupe des dizaines de coopératives de consommateurs de différentes dimensions. Celles qui ont participé à la fondation d'Eataly figurent parmi les neuf plus importantes du Pays qui se sont constituées au lendemain d'une progressive intégration de coopératives. Coop Liguria fondée en 1945 grâce au regroupement de diverses coopératives des provinces de Gênes, Savone, La Spezia, Imperia. La fusion Coop Piemonte et Coop Cpl (Casa del popolo) de Galliate a abouti en 1989-1990 à la naissance de Novacoop ; Coop Adriatica s'est constituée quelques années plus tard, grâce à la fusion, en 1995, de Coop Emilia Veneto et Coop Romagna Marche.

été ouverts de 1996 à 1999, année durant laquelle O. Farinetti et ses associés commencent à rétrocéder une partie des établissements à des banques. En 2003, Unieuro est vendu à la société britannique Dixons, pour la somme de 528 millions d'euros. Farinetti songeait alors à un autre projet : fonder avec le groupe Novicelli et ses fidèles associés (Mario Barbero notamment) une chaîne de distribution de produits alimentaires de très grande qualité (Alti cibi) et créer ainsi un nouveau modèle de distribution de produits alimentaires. Plusieurs facteurs ont été à l'origine de ce projet. Oscar Farinetti était, depuis de longues années, l'ami de Carlo Petrini qui, après avoir fondé l'association Arcigola[5], a été à l'origine de la création du célèbre mouvement international de la Slow Food. Née à Paris en 1989 en réaction contre le Fast Food des restaurants de type Mac Donald's, et présidé par Petrini lui-même, le mouvement a organisé son premier congrès à Venise et a commencé à développer ses principes fondamentaux en faveur non seulement de la sauvegarde des traditions agroalimentaires et culinaires locales, mais aussi de la qualité des aliments et du plaisir gastronomique, du respect de l'environnement et des principes de justice sociale, idées résumées par le slogan : « Buono, Pulito e Giusto » (Bon, Propre et Juste). Au lendemain de la publication de son ouvrage *Slow Food Le ragioni del gusto*[6], Petrini a réussi à convaincre O. Farinetti du bien-fondé de ces idées et ce dernier n'a pas tardé à être persuadé qu'il fallait les appliquer non pas sur un marché restreint, uniquement réservé aux consommateurs qui peuvent se permettre d'acheter des produits de très grande qualité proposés à des prix trop élevés, mais sur une vaste échelle afin de les rendre accessibles à la majorité des consommateurs.

---

5 Né à Bra en 1949, C. Petrini a fréquenté la Faculté de sociologie à Trente, ce qui l'a conduit à s'engager activement dans la politique en militant pour le compte du Parti de l'Unité prolétarienne. Élu conseiller municipal de sa ville natale, il s'est orienté vers le journalisme et, à partir des années 1977-1978, il a commencé à se faire connaître en tant que critique gastronomique. Auteur de nombreux articles dans les principaux journaux et périodiques de la Péninsule, il a contribué à la fondation de la revue Gambero Rosso (Homard Rouge). Parallèlement, il a organisé différentes rencontres et manifestations ayant trait à l'art culinaire avant de fonder l'Association des Amis du Barolo, l'un des meilleurs vins italiens, produit dans les Langhe (collines piémontaises situées au sud d'une ligne allant de Bra à Alba) et comparable aux meilleurs vins rouges de Bourgogne. En 1986, pour protester contre l'implantation d'un restaurant Mac Donald's sur l'une des plus belles places de Rome – la Place d'Espagne – il a pu réunir autour de lui des passionnés de l'art culinaire et de bons vins pour fonder, dans sa ville natale, Arcigola.

6 Petrini, C., *Slow Food Le ragioni del gusto*, Roma, Laterza, 2001 ; cet ouvrage a été publié en français quatre ans plus tard sous le titre : *Slow Food : manifeste pour le goût et la biodiversité*, Gap, Éditions Yves Michel, 2005.

Cette idée simple associée à la volonté de relever un défi – celui d'inculquer une nouvelle éducation alimentaire – conduit tout naturellement Farinetti à la fondation d'Eataly puis à la recherche, avec ses amis et collaborateurs (notamment Luca Baffigo Filangeri), de petits entrepreneurs produisant des produits de qualité sélectionnés par les Sentinelles Slow Food[7] et / ou estampillés par les labels de qualité attribués non seulement aux vins[8], mais aussi aux produits alimentaires[9]. Leurs recherches ont été effectuées dans toute la Péninsule et plus particulièrement dans les zones collinaires du Montferrat et des Langhe, célèbres dans le monde entier pour leurs richesses viticoles et gastronomiques[10]. Quatre ans plus tard, le 27 janvier 2007, à Turin, ils ont pu inaugurer le premier Eataly store en présence du maire de la ville Sergio Chiamparino. Situé face à l'établissement FIAT de Lingotto, le magasin a été installé dans l'ancienne usine Carpano qui, depuis 1908, avait produit le célèbre vermouth du même nom et qui avait été fermée à la fin des années 1980 et laissée à

---

7 Rappelons que les Sentinelles (Presidi en italien) *Slow Food* sont des projets de défense et de sauvegarde de petites productions d'excellence ayant l'objectif de relancer des métiers ou des méthodes de production traditionnelles, de maintenir des races animales autochtones ou des variétés anciennes de légumes et de fruits.

8 Le label DOC (Dénomination d'origine contrôlée) est réservé aux vins produits dans des zones bien délimitées et en général de petites dimensions avec indication de leur nom géographique. Ces vins sont soumis à un cahier des charges rigide et à des analyses très approfondies avant d'être commercialisés. Le label DOCG (Dénomination d'origine contrôlée garantie) est attribué aux vins déjà reconnus DOC depuis au moins cinq ans, et dont la renommée se situe au niveau national et international. Soumis eux aussi à des analyses très strictes, ils portent une marque de l'État qui en certifie l'origine et la qualité et qui permet de numéroter les bouteilles.

9 Ces labels sont sans doute moins connus que les précédents mais ils sont non moins importants. Définis en Italie où le riche patrimoine des produits traditionnels a pu être ainsi valorisé, ils sont désormais utilisés au niveau européen. Le label PAT (Produits agroalimentaires traditionnels) est attribué aux produits dont les méthodes de production et de conservation traditionnelles restent inchangées et homogènes sur tout le territoire depuis au moins vingt-cinq ans. L'AOP (Appellation d'origine protégée ou Denominazione d'origine protetta DOP en italien) désigne les produits dont la production, la transformation et l'élaboration doivent avoir lieu dans une aire géographique déterminée avec un savoir-faire reconnu et constaté. Le label IGP (Indication géographique protégée) est attribué aux produits dont la production et /ou l'élaboration, ont lieu dans une région géographique déterminée et dont la réputation peut-être attribuée à cette origine géographique.

10 Outre le Barolo, les viticulteurs de ces régions produisent d'autres vins d'excellente qualité et labellisés DOCG (Barbera, Barbaresco, Dolcetto, Grignolino, Gattinara, Nebbiolo). Parmi les produits agroalimentaires d'excellence, il convient de citer la fameuse truffe blanche d'Alba, les noisettes qui entrent dans la composition du chocolat gianduia, la viande bovine de la race piémontaise. Précisons également que c'est à Alba qu'est née et s'est développée l'entreprise Ferrero, célèbre dans le monde entier pour avoir produit à partir de 1949 une crème au chocolat et aux noisettes qui prendra le nom de Nutella en 1964.

l'abandon. S'étendant sur plus de 10 000 m^2 il offre plusieurs espaces de vente de produits gastronomiques très variés et à tous les prix (par ex. fruits, légumes, pâtes, fromages, conserves, biscuits et desserts, vins), des lieux de restauration rapide ou non (bars, pâtisseries, restaurants de différents niveaux), un restaurant de luxe (Le Gourmet) et des écoles de cuisine. Le magasin bénéficie d'une pléiade de fournisseurs (plus de 1 300), et notamment de petites exploitations agricoles et de petites entreprises de l'industrie agroalimentaire assurant la livraison de produits issus d'une agriculture bio.

En mai 2011, lorsque l'entreprise NTV conclut le contrat d'une durée de quatre ans[11] avec Oscar Farinetti, les magasins Eataly étaient présents dans neuf villes italiennes, dans plusieurs villes du Japon et à New York, sur la 5e Avenue, à deux pas du célèbre magasin Macy's et du célèbre Flatiron Building[12]. L'essor rapide et le succès commercial d'Eataly suscitaient à la fois curiosité et admiration. Farinetti, dont le parcours professionnel apparaissait assez conforme à ce qui arrive souvent en Italie lorsque l'héritier d'une entreprise familiale continue le travail de son père avant de s'engager sur une autre voie, était devenu célèbre et était très sollicité par les mass-medias qui, le plus souvent, faisaient grand cas de son énergie, de son enthousiasme, de son optimisme et de sa capacité d'entreprendre[13]. Seuls quelques détracteurs voyaient en cet entrepreneur « toujours en mouvement et ayant des objectifs bien précis à atteindre »[14] un aventurier trop ambitieux dont les idées s'apparentaient, à leurs yeux, à une démagogie alimentaire et dont le comportement et la réussite leur apparaissaient respectivement arrogant et suspecte[15]. Quelques années plus

---

11 Le contrat a été signé le 18 mai 2011.

12 C'est à la fin du mois d'août 2010 qu'O. Farinetti a inauguré ce magasin en présence du maire de la ville Michael Blomberg, de C. Petrini, de S. Chiamparino, maire de Turin, du président de la Région Ligurie, Claudio Burlando, et des maires piémontais d'Alba, de Barolo, de Bra et de Novello ; cf. « *Eataly* apre i battenti a New York », *La Stampa*, 31 août 2010.

13 Sartorio, A., *Il mercante di utopie. La storia di Oscar Farinetti, l'inventore di Eataly*, Milano Segrate, 2008, 273 p. Cet ouvrage écrit par une journaliste est apologique mais il permet au lecteur de saisir les différents aspects de la personnalité de cet entrepreneur ; Cicala, M., « O. Farinetti, l'ottimista », *Il Venerdì di Repubblica*, 27 septembre 2013, pp. 18-25 ; Basini, B., « Farinetti, l'Italien qui casse les codes de la distribution », *Le Journal du dimanche*, 21 décembre 2014.

14 Marchi, P., « Marchi di gola », *Newsletter di Identità Golose*, n° 261, 18 mai 2009.

15 La précarité de certains employés et leur bas salaire, les méthodes auxquelles a recours Farinetti constituent les principaux reproches qui lui sont adressés à partir des années 2012-2013. Sa volonté d'inculquer au public des leçons de bonne conduite culinaire, son souci de « farcir la nourriture avec la philosophie et l'art », la théâtralité de son attitude lors de ses multiples interventions auprès des mass-medias ou sur les réseaux sociaux, ses jugements professés parfois d'une manière tranchante sont devenus de plus en plus insupportables aux yeux de ceux qui, comme le célèbre chan-

tard, ils dénonceront le fait que le premier magasin Eataly avait pu être implanté à Turin grâce au soutien de Serge Chiamparino[16].

2. La restauration à bord d'Italo

Initialement réservés aux passagers qui effectuaient un long voyage dans les Ambiances Club et Prima, les repas ont pu être également servis à ceux de l'Ambiance Smart à partir d'août 2012. Commandés au moment de l'achat du billet sur le site Internet d'Italo ou au début du voyage, ils sont distribués de 12 h 30 à 14 h 30 et de 19 h 30 à 21 h 30 dans les trains où le service de restauration est prévu. Ils sont servis aux voyageurs à leur place et dans des Italobox qui, s'inspirant des boîtes porte-repas (Bento Box) très développées au Japon où elles sont notamment utilisées pour le service de restauration sur le Shinkansen, sont fabriquées avec des matériaux recyclables. Le choix en faveur de ce contenant est dû sans aucun doute au fait qu'Oscar Farinetti a considéré, dès le début de sa nouvelle aventure dans le monde agroalimentaire, que le Japon constituait l'exemple à suivre. Les plats cuisinés sont réchauffés et servis dans les petits bocaux en verre dans lesquels ils ont été préparés. Le recours à ce matériau s'explique pour plusieurs raisons : il est non seulement recyclable, mais

teur Adriano Celentano, considèrent que sa culture de la bonne nourriture « n'est qu'une façade pour se remplir les poches ». Précisons que cette critique survient peu avant le 18 mars 2014, date de l'inauguration du second magasin milanais d'Eataly implanté dans un lieu mythique de la vie culturelle de la ville, le théâtre Smeraldo qui avait fermé ses portes en 2012. C'est là qu'avaient eu lieu de nombreux concerts de célèbres chanteurs italiens et étrangers (Mina, Celentano, Bob Dylan, Bruce Springsteen). Au lieu de le faire renaître et de valoriser son prestigieux passé, Farinetti n'a fait « qu'humilier le théâtre Smeraldo, avec deux saucisses grillées sur le ciment » : de tels propos toujours tenus par Celentano reflètent bien le caractère virulent de la polémique opposant adversaires et défenseurs de Farinetti depuis le début des années 2010. Morello, M., « Se non hai fame, qui non devi entrare », *Panorama*, 6 juin 2012, p. 166 ; Cernilli, D., « Farinetti è mejo 'e Pelè », *Doctor* Wine, n° 36, 17 juin 2012 ; Corso, D., « Giornalisti e addetti ai lavori sul caso Eataly : no alle accuse a Farinetti », *Cronache di gusto.it*, 8 août 2013 ; Scutiero, A., « Oscar Farinetti, chi critica il patron di Eataly Da Celentano a Lerner, i detrattori del tycoon del gusto », *Lettera 43*, 30 mars 2014.

16 C'est au début des années 2000 qu'O. Farinetti, qui avait été secrétaire de la section du Parti socialiste d'Alba de 1980 à 1982, a tissé des liens d'amitié avec Chiamparino, l'un des membres influents du Parti démocrate, qui, devenu maire de Turin en 2001, sera brillamment réélu en 2006, avant d'assurer la présidence de la région Piémont en 2014. Cf. « Favori tra renziani. Così Chiamparino spianò la strada a Eataly e Farinetti », *Libero*, 14 janvier 2014. Il convient de préciser que Farinetti a été l'un des grands défenseurs de Matteo Renzi, président de la Province de Florence en 2004, puis maire de Florence en 2009 et chef du gouvernement italien à partir de février 2014.

aussi hygiénique ; il permet de conserver dans de meilleures conditions les plats et évite toute manipulation directe des aliments par le personnel chargé de remettre l'Italobox à chacun des voyageurs ayant commandé un menu et qui, lorsqu'il ouvre celle-ci, peut lire la phrase suivante imprimée à l'intérieur de la partie supérieure : « Mange mieux, vis-mieux ; voyage mieux, vis mieux ».

Trois types de menus sont proposés en 2015 : le Tagliere (la Planche), l'Orto (le Jardin potager) et le Gustoso (le Savoureux).

Le premier offre, pour la somme de 17 euros, des tranches de fromages et de la charcuterie (saucisson, mortadelle, jambon, speck).

Le deuxième, plus cher (20 euros), est un menu léger qui correspond aux attentes des passagers végétariens : il propose un plat principal à base de légumes. Il s'agit, par exemple :

- d'une purée de carottes et de courgettes servie avec une farce faite avec du riz, du parmesan, des amandes, des noix, du basilic, du persil, de l'huile, du citron et du vinaigre
- d'une purée d'asperges, d'olives vertes et d'artichauts avec du basilic
- d'une purée de tomates, de courgettes accompagnées de safran, d'olives vertes, de basilic
- d'un flan de courgettes
- d'une mosaïque de légumes méditerranéenne
- d'une caponata d'aubergines[17]
- d'une soupe de pois chiche avec des herbes aromatiques
- d'une soupe d'épeautre haché et d'aubergines
- de petites boulettes d'aubergines.

Le plat est accompagné d'une crème de fromage (ex. : crème de parmesan ; crème de Bra) à tartiner sur des crackers ou un petit pain et le repas se termine soit avec des compotes ou des mousses de fruits avec du caramel ou des amandes, soit avec des gâteaux secs.

Le troisième menu (22 euros) reflète la tradition culinaire italienne avec un plat à base de viande (par exemple des boulettes de poulet) ou de poisson (colin avec une sauce verte ; poulpe) servi avec une purée de légumes (purée de carottes ou d'artichauts ; purée de tomates) et un dessert à la cuillère (crème de cacao aux noisettes ; crème de chocolat gianduia).

[17] La caponata est un plat traditionnel sicilien qui est préparé avec des aubergines, du céleri, des oignons, des tomates, une sauce aigre-douce et du basilic.

Accompagnés de gressins, de petits pains et d'une petite bouteille d'eau minérale, ces menus peuvent être complétés, si les passagers le souhaitent, par une boisson alcoolisée (vin, prosecco, ou bière) ou non (coca-cola) et/ou par un café (café Illy)[18] moyennant le paiement de 2 euros pour chacun de ces suppléments.

Renouvelés tous les quinze jours, les menus sont conçus dans le cadre du programme « Altri pasti per Italo » que la société Eataly a mis en place sous la direction de Carlotta Zanelli[19]. Ils sont élaborés en fonction des saisons car il s'agit d'offrir aux passagers, en particulier à ceux qui effectuent des voyages réguliers, une restauration fidèle au style de la Slow Food, c'est-à-dire fidèle au calendrier des récoltes agricoles et des produits du terroir. Les menus tiennent compte également des spécificités culinaires des régions traversées et des villes desservies par Italo. Variée et offerte à des prix assez abordables, cette restauration a séduit les voyageurs : au cours des douze premiers mois, la moyenne mensuelle des repas servis à bord d'Italo a oscillé entre 2 000 à 2 500, ce qui correspondait presque à l'objectif que s'était fixé NTV[20].

En outre, dans certains trains matinaux (ceux qui n'effectuent pas d'arrêt) les voyageurs des Ambiances Club et Première peuvent prendre jusqu'à 10 heures un petit déjeuner qui, moyennant la somme de 6 €, comprend un croissant, des biscottes, de la confiture et un café express.

À toute heure de la journée, ils sont accueillis avec une boisson et une viennoiserie (sucrée ou salée). Tous les voyageurs peuvent faire une pause casse-croûte (Italo snack) : fougasse et chips accompagnées d'un gâteau composent le casse-croûte salé (8 €) alors que le casse-croûte gourmand (12 €) comprend soit de petites omelettes servies avec du pain sarde (le célèbre pain carasau) et un dessert à la cuillère à base de fruits, soit une salade de céréales, du pain et un gâteau. Une boisson au choix (eau minérale, bière ou coca-cola) accompagne chacun de ces snacks servis eux aussi directement aux voyageurs. Enfin ces derniers peuvent se rendre à l'espace en-cas situé dans la voiture 7 de chaque train où des distributeurs leur permettent d'acheter des bouteilles d'eau et de déguster un café ou une boisson chaude et des en-cas en self-service.

---

18 Ce café de la célèbre entreprise de torréfaction de Trieste est l'un des meilleurs cafés de la Péninsule.

19 C. Zanelli a fait ses études à l'Université de Turin (2001-2005) et elle est entrée au service d'Eataly en 2012.

20 L'entreprise avait prévu de servir 30 000 repas par an.

Figure 1. Un menu Il Tagliere dans l'Italobox

3. Les fournisseurs au service d'Italo

Il s'agit pour la plupart d'entreprises familiales, respectueuses des traditions culinaires des régions où elles sont installées, et fidèles au savoir-faire acquis depuis une ou deux générations. Ce sont aussi des entreprises dont les produits sont sélectionnés par les Sentinelles Slow Food ou estampillés par l'un des labels de qualité précédemment évoqués. Toutes sont donc sollicitées dans le cadre du projet Eataly « D'autres plats pour Italo » et certaines d'entre elles y jouent un rôle de premier plan[21]. Ainsi, les plats de légumes servis dans le cadre des menus Orto et Gustoso sont préparés pour Eataly le plus souvent par l'entreprise artisanale de Beppe et Tiziana Ursini, une entreprise implantée à Fossacesia dans les Abruzzes et célèbre pour ses purées de légumes (pestati), ses manicaretti[22] et ses soupes. Utilisant l'huile d'olive issue des « Terre dell'Abbazia » situées dans les régions de Chieti, Cucco, Leccino Ascolana, Crognalegno, Dritta, elle prépare les plats avec des produits régionaux frais qui, à peine récoltés, sont cuisinés et maintenus sans conservateur (sans acide citrique ou ascorbique), sans conditionnement chimique ni additifs de synthèse, et sans stérilisation. Ils sont cuisinés dans un emballage sous vide et conditionnés selon des techniques nouvelles avec, par exemple, un traitement thermique à très basse température, ou une très légère pasteurisation, dont le secret est bien gardé. C'est Eataly qui transmet à l'entreprise les demandes de la société NTV et l'ingénieur Gianni De Cecco et le chef Ermanno di Paolo, qui est également professeur à l'École hôtelière de Villa Santa Maria[23], conçoivent les recettes originales.

Les plats de viande ou de poisson sont eux aussi servis par différentes entreprises. L'une des plus célèbres est la Dispensa di Amerigo dont les origines remontent à 1996, année durant laquelle Alberto Bettini, troisième descendant de la dynastie des Bettini dont l'ancêtre Amerigo a fondé, en 1934, la célèbre trattoria installée à Savigno, dans la province de Bologne, décide de fonder avec Roberto Zivieri – tous deux ardents défenseurs de la Slow Food – une petite unité de production ayant pour objectif d'offrir sur le marché des produits cuisinés sans recourir à des subterfuges de conservation. L'une des plus récentes est l'entreprise piémontaise La Granda : créée en 2004 et installée à Genola, à quelques kilomètres de Savigliano dans la province de Cuneo[24], elle s'est spécialisée dans la commercialisation de

---

21 D'une façon plus générale, Eataly a favorisé l'essor des entreprises de l'agroalimentaire de la Péninsule et plus particulièrement celles des régions Piémont et Ligurie. Leurs produits présentés sur les étagères et comptoirs des magasins Eataly implantés à l'étranger ont pu ainsi atteindre des marchés qui, jusque-là, leur étaient inaccessibles. Il a également contribué à sauver certains viticulteurs. Cf. Marco Trabucco, « La filiera di Eataly conquista i palati del mondo », *La Repubblica*, 30 giugno 2014.

22 En italien, ce mot désigne tous les bons plats élaborés avec le plus grand soin et très savoureux.

23 Située au cœur des Abruzzes, dans la vallée du Sangro, Villa Santa Maria est une petite ville de la Province de Chieti. C'est là qu'a été fondée dès le XVIIe siècle la première école de cuisine de la Péninsule. Créée en 1968, l'École hôtelière dispose depuis 1976 d'un internat qui lui permet d'accueillir des élèves venus de toute l'Italie.

24 La création de cette entreprise a constitué la suite logique de la fondation, en 1996, du premier Presidio (Sentinelle) Slow Food sur la race bovine piémontaise.

viandes d'excellente qualité et dans la production de conserves de viande, de ragoûts sans conservateur[25]. Les saucissons et salaisons qui entrent dans la composition du Tagliere proviennent notamment de l'entreprise Furlotti installée à Medesano, une localité située à une vingtaine de kilomètres au sud de Parme. Créée en 1963 par Giacomo Furlatti et son associé Camillo Utini, cette société s'est spécialisée dans la production de saucissons, de lard maigre (pancetta), de coppa[26], de mortadelle, de jambon en ayant recours le moins possible aux additifs de synthèse. Elle n'a cessé d'accroître ses activités tout en cherchant à présenter sur le marché soit de nouvelles gammes de pancetta ou de coppa, soit de nouveaux produits dont la qualité est indéniable[27]. La société Palmieri installée depuis les années 1970 à San Prospero[28], ville située à une quinzaine de kilomètres au nord de Modène, est devenue elle aussi l'un des fournisseurs de NTV : c'est elle qui produit la célèbre mortadelle Favola[29] qui entre parfois dans la composition du menu Tagliere.

Les petits pains, les gressins et les desserts (gâteaux secs ; fruits en sirop) sont produits par divers fournisseurs tels que

- Mario Fongo, patron de Il Panaté (surnom des boulangers installés dans les campagnes piémontaises), une boulangerie installée depuis 1945 à Rocchetta Tanaro dans la province d'Asti et célèbre pour ses

25 Les viandes commercialisées et mises en conserve proviennent d'animaux alimentés avec des céréales, des légumineuses et des fourrages issus de l'agriculture biologique.

26 La coppa est une des très anciennes spécialités de la charcuterie produites à Parme et en Émilie-Romagne. Fabriquée à partir de l'échine de porc désossée, elle est aromatisée avec du sel, du poivre, du vin blanc et un peu d'ail avant d'être affinée naturellement pendant plusieurs mois. Elle se déguste le plus souvent en hors-d'œuvre et est servie en tranches très fines.

27 Parmi eux citons les quatre nouveautés qui ont été présentées en 2014 et qui sont fabriquées sans aucun additif et sans gluten : les allumettes de speck (fiammiferi di speck), les timbres de *pancetta* fumée ou non (francobolli di pancetta), la joue de porc. Le pastrami, un saucisson produit originellement par les populations juives qui s'étaient installées en Roumanie, puis par celles qui, à la fin du XIXe siècle, ont migré vers les États-Unis, pays où il a connu un succès sans précédent, a lui aussi été proposé à partir de 2014 : il est fabriqué à partir de la viande de bœuf qui, légèrement fumée et cuite à la vapeur, est aromatisée avec de l'ail, de la coriandre, du poivre noir et du poivre de la Jamaïque, du paprika, des clous de girofle.

28 Les origines de l'entreprise remontent à la fin de la Première Guerre mondiale : c'est en 1919 qu'une première entreprise de salaison a été fondée à Modène par Émilio Palmieri. Implantée à Concordia en 1961, puis à San Prospero à partir de 1977, deux localités situées au nord de Modène, l'entreprise a été victime du tremblement de terre de 2012 et a dû construire un nouvel établissement qui a été inauguré durant l'été 2013.

29 C'est la seule mortadelle qui soit cuite dans une poche faite avec la couenne de porc et cousue à la main. Cette caractéristique, dont l'entreprise Palmieri détient le brevet, permet d'éliminer la graisse lors de la cuisson et d'obtenir un produit de très grande qualité.

Lingue di Suocera (Langues de belle-mère) délicieux pains feuilletés et croustillants, ses amaretti (macarons aux amandes).

- L'Azienda agricola Mariangela Prunotto, une entreprise d'Alba célèbre pour ses fruits au sirop, ses confitures et son miel issus de l'agriculture biologique.
- Golosi di Salute, (Gourmands de Santé) de Luca Montersino. Né à Turin en 1973, Montersino a reçu une formation de chef cuisinier et, après un séjour d'un an en Californie au service d'un restaurant italo-américain, il a exercé les fonctions de professeur et de directeur de l'Istituto Superiore Arti Culinarie Étoile (Institut supérieur des arts culinaires étoile)[30] de 2000 à 2004, une expérience au lendemain de laquelle il a fondé son propre laboratoire de pâtisserie à Monticello d'Alba et a ouvert une pâtisserie à Alba. Soucieux de produire des gâteaux pour tous et variés, il a eu recours à des ingrédients particuliers tels que le kamut, l'épeautre, l'enkir, les sucres alternatifs au sucre blanc (sucre de canne ; sucre de pomme), l'huile d'olive. Parvenu progressivement à la célébrité grâce à la qualité de ses gâteaux[31], à sa participation à de nombreuses émissions télévisées et à la publication de nombreux livres de cuisine[32], il a été sollicité par O. Farinetti pour ouvrir une pâtisserie dans le magasin Eataly de New York. Les voyageurs d'Italo peuvent savourer plusieurs spécialités produites à Monticello d'Alba : les frollini à la noix de coco et au sésame qui sont parfumés à la cannelle ; les siamesi (siamois) qui correspondent aux traditionnels baci di dama (baisers de dame), une spécialité de la ville de Tortona (Piémont) ; les krumini ; les anellini[33] ; les enkirotti et les meligotti[34].

---

[30] Cette École supérieure de cuisine très renommée avait été fondée par Rossano Boscolo en 1985. Installée à Sottomarina di Chioggia, elle a été transférée en 2010 à Tuscania, une petite ville du Latium située à une vingtaine de kilomètres de Viterbe.

[31] Le succès de Golosi di Salute n'a pas été immédiat ; certains adeptes de la pâtisserie traditionnelle ont contesté les choix de Montersino en affirmant que ce type de pâtisserie ne pouvait qu'être réservé à des clients malades ou allergiques !

[32] Parmi ces ouvrages, citons : *Le dolci tentazioni Viaggio goloso nella pasticceria sana e buona*, Milano, Rizzoli, 2010 ; *Peccati di gola*, Roma, LT Editore, 2010 ; *Golosi di salute*, Milano, Rizzoli, 2011 ; *Peccati al cioccolato*, Roma, Lt Editore, 2011 ; *Ghiotte crostate. Dolci al cioccolato*, Roma, Lt Editore, 2013, ouvrage vendu avec 2 DVD ; *Le mie torte salate*, Parma, Food Editore, 2013 ; *La mia dolce vita, Le mie ricette di cuore e di pasticceria*, Parma, Food Editore, 2014.

[33] Ces trois types de gâteaux secs sont à base de farine de riz. Les siamesi, faits avec des noisettes, des amandes et du sucre de canne, sont réunis par une fine couche de chocolat noir, d'où leur nom. Les krumini sont faits avec du beurre, du lait, des œufs et du miel ; les anellini sont préparés avec du sucre, du chocolat et du café.

[34] Comme leur nom le laisse deviner, les enkirotti sont faits avec de l'enkir, du beurre, du sucre et des œufs ; les meligotti sont préparés avec de la farine de maïs sans adjonction de sucre et sont parfumés au citron.

- La Talpina, une entreprise artisanale installée à Genola[35], célèbre pour ses quaquare di Genola[36] et les baci di dama.
- Forno Fratelli Collivasone de Parona, une entreprise de boulangerie dont les origines remontent à la fin du XIXe siècle et qui, à la fin des années 1950, s'est orientée vers la production de gâteaux secs qui l'ont rendue célèbre et au premier rang desquels figurent les célèbres offelle de Parona[37].
- Agricola del Sole (Agricole du Soleil), une société installée dans les Pouilles à Corato, une localité située à quelques kilomètres de Bari. Cette entreprise fait partie du Groupe Casillo qui, spécialisé avant tout dans la production de farine de blé dur et fournisseur des grandes entreprises de l'agroalimentaire de la Péninsule (Barilla ; De Cecco ; Colussi ; Granoro)[38], a réussi parallèlement à diversifier ses activités en favorisant la création de sociétés produisant d'autres aliments méditerranéens (huile d'olive ; pâtes ; vin ; fruits). Agricola del Sole est non seulement renommée pour la production de l'huile d'olive dite Coratina et de vins, mais aussi pour la fabrication de pâtes, de confitures, et de produits de boulangerie typiques de la région de Murgia tels que les chianchette (amuse-bouche faits avec de la farine de blé dur et parfumés au fenouil sauvage)[39], et les semolotti dont la recette revient à L. Montersino[40].

---

[35] Genola est une petite localité de la Province de Cuneo, située à l'ouest des Langhe, à quelques kilomètres au sud de Savigliano.

[36] Ce sont des gâteaux secs à base de pâte brisée : préparés avec de la farine de blé dur, ils sont parfumés avec des zestes de citron.

[37] Ce sont des gâteaux secs faits avec de la farine, du sucre, des œufs et de l'huile d'olive. Ils constituent depuis la fin du XIXe siècle l'une des spécialités des campagnes lombardes de la Lomellina et notamment de Parona, une localité située au nord de Mortara.

[38] Les origines du groupe Casillo remontent à 1958, année durant laquelle Francesco Casillo fonde à Corato (localité des Pouilles située à une quarantaine de kilomètres de Bari) une petite entreprise de meunerie qu'il confie à son fils Vincenzo. Spécialisée dans la production de farine de blé dur, l'entreprise n'a cessé de se développer au point de constituer, au début des années 1990, un véritable groupe industriel. Disposant de dix établissements répartis dans quatre régions (Pouilles, Sicile ; Lombardie et Toscane), le groupe se situe désormais au premier rang sur le marché de la transformation et de la commercialisation du blé dur, principal ingrédient pour la production des pâtes (fraîches ou non) et du pain.

[39] Le nom chianchette vient du nom donné aux pierres plates (chianche) utilisées pour le pavement des rues et la construction des murs en pierre sèche dans les localités et la campagne de la région de Murgia.

[40] Les semolotti sont préparés avec de la farine de blé dur, des amandes et ils sont parfumés à la vanille.

4. Un défi relevé par Trenitalia

En choisissant d'introduire à bord d'Italo une restauration de qualité, conforme dans la plupart des cas aux concepts de la Slow Food[41], NTV a rompu avec le passé. Dans un Pays où le consommateur est très sensible à l'hygiène alimentaire et à la fraîcheur des produits, cette nouvelle conception de la restauration ferroviaire que l'administrateur délégué Sciarrone qualifiait de « révolutionnaire »[42] et qui a été présentée bien avant la mise en circulation d'Italo allait constituer « un target de référence qui sera évidemment de haut niveau »[43] et qui, aux yeux de certains observateurs, devait « contraindre Trenitalia à des ripostes »[44].

Celles-ci ont eu lieu très rapidement. Dans une note datée du 24 novembre 2011 et publiée quelques jours seulement avant la présentation officielle du train Italo[45], les Ferrovie dello Stato italiane annoncent l'arrivée sur les lignes à grande vitesse du nouveau train Frecciarossa[46] qui, avec la disparition de la première et de la seconde classe, offre aux voyageurs une nouvelle répartition des espaces semblable à celle proposée par NTV et correspondant à quatre nouveaux types de service à savoir : Standard, Premium, Business et Executive[47]. Mis en service dès le 25 novembre

---

41 O. Farinetti s'est toujours déclaré « contraire au concept du kilomètre zéro au sens radical du terme », concept cher aux défenseurs de la slow food – et il a toujours préconisé la commercialisation et l'échange des produits d'excellence même si ceux-ci proviennent de terres lointaines ou vont vers des marchés lointains.

42 F. Caleri, « I treni di NTV partono a fine anno. A bordo il pranzo lo serve Eataly », *Il Tempo*, 19 mai 2011.

43 Propos de l'économiste Carlo Scarpa cités dans Giuseppe Cordasco, « Ferrovie, Montezemolo da aprile lancia la sfida a Trenitalia », *Panorama*, 27 mars 2012.

44 *Id.*

45 C'est le 13 décembre 2011, jour de l'inauguration du centre de maintenance implanté à Nola que NTV a présenté Italo.

46 Conçu à la fin des années 1980 et modifié au cours de la décennie suivante, ce type de train à très grande vitesse a reçu ce nom à l'occasion de l'inauguration du tronçon à très grande vitesse Milan – Bologne le 14 décembre 2008.

47 Les cinq voitures de l'espace Standard comprennent 272 sièges et les tarifs sont légèrement inférieurs à ceux de l'ancienne seconde classe ; l'espace Premium où les voyageurs bénéficient d'un plus grand confort dispose de 134 sièges (en cuir) répartis dans deux voitures situées au centre du train ; l'espace Business, héritier de l'ancienne première classe et conçu avant tout pour les passagers qui se déplacent pour des raisons professionnelles, comprend 159 sièges : distribués dans trois voitures et demie, huit d'entre eux, situés dans la troisième voiture, constituent deux petits salons, et un espace silencieux où les téléphones portables sont interdits est réservé aux voyageurs placés dans la première voiture ; enfin l'espace Executive situé également dans cette voiture constitue la grande nouveauté de Frecciarossa *:* il ne comprend que 8 sièges extrêmement confortables et il dispose d'une grande salle de réunion où six passagers peuvent venir s'asseoir et se retrouver ainsi autour d'une table pour discuter en toute

entre Naples, Rome et Milan, puis sur les autres lignes, ce nouveau train a offert, dans un premier temps, un service de restauration traditionnel avec le maintien de la voiture-bar-restaurant située au milieu du train afin d'être équidistante des autres voitures. Les plats préparés à terre par l'entreprise Treno Servizi Integrati du groupe Accor étaient assez variés : réchauffés à bord des trains ou servis froids, il s'agit d'entrées (primi) qui sont des plats de pâtes ou de riz, de plats de résistance (secondi) à base de viande ou de poisson et accompagnés de légumes. Conçus par Gianfranco Vissani, un chef cuisinier dont la notoriété née dans les années 1980 n'a fait que se consolider grâce à son talent et à sa participation à de nombreuses émissions radiophoniques et télévisées[48], ils étaient modifiés en fonction des saisons, et élaborés à partir de produits alimentaires d'origine italienne, garantis par les labels DOC et IGP. Ils devaient ainsi conjuguer la créativité de G. Vissani à la valorisation des produits alimentaires et à l'originalité des saveurs. Les voyageurs ayant acheté des billets Premium ou Business devaient aller dans le wagon-restaurant pour les consommer et seuls les huit passagers ayant choisi le service Executive étaient servis à leur place. Précisons que les voyageurs Premium étaient accueillis par une boisson de bienvenue, alors que ceux de Business avaient droit non seulement à des boissons mais aussi à des produits frais. À ceux qui ont opté pour le service Executive, Trenitalia a prévu de proposer des en-cas et des boissons durant le voyage. Les passagers Standard devaient se contenter d'acheter des boissons (froides ou chaudes), des sandwichs ou des en-cas proposés par un service de vente ambulante car ils n'avaient pas accès au wagon-restaurant, mais cette exclusion, qui n'a pas manqué de susciter de vives polémiques, a été vite supprimée.

À partir de l'été 2014, au terme du contrat qui les liait au groupe Accor, les Ferrovie dello Stato ont confié le service de restauration à la société Itinere et l'élaboration des menus à Carlo Cracco, un chef cuisinier tout aussi

intimité ; ils peuvent également organiser des vidéo-conférences. Cf. Ferrovie dello Stato italiane, « 4 nuovi livelli di servizio », *Nota stampa*, Naples, 24 novembre 2011.

48 Né en 1951 à Cittadella del Lago, une petite ville située dans la Province de Terni en Ombrie, il a fréquenté l'École hôtelière de Spolète avant de compléter et d'approfondir sa formation dans quelques grands restaurants de luxe de la Péninsule, en particulier à l'Excelsior de Venise, au Miramonti Majestic de Cortina d'Ampezzo. Ces expériences lui ont permis de relever en 1973-1974 le restaurant que ses parents avaient ouvert dix ans plus tôt à Baschi sur le lac de Corbara non loin de sa ville natale. La qualité de sa cuisine a été rapidement appréciée et reconnue par tous les guides gastronomiques. Ayant obtenu deux étoiles au Guide Michelin en 1996, il a été le promoteur d'une cuisine de très grande qualité grâce non seulement aux nombreuses leçons qu'il a données à travers le monde et à sa présence aux émissions de la RAI, mais aussi à ses nombreux ouvrages de divulgation.

réputé et populaire auprès du grand public que G. Vissani[49]. L'organisation proprement dite du service de restauration n'a pas été modifiée puisque le wagon-restaurant a été maintenu pour accueillir d'une manière très confortable les voyageurs Premium et Business, mais le nom des menus proposés et le service dit EasyFood s'inspirent des choix faits par NTV et Eataly. Cracco a conçu quatre menus dits menus gourmet qui tiennent compte des traditions régionales et dont l'appellation rappelle celle des menus proposés à bord d'Italo. Pour la somme de 25 euros, le Goloso (Gourmand) est le plus complet : il comprend une entrée (le traditionnel primo : plat de pâtes ou de riz), un plat de résistance (secondo) à base de viande ou de poisson, un dessert ou un fruit et un café. L'Unico est identique mais moins cher (21 euros) car le voyageur ne consomme que l'entrée ou le plat de résistance. Le Delicato (19 euros) correspond à un seul plat de résistance et le Contadino (Paysan) – 16 euros – offre une sélection de tranches de saucissons et de fromages ou une maxi-salade[50]. Tous ces menus sont servis avec du pain frais et une petite bouteille d'eau minérale, mais une carte de vins DOC et DOCG et de bières artisanales d'origine

---

49 Né à Vicence en 1965, C. Cracco a fait ses études à l'Institut Pellegrino Artusi de Recoaro Terme. Il a commencé sa carrière à Milan en 1986 auprès du restaurant que Gualterio Marchesi avait ouvert en 1977, et qui venait d'obtenir une première étoile du Guide Michelin. Après un détour par Savone, il a pu perfectionner sa formation auprès d'Alain Ducasse (restaurant Louis XV à Monte Carlo) et d'Alain Senderens (restaurant Lucas Carton à Paris) avant de devenir le premier chef de la très célèbre Enoteca Pinchiorri, restaurant que la Française Annie Féolde et son mari Giorgio Pinchiorri avaient ouvert à Florence en 1979 et qui avait obtenu en 1982 puis en 1983 une première et une deuxième étoile au Guide Michelin. Cracco a commencé à forger sa réputation lors de son séjour dans la capitale toscane puisque l'Enoteca a obtenu une troisième étoile en 1993 qu'elle a perdue en 1994. Cette année-là, Cracco a été appelé à nouveau par G. Marchesi qui venait d'ouvrir le restaurant L'Albereta à Erbusco dans les environs de Brescia. Trois ans plus tard, il a ouvert à Piobesi d'Alba son premier restaurant (Le Clivie) qui, dès 1997, a obtenu sa première étoile Michelin. En 2001, il a été sollicité par la famille Stoppani, propriétaire à Milan du célèbre magasin de gastronomie Peck, pour ouvrir un restaurant (Cracco Peck) récompensé par deux étoiles Michelin en 2004 et dont il est devenu le seul propriétaire en 2007. En 2012, il a été chargé par la famille Trussardi de relever le restaurant du même nom à la Scala, et il est devenu responsable de la conception des menus offerts aux passagers voyageant en 1re classe et en Business classe à bord des avions de la compagnie Singapour Airlines. Plus récemment, en février 2014, il a ouvert un « bistrot restaurant » installé dans une ancienne scierie (d'où son nom Carlo e Camilla in Segheria) dans le quartier des Navigli à Milan. Depuis septembre 2011, date de la diffusion en Italie de la célèbre émission télévisée MasterChef conçue en 1990 par le Britannique F. Roddam pour la BBC et développée à travers de nombreux pays, il est devenu l'un des jurés aux côtés de ses collègues Bruno Barbieri et Joseph Bastianich. C'est sans aucun doute ce rôle qui l'a rendu très populaire car jusqu'à cette date, ses apparitions à la télévision étaient restées très sporadiques.

50 Un menu végétarien et un menu pour les enfants de moins de 12 ans avec un plat de pâtes ou un plat de viande ou de poisson sont également proposés.

italienne est proposée aux voyageurs désireux de consommer une boisson alcoolisée moyennant un supplément de prix. Le café offert aux voyageurs dans le cadre de chacun des menus ou en guise de bienvenue à bord est le même que celui offert aux passagers d'Italo puisqu'il s'agit du café Illy.

Avec la formule de l'EasyFood conçue pour les trains Freccebianca[51] qui, contrairement aux trains Freccerossa, n'ont pas de wagon-restaurant, Itinere a conçu trois types de menus : le breakfast, le snack et le meal. Pour la somme de 4 €, le premier comprend un café, un jus de fruit, un croissant et des gâteaux secs ; le snack (5,50 €) se compose d'un sandwich (tramezzino), d'un dessert et d'une petite eau minérale ; le meal (9 €) correspond au snack auquel viennent s'ajouter des parts de fromages. Tous sont présentés dans un EasyPack semblable à l'Italobox ; cela permet au personnel d'Itinere de servir directement les voyageurs qui en ont fait la demande et qui n'ont pas ainsi besoin de se déplacer.

Quelques remarques conclusives

Il est incontestable que l'arrivée d'Italo sur les lignes à grande vitesse de la Péninsule a constitué un véritable défi aux Ferrovie dello Stato. Ce nouveau venu a contraint celles-ci non seulement à modifier les espaces voyageurs et la tarification sur le plus prestigieux de leurs trains – la Frecciarossa – mais aussi à rechercher des formules de restauration visant à améliorer la qualité des plats et des en-cas proposés aux voyageurs. Il n'est pas surprenant que dans un pays où la qualité de la cuisine et de la restauration est l'une des meilleures du monde, cette question des services de restauration ferroviaire ait été l'une des préoccupations des deux opérateurs. Leur stratégie différente a cependant le même objectif : restituer le plaisir de manger à bord des trains. Mais la « bataille du goût »[52] qui les a opposés depuis 2012 s'est déroulée aux dépens des Ferrovie dello Stato car les offres proposées par Italo ont été de meilleure qualité même si, aux yeux de beaucoup, les différents menus qui faisaient la joie des papilles gustatives des voyageurs laissaient sur leur faim ceux qui avaient un bon appétit. Ce constat qui a conduit certains spécialistes de la gastronomie à affirmer que la restauration à bord d'Italo était diététique et permettait de maigrir[53] n'est sans doute plus d'actualité pour les passagers ayant choisi

---

51 Ces trains qui comprennent les traditionnelles voitures de 1re et de 2e classe circulent sur les lignes à très grande vitesse avec des pointes de 250 km/h, et sur les lignes classiques : ils relient Rome aux principales agglomérations situées dans le nord-est et dans le sud de la Péninsule.

52 « In carozza è sfida anche sui menu », *Il Sole 24 Ore*, 9 janvier 2012.

53 « Italo, con il box Eataly dimagrisci », *Puntarellarossa*, 28 avril 2012.

de voyager dans les Ambiances Club et Prima des trains Italo desservant les trois principales villes de la Péninsule : Rome, Milan et Naples. En fonction d'un accord conclu en 2014 avec le catering LSG Sky Chefs, l'un des leaders mondiaux de la restauration aérienne et ferroviaire, NTV a introduit au 1er janvier 2015 une restauration plus traditionnelle. Les repas servis sur un plateau sont préparés dans les établissements que LSG Sky Chefs possède près des aéroports de Milan Malpensa et de Rome Fiumicino et ils sont livrés la nuit dans les gares concernées. L'avenir nous dira si ce service de restauration réussira à remettre en cause sur l'ensemble des trains Italo le type de restauration de qualité proposé par Eataly mais jugé souvent trop coûteux[54]…

[54] Dongo, D., « Eataly e Italo, un menu leggero per allegerire il portafoglio », *Il fatto alimentare*, 30 août 2012

Los servicios de restauración ferroviaria en España, 1848-1970

Ana Cabanes Martin, Miguel Munoz Rubio

Fundación de los Ferrocarriles Españoles

Como la historiografía ha puesto de relieve, el ferrocarril incidió sobre una multitud de aspectos con tal entidad que acabó convirtiéndose en un factor determinante a la hora de configurar el mundo actual. La mayoría de ellos han sido objeto de estudio en España[1], sin embargo, los que hacen referencia a la alimentación siguen constituyendo una asignatura pendiente de nuestra investigación. Esta ausencia cobra aún mayor relieve si tenemos presente que el estudio de las prácticas alimentarias, a través de sus aspectos materiales, sociales y simbólicos, se ha consolidado como una parte destacada de la Antropología cultural. En España, los investigadores, generalmente organizados en grupos multidisciplinares, también han abordado esta temática y, aunque lo hicieron con retraso respecto al resto de Europa, ya han consolidado en la actualidad un campo de estudio específico.

Estos estudios han venido demostrando que la alimentación actúa como una realidad compleja que permite observar, conocer y comprender cómo se han articulado diferentes realidades de nuestra moderna sociedad desde unas perspectivas sociales, económicas y culturales[2]. El ferrocarril no es una excepción ya que, como la Historia económica ha demostrado, tuvo una influencia determinante sobre los hábitos nutricionales al hacer posible la distribución de alimentos de una forma sustancialmente distinta a la prexistente. No queremos decir que antes de su llegada no formasen parte de la dieta de los españoles todos los productos

---

1 Para ello, la monografía Comin, F., Martín Aceña, P., Muñoz Rubio, M., y Vidal Olivares, J., *150 Años de Historia de los Ferrocarriles Españoles*, Madrid, Anaya y FFE, 1998. Y para una aproximación a la historiografía en España, Muñoz Rubio, M., y Vidal Olivares, J., «Los Ferrocarriles en la historiografía española», Madrid, *TST* no. 1, pp. 81-111, 2001.

2 García Arnaiz, M., «Alimentación y cultura en España: una aproximación desde la antropología social», Río de Janeiro, Physsis, *Revista de Saùde Colectiva*, 20. 2: pp. 357-386, 2010.

alimenticios que el sector agrario pudiera aportar. Lo que queremos decir es que, a partir de entonces, lo hicieron en unas cantidades tales que fueron modificando la dieta e hicieron posible tanto el crecimiento demográfico que experimentó España durante este periodo como su desarrollo urbano[3]. Tal vez uno de los ejemplos más claro de ello sea lo que aconteció con la ingesta de carne fresca. Sirvan tan sólo unos datos para ilustrar esto último.

La población total pasó en España de 15,6 millones en 1860 a 18,6 en 1900 y a 23,6 millones en 1930; y la urbana creció de 3,5 millones en 1860 a 8,7 millones en 1930. Estos fenómenos, ciertamente asombrosos para un país que no había sido capaz de experimentar un avance demográfico significativo durante la Edad Moderna, conllevó un incremento sustancial de la ingesta de proteínas de origen animal. La única estimación global disponible indica que el consumo urbano de carne útil pasó de un promedio anual de 29,1 kilos por habitante en 1891 a 31,1 en 1929 y el rural de 12 kilos a 21,9[4]. Tal vez resulte más concluyente considerar los casos de las dos ciudades más pobladas. En Barcelona el consumo de carne fresca por habitante y año pasó de 29,96 kg en 1870 a 46,5 en 1900, mientras en 1914 se situó en 52,12[5]; lo que comportó que la demanda absoluta pasara de 6,1 t en 1870 a 17,6 en 1900 y a 23,1 en 1914. Y en Madrid, gracias a que había ido ampliando su área de aprovisionamiento, ya se podía acudir, cuando finalizaba el siglo XVIII, a un mercado nacional de ganado capaz de satisfacer su demanda de carne fresca[6]. Pero el despegue se produjo gracias a la llegada del ferrocarril puesto que su consumo absoluto pasó de 2,5 millones de libras en 1590 a 12 en 1796 y a 21,8 en 1848. Si, por tanto, el consumo alcanzó en 1900 las 17.773 t[7], se puede estimar que creció, entre 1848 y este año,

---

3 Para este asunto véase, también, el reciente trabajo de Gallego Martínez, D., «Obstáculos comerciales a la transición nutricional en la España de comienzos del siglo XX», DT-AEHE no. 1421, www.aehe.net, ISSN 21744912, 2014.

4 Grupo de Estudios de Historia Rural, «Contribución al análisis histórico de la ganadería española, 1865-1929», en Garrabou y Sanz (eds.) (1985a), pp. 229-278, 1985; Martínez López, A., «El consumo de carne como posible indicador del nivel de vida en la España rural, 1891-1934», Salamanca, VIII Congreso de Historia Agraria, Preactas, Universidad de Salamanca, pp. 130-141, 1997; y Vidal Olivares, J., «El transporte de ganados a través del ferrocarril: un indicador de la modernización agraria en el País Valenciano, 1850-1914», *Áreas*, pp. 215-222, 1990.

5 Roser, N., y Pujol, J., *Ciudades y proteínas: Barcelona, 1870-1930*, (s.f.), p. 4.

6 Sanz, B., Ubaldo, J., *No sólo de Pan. Ganadería, abastecimiento y consumo de carne en Madrid (1450-1805)*, Madrid, Universidad Autónoma de Madrid. Facultad de Filosofía y Letras, 1997.

7 Para esta ciudad, durante el primer tercio del siglo XX, Gómez Mendoza, A.; y Simpson, J., «El consumo de carne en Madrid durante el primer tercio del siglo xx», Madrid, *Moneda y Crédito* 186, pp. 57-91, 1988.

en torno a un 80 %; para hacerlo, entre 1900 y 1914, en un 28,5 % y, entre 1914 y 1930, en un 20,2 %.

La información disponible viene a confirmar, en suma, que la evolución de la población y el crecimiento de la renta coadyuvaron al crecimiento del consumo de carne fresca y que si no hubiese existido una oferta de movilidad como la ferroviaria, estos fenómenos hubiesen fracasado con toda seguridad. No es casualidad alguna que, por un lado, el tráfico ferroviario de ganado vivo realizado por las compañías españolas pasara, entre 1873 y 1929, de 52.241 a 565.591 toneladas, es decir, se multiplicara por un factor de 10,8. Y, por otro, que sus flujos demuestren como fue capaz de conformar rápidamente relaciones que abastecían a los principales núcleos de consumo con regularidad y eficacia con carne procedente de las principales regiones productoras, es decir bovina de Galicia, ovina de Castilla y porcino procedente de Extremadura[8].

Pero el ferrocarril dio lugar, también, a unas culturas alimenticia y culinaria propias que se desarrollaron *ex novo* en las estaciones y a bordo de los trenes. El presente texto pretende ser, en definitiva, una primera y modesta aproximación al estudio de la relación que se produjo, entre 1848 y la primera mitad del siglo XX, entre este sistema de transporte y la alimentación a través de estas dos realidades[9].

1. La alimentación ferroviaria en las estaciones

Aunque no dejaran de constituir una cuestión singular, los fastuosos banquetes que acompañaron a las inauguraciones de las líneas ferroviarias acabaron siendo una especie de presagio de la contribución ferroviaria a la alimentación.

Un primer ejemplo fue la inauguración en 1851 de la línea Madrid-Aranjuez, cuyo ostentoso banquete podría justificarse porque corrió a cargo de la misma reina Isabel II, pero no menos relevante resultó que en esta localidad ribereña se ubicase el palacio real. José de Castro y Serrano en *La Capitana Cook. Estudio de viajes* recogió con precisa narrativa el acontecimiento:

«Está listo el camino desde Madrid hasta Aranjuez. Dicen que la Reina va a venir a inaugurarlo, y cuando exponen a la reina es señal de que no

8 Muñoz Rubio, M., «El transporte ferroviario de ganado y el mercado entre 1848 y 1913», *Revista de Historia Agraria* no. 67, pp. 79-109, diciembre de 2015.

9 Para Europa es interesante el monográfico «Approvisionnement ferroviaire et pratiques alimentaires des citadins», *Revue d'historie des chemins de fer*, no. 41, 2010.

hay peligro. Se espera un convoy de botellas de vino de Francia, y jamones y pavos, porque dicen que estos caminos se abren comiendo»[10].

Algo parecido podemos encontrar en la inauguración de la línea León-Gijón el 15 de agosto de 1884:

«La comida, servida por Lardhy[11], de Madrid, dicen que fue espléndida y delicadamente presentada, habiendo costado 180 pesetas cada cubierto. Brindó M. Donon, en francés, y le contesto el Rey de España en el mismo idioma extranjero»[12].

Las crónicas periodísticas y la literatura, que se convirtieron en fuentes documentales tan imprescindibles como insustituibles de estos hechos[13], permiten comprobar cómo muy pronto la cultura alimentaria quedó asociada el propio viaje sin que, en algunos casos, quedara justificado. Si no cómo explicar que en el trayecto Madrid-Aranjuez, cuya distancia de 42 kilómetros se recorría en 1,33 horas, uno de los personajes de la obra anteriormente citada llevara acopio para ello: «Doña María escribió su lista en un papel entrelargo, y decía así, despedirme de los primos de Gabriel. Comprar una libra de salchichón. Decir al panadero que traiga esta tarde dos panecillos más…Comprar seis naranjas de cáscara fina».

Pero lo cierto es que la complicada geografía de la Península Ibérica hizo que la mayoría de las relaciones ferroviarias durasen muchas horas, como, por ejemplo, ocurría en 1867 entre Madrid y Barcelona, trayecto en el que el viaje alcanzaba las 24,50 horas, o entre Madrid y Córdoba con 16 horas, que se alargaban hasta 22 si se continuaba hasta Sevilla. La duración de los viajes en los trayectos largos hizo imprescindible, en suma, que se configurasen servicios en las estaciones y a bordo de los trenes para satisfacer la demanda alimentaria de los viajeros.

---

10 Castro y Serrano, J., de, *La Capitana Cook. Estudio de viajes*, Madrid, Imprenta de T. Fortanet, 1871, p. 43.

11 Lhardy es un histórico restaurante madrileño fundado en el año 1837 por Emilio Huguenin, de origen franco suizo, había sido reportero en Bésançon, cocinero en París y *restaurateur* con establecimiento propio en Burdeos, centro de los desterrados españoles. El restaurante ubicado en la Carrera de San Jerónimo se convirtió en un establecimiento de lujo y en un escenario histórico y literario de Madrid. En la actualidad sigue ubicado en el mismo local y prestando sus servicios con la misma calidad.

12 Texto extraído de «Dos inauguraciones importantes. El surexpreso París-Madrid, el tren más lujoso en 1877. El ferrocarril León-Gijón la línea más difícil de España», en *Metalurgia y electricidad*, no. 134, 1948, pp. 58-59.

13 Para la relación entre ferrocarril y literatura véase Ponce, J.-C., *Literatura y ferrocarril en España*, Madrid, FFE, 1996. De su antología proceden muchas de las citas utilizadas.

En el caso de las estaciones, la literatura captó este fenómeno y rápidamente se hizo eco de una voz claramente identificadora de un hecho tan propiamente ferroviario como era «¡Medina¡ ¡Parada y fonda¡ ¡Cambian de tren los viajeros para Zamora y Salamanca¡ –gritó el mozo de estación»[14]. La falta de este recurso llegó a ser considerado como algo negativo a juicio de Benito Pérez Galdós cuando en su *Doña Perfecta* llegaba a bautizar a una de ellas como Villahorrenda. También Emilia Pardo Bazán lo recogió con su habitual maestría en *Un viaje de novios*:

> Sentarónse a la mesa dispuesta para los viajeros, mesa trivial, sellada por la vulgar promiscuidad que en ella se establecía a todas horas; muy larga y cubierta del hule y cercada como la gallina de sus polluelos, de otras mesitas chicas, con servicio de té, de café y de chocolate [...]– Trajéronles la comida invariable de los fondines: sopa de hierbas, chuletas esparrilladas, secos alones de pollo, algún pescado recaliente, jamón frío en magrísimas lonjas, queso y frutas[15].

Crítica que también extendió en la misma obra a las cantinas:

> –Bajémonos: beberá usted en la fonda –respondió Arteguí, a quien el imprevisto suceso comenzaba sacar de su abstracción. Y saltando el primero, ofreció el brazo a Lucía, que se apoyó sin ceremonias, y a impulsos de la sed, echó a correr hacía la cantina, donde algunas botellas empezadas, naranjas a medio exprimir, tarros de horchata y jarabe, frasquitos de azahar, se disputaban un mostrador cubierto de zinc y unos estantes pintados de amarillo[16].

Y, por último, cabe destacar que los diccionarios ferroviarios decimonónicos también proporcionan información al respecto:

> en determinadas estaciones, generalmente de 1ª clase o de empalme, hay establecidas fondas o restaurants, donde por el precio de una tarifa fijada de antemano en la concesión de los mismos, pueden los viajeros y empleados atender a su alimentación. Al efecto, las compañías procuran que los trenes tengan parada suficiente en las estaciones provistas de fondas. La concesión de las fondas, restaurants o cantinas se hace por las compañías en virtud de convenios donde se fijan las tarifas, el canon que han de satisfacer los concesionarios y demás condiciones para su explotación[17].

---

14 Alarcón, A., de, *Viajes por España*, Sevilla, Ed. Facsímil. Sevilla, Extramuros, 2007, p. 88.

15 Pardo Bazán, E., Un viaje de novios, Labor, Barcelona, 1971, pp. 99-100.

16 Pardo Bazán, E., *idem*, pp. 119-120.

17 González de las Cuevas, J., *Diccionario general de ferrocarriles, legislativo, administrativo, técnico y comercial*, Madrid, Tip. Manuel Minuesa, 1887, p. 193.

En todas las estaciones de 1ª clase, en algunas de 2ª y en aquellas otras que bifurcan dos o más líneas, suele haber fondas, restaurants o cafés en donde los viajeros, aprovechando las paradas de los trenes, entran a tomar un refrigerio[18].

Pero es, sin duda, la documentación ferroviaria la que nos proporciona la mejor información para conocer con más certeza la entidad que adquirió este fenómeno. Los pliegos de condiciones de concesión de este servicio diferencian estos establecimientos, según su importancia, entre fondas, cafés y cantinas en unos casos; y entre cantinas, fondas y restaurantes en otros. Y las cartas de las fondas y de las cantinas de las diferentes estaciones, tanto de la Compañía de los Ferrocarriles de Madrid a Zaragoza y a Alicante (en adelante MZA) como de la Compañía de los Caminos de Hierro del Norte (en adelante Norte)[19], hacen posible deducir sus diferencias. Según éstas, en las fondas únicamente se ofrecían almuerzos y comidas, especificando además el hecho de ser en mesa; mientras que en las cantinas se ofrecían, básicamente, bebidas, comidas frías, embutidos, bocadillos y tortillas[20]. En definitiva, podemos concluir que la diferencia entre las cantinas y las fondas residía en que mientras las primeras sólo ofrecían bebidas y algunos comestibles, las segundas ofertaban servicios de comida en mesas[21].

---

18 Vicente Garcés, B., *Diccionario razonado, legislativo y práctico de los ferro-carriles españoles*, Madrid, Imp. del Indicador de los Caminos de Hierro, 1869, p. 237.

19 La red ferroviaria española de ámbito nacional fue explotada por empresas privadas que acabaron concentrándose en un número reducido de ellas. Las más importantes fueron la Compañía de los Ferrocarriles de Madrid a Zaragoza y a Alicante, la Compañía de los Caminos de Hierro del Norte de España, la Compañía de los Ferrocarriles Andaluces y la Compañía de los Ferrocarriles de Madrid a Cáceres y Portugal. Tras la guerra civil de 1936, el régimen franquista nacionalizó estos ferrocarriles y creó la empresa pública Red Nacional de los Ferrocarriles Españoles (Renfe) para que explotase dicha red ferroviaria cuyo ancho de vía era 1,67 m. En España existirán, también, varias líneas de ámbito regional o local, cuyos anchos de vía eran inferiores a la anterior, y que, igualmente, pasaron a ser explotadas por el Estado a través de otras instituciones.

20 AHF_S-0408-002 / AHF_W-0119-006.

21 El diccionario de la Real Academia de la Lengua Española viene a ratificar esta conclusión ya que define cantina como un «puesto público en que se venden bebidas y algunos comestibles» y fonda como un «establecimiento público, de categoría inferior a la del hotel, o de tipo más antiguo, donde se da hospedaje y se sirven comidas».

Imagen 1. Tarifas para el servicio de las fondas de la compañía del Norte de 1921

CAMINOS DE HIERRO DEL NORTE

SERVICIO DE FONDAS

TARIFA

MESA REDONDA

Almuerzo: Compuesto de tres platos, postre, pan y media botella de vino. . . . . **4, »**

Comida: Compuesta de una sopa, cuatro platos, un dulce, postre, pan y media botella de vino. **4,50**

PRECIOS de los artículos de consumo pedidos por lista.

Chocolate, té, café.	Ptas. Cts.
Chocolate con pan.	0,75
Id. con tostada.	1,25
Id. con bizcochos y bolado.	1,25
Té con leche.	0,50
Id. con tostada.	1, »
Café con leche o sin ella. . . . . . (taza).	0,50
Id. id. con tostada o pan con mantequilla. . . . . (bol).	1,25
Sopas.	
Un caldo o una sopa (varias clases). . .	0,75
Fiambres, entradas, asados y legumbres.	
Cuarto de pollo asado o en salsa.	2,25
Media perdiz asada o en salsa.	2,25
Solomillo. . . . . (ración).	1,75
Ternera mechada, ración de 100 gramos .	1,50
Pierna de carnero. . . . . (ración).	1,25
Salchichón, ración de 100 gramos.	1,50
Lengua al natural, íd	1,50
Id a la escarlata, íd.	1,75
Jamón crudo, íd.	1,50
Id. en dulce, íd.	2, »
Galantina. . . . . (ración).	1,75
Beefsteack o Roatsbeef. . . . . íd.	1,50
Id. con patatas.	1,75
Chuletas de cordero (dos)	1,50
Id. de ternera (una).	1,50
Riñones.	1,75
Dos huevos.	1, »
Tortilla.	1,25
Id. con jamón o champignon.	1,75
Legumbres, según la estación. . . (ración).	0,75
Quesos.	
Del país, ración de 100 gramos.	0,75
Gruyère, Holanda u otros, íd.	1, »

Pastas.	Ptas. Cts.
De varias clases, ración de 100 gramos. .	0,60
Frutas.	
De todas clases, según la estación (ración)	0,50
Pan.	
Una ración.	0,20
Vinos.	
Blanco o tinto, con casco. . . (botella).	1,25
Id. íd. sin íd. . . . íd.	0,75
Id. íd. con íd. . . . (media íd.).	0,75
Id. íd. sin íd. . . . íd.	0,50
Rioja, con casco. . . . . (botella).	3,50
Id. íd. íd. . . . . (media íd.).	2, »
Burdeos ordinario. . . . . . . (botella).	Precios según marca.
Id. íd. . . . . (media íd.).	
Id. superior . . . . (botella).	
Id. íd. . . . . (media íd.).	
Vinos superiores de España. . (copa).	
Champagne . . . . (botella).	
Id. . . . . (media íd.).	
Licores.	
Comunes.	0,50
Finos.	0,75
Refrescos.	
Jarabes surtidos. . . . . (vaso).	0,50
Limonadas. . . . . íd. .	0,50
Cervezas (marcas del país) (botella).	1,25
Id. (íd. íd.) (media íd.).	0,75
Id. (íd. extranjeras).	Según marca.
Limonada gaseosa. . . . . . . (botella).	0,50
Agua de Seltz. . . . . íd. .	0,50
Aguas minerales	Según marca.
Vermouth con Seltz.	1, »
Id. solo.	0,50

NOTA. Se ruega a los señores viajeros no paguen precios mayores que los indicados.—Si se los exigen, sírvanse consignar sus reclamaciones en el libro que, destinado al efecto, hay en todas las fondas, sin abonar cantidad alguna, en conformidad a lo prevenido en el art. 19 del Pliego de Condiciones de arriendo de las fondas, que dice así: «*El concesionario no percibirá más precios que los indicados en la tarifa, bajo pena de restituir al interesado toda la suma cobrada y rescisión del contrato.*»

Imp. C. de los F. C.- Marzo, 921.

AHF, W_119_0006_01.

Las compañías ferroviarias acudieron al sistema de la concesión como el sistema de explotación de este servicio de restauración. Ello no significaba que le dieran poca importancia, al contrario, lo consideraron como una parte fundamental de su imagen como denota el rígido marco contractual que establecieron con los concesionarios. Esto es lo que se desprende del pliego de condiciones generales para el servicio de las fondas y cafés del año 1882[22], conservado en el Archivo Histórico Ferroviario. Aunque se trata de un modelo general, las condiciones impuestas resultaban similares para todos ellos, por lo que se puede considerar este documento como una fuente de información que nos permite conocer cómo se regulaba este servicio en todas las estaciones de MZA.

La compañía cedía al arrendatario las instalaciones y los equipos necesarios para la prestación del servicio –aparadores, estanterías, mostradores, chimeneas, fogones, etc.–; como asimismo le otorgaba el derecho para que pudiera vender «comestibles y bebidas dentro de las citadas dependencias» y, según las condiciones establecidas en el propio contrato, a los viajeros que transitasen por sus líneas. Los arrendatarios quedaban obligados a mantener las instalaciones en perfectas condiciones, quedándoles prohibido realizar cualquier modificación estructural, y a aportar los equipos de cocina, aparatos de alumbrado y calefacción móviles, mesas, sillas, cortinaje, vajilla y cristalería.

Una circunstancia que evidencia la trascendencia que otorgaba MZA al tema era que se reservaba la capacidad para efectuar cualquier modificación y para trasladar o disponer de cualquier parte de la fonda sin que al arrendatario le correspondiese indemnización alguna. La compañía arrendadora podría rescindir el contrato si el servicio prestado por el fondero fuese deficiente según el arbitrario juicio que los agentes de las compañías hicieran a partir de las opiniones de los clientes.

Pero el férreo control que ejercía la compañía ferroviaria se extendía también al propio servicio ya que, por un lado, obligaba a los concesionarios de las fondas a diseñar la vajilla y la cristalería según los moldes adoptados por la compañía; utillaje éste que, además, se podía quedar en propiedad a la finalización del contrato mediante el abono de una cantidad fijada por dos peritos nombrados al efecto. Y, por otro lado, se reservaba las potestades para dar el visto bueno último del nombramiento del cocinero principal y para vetar al resto de los trabajadores si lo considerase conveniente. Aunque autorizaba el trabajo tanto de hombres como de mujeres para el servicio interior, en el caso de las mesas redondas e individuales y, en general, para todo lo que se relacionase con el público, sólo podría utilizar mozos. Éstos debían llevar el mismo uniforme, formado por

[22] AHF-D_0343_006_001.

«chaqueta y chaleco negro, pantalón negro en invierno y gris en verano, y delantal blanco que mudarán todos los días, debiendo exigir a todos el más exquisito aseo en su trajes y en su persona».

A lo dicho cabe sumar la obligación que tenían todos los trabajadores de la fonda de comportarse con la «mayor urbanidad, castigándose con la inmediata separación la más leve falta que cometan en este género». Razón por la cual ponían a todos los agentes bajo la autoridad del fondista y, en un nivel superior, del jefe de movimiento, del inspector de la sección y del jefe de estación[23]. Y no era menos exigente en lo referido a la limpieza ya que establecía unas rigurosas normas como eran la obligación de barrer y limpiar diariamente todos los equipos e instalaciones; renovar los visillos de las ventanas todos los sábados; y lavar y planchar las servilletas después de cada uso.

Como cabría esperar de lo dicho hasta ahora, la compañía regulaba la comida elaborada por la fonda. En el almuerzo debía ofrecer un primer plato de huevos, un segundo de carne y un tercero variado, así como postres y pan y vino a discreción. Y en la comida un plato de sopa; dos entradas variadas, una de las cuales podía ser verdura o plato ligero; un asado; un plato dulce; postres; y pan y vino a discreción. El pan debía haberse cocido en el día y el vino tendría que ser un Valdepeñas u otro similar de buena calidad según las muestras que aceptara la compañía. El fondista quedaba obligado a exponer las listas de los platos, que debía estar firmada por él mismo y por un representante de la compañía, que habitualmente era el jefe de estación, en un sitio visible determinado por la compañía y a exponerla en las mesas redondas en un *passe-partout* o marco de metal blanco.

Por supuesto, se regulaba con especial énfasis todo lo relativo a los precios de los productos que se vendían en las fondas, cantinas y restaurantes. Sirva como ejemplo una tarifa del año 1882 en la que se establecían los precios del *café restaurant* de alguna estación perteneciente a la compañía, aunque no se especifica cuál de ellas. Los precios indicados para una taza de café o té eran de dos reales, que subían a tres si se acompañaban de bollería; y para las bebidas, naranja, leche ponche de huevo o de limón y agua con azúcar se situaban entre uno y tres reales. Y las copas de vino o cerveza costaban dos reales y aquellos que quisieran darse un capricho con una botella de vino Burdeos debían abonar 24 reales y se optaban por el champagne 40[24].

---

23 Para conocer las diferencias de estos oficios ferroviarios, Muñoz Rubio, M., *Historia y evolución del uniforme ferroviario. Imágenes para el recuerdo*, Barcelona, Ambit Servicios Editoriales y FFE, 1993.

24 AHF_ D-0343-006-001.

Según la carta de comidas de este mismo año, los viajeros podían elegir sopas, fiambres, jamón o vaca; merluza o escabeche si optaban por el pescado; y entre costilla de carnero, estofado, perdiz, *beefsteack* con patatas, ternera, tortillas, gallina asada o pierna de cordero si preferían carne ya que en este caso la variedad era mayor. Las costillas y los huevos, los platos más económicos, tenían un coste de 2 reales, mientras que la perdiz costaba diez reales y un gallina entera 14. Y cumpliendo el requisito de las compañías ferroviarias de fijar un precio para almuerzos y comidas, además de los precios a la carta, el precio del primero se fijaba en 12 reales y la segunda en 14.

En el contrato de la fonda de Alcázar de San Juan, que data de 1909, se establecía el precio del servicio para los viajeros en la mesa redonda en 3 pesetas para el almuerzo y en 3,50 pesetas para la comida, mientras que para los ferroviarios era una peseta menos en ambos casos. Aquellos que comían en las mesas tenían derecho a una reducción de un tercio sobre los alimentos, café, leche y chocolate. El café, el té, los licores y los platos extraordinarios tenían un precio distinto según se adjuntaba en el propio contrato.

Los precios establecidos para las comidas en la cantina eran más bajos ya que por una peseta se ofrecía un almuerzo compuesto por dos platos fuertes, un postre, media botella de vino y pan; en tanto que en el caso de la comida el menú se componía de una sopa, dos platos de carne, un postre, media botella de vino y pan. En las estaciones que no tenían cantina se establecía que los ferroviarios que se acogían al precio especial no podían hacerlo ni en la fonda durante la parada de los trenes de viajeros, ni en la mesa redonda si la hubiera. En el contrato también se estipulaban algunas reglas para determinados usuarios como era el caso de los números de la Guardia Civil[25] que formaban la escolta de los trenes, los cuales tenían derecho a disfruta los mismos menús y a los mismos precios que el personal ferroviario.

La fonda quedaba obligada a estar provista de artículos de consumo designados por la compañía, a que se pudiera comer por lista y a tener dispuestas y servidas las mesas a la llegada de los trenes. La inspección de todas las condiciones expuestas recaía sobre los jefes de movimiento, que debían evaluar la calidad de la comida servida y el cumplimiento de todas las cláusulas del contrato.

---

25 La Guardia Civil es un cuerpo policial que, aun teniendo su campo de actuación en el mundo rural, se encargó de la vigilancia de los trenes.

Tabla 1. Fondas y alquileres de MZA en 1900

Estación	Alquiler (pesetas)
Madrid	1.500
Aranjuez	500
Alcázar	3.500
Albacete	500
Chinchilla	1500
Encina	500
Guadalajara	250
Ariza	250
Casetas	500
Zaragoza	1.000
Murcia	200
Baeza	250
Espeluy	1.000
Córdoba	5.000
Sevilla	750
Ciudad Real	s.d.
Almorchón	s.d.
Mérida	1.500
Badajoz	60
Zafra	750

Fuente: AHF, D/343/6/2.

En un informe de 1900 (Tabla 1) se hacen constar las fondas que tenía MZA en diferentes puntos de su red, indicando, además, el canon que cada una de ellas pagaba por el alquiler, pero no se especificaba criterio alguno que permita saber por qué se pagaban esas cantidades.

En el caso de Norte, aunque se ignora cómo regulaba este servicio[26], sí hemos podido conocer el número de instalaciones que tenía en funcionamiento en 1914 (Tabla 2). En este año únicamente 70 estaciones contaban con servicio de restauración, las cuales se concentraban en las cantinas y en

26 Aunque no hemos podido localizar ningún contrato sobre el tema, sí que existe prueba fehaciente de la existencia de los mismos ya que en un libro de registro de contratos de la compañía hay un capítulo dedicado a los contratos establecidos para la explotación de fondas y cantinas entre el año 1860 y 1879. AHF_L-409.

las fondas con otros 32 casos cada una. En 1924 ya eran 88 las estaciones dotadas con estas instalaciones, de las cuales 41 eran cantinas, mientras las fondas llegaban a 23. También conviene señalar que existían otros tipos de instalaciones como eran los kioscos, café-restaurante o kiosco-cantina. Una guía de horarios de 1930[27] señalaba que MZA contaba, en este último año, con una cantidad de instalaciones similares ya que tenía 36 fondas y 40 cantinas en sus estaciones, en tanto en 20 de los casos coincidían ambas instalaciones.

Tabla 2. Instalaciones de restauración en las estaciones de Norte

tipo	1914		1924	
	no.	**%**	**no.**	**%**
Cantina	32	45,7	41	46,6
Fonda	16	22,9	7	8,0
Fonda y cantina	6	8,6	16	18,2
Kiosco	4	5,7	5	5,7
Restaurante-cantina	4	5,7	7	8,0
Café-restaurante-cantina	3	4,3	2	2,3
Café-restaurante	2	2,9	1	1,1
Kiosco-cantina	2	2,9	6	6,8
Restaurante	1	1,4		0,0
Otros			3	3,4
Total	**70**	**100**	**88**	**100**

Fuente: Caminos de Hierro del Norte, División Comercial-Tráfico, Repertorio de Contratos, Fondas y Cantinas de 1914 y 1924.

La misma guía concluía, en su capítulo de indicaciones útiles, que «en todas las estaciones donde existe servicio de fonda hay también cantinas. Igualmente las hay en todas aquellas estaciones de alguna importancia, donde por lo común se hacen parada de alguna duración los trenes de viajeros, sirviéndose en ellas alimentos, fiambres, vinos, licores, refrescos y en algunas café»[28].

27 *Guía General de Ferrocarriles. Servicio oficial de las compañías.* Enero 1930. Madrid, pp. 43-44.

28 *Guía General de Ferrocarriles. Servicio oficial de las compañías.* Enero 1930. Madrid, pp. 43-44.

Según Vicente Garcés[29], parece que en los primeros años de explotación ferroviaria este servicio no fue del todo correctamente atendido y gestionado por parte de las empresas ferroviarias. Armando Palacio Valdés también describía en *La Hermana San Sulpicio* (1889) estos servicios como una visión muy crítica: «En Manzanares le habían dado en cierta ocasión un café detestable, manteca rancia» y en la fonda de Menjíbar «no les dieron tiempo a almorzar; pero él, que es un gran tunante, se burló del fondista apoderándose de lo que había en la mesa, y llevándoselo al coche»[30]. Pero lo cierto es que, como veremos más adelante, a partir de la década de los ochenta del siglo XIX inician la explotación más racional de las mismas a través de los convenios con particulares. No se puede dejar de señalar que, a tenor del menú ofrecido en 1920 en la estación de Miranda de Ebro, es dable concluir que los menús de estas fondas eran realmente abundantes y cuesta creer, contradiciendo así al propio Palacio Valdés, que los viajeros pudieran ingerirlos en el corto tiempo de que disponían: sopa o entremeses; tortilla de jamón; vaca a la sevillana; langosta con mayonesa; lomo asado con patatas; paella valenciana; huevos con bechamel; merluza con salsa de tomate; chuletas de ternera; ensalada; flan; queso y frutas; pan y vino a discreción. El menú de tres platos costaba 5,50 pesetas.

Muchas fondas y cantinas de las estaciones eran un punto de reunión para el personal ferroviario e incluso para los habitantes de las localidades donde se ubicaban, sobre todo, en el caso de pequeñas poblaciones. Este ambiente fue captado en diferentes obras literarias, como fue, por ejemplo, el caso de Ignacio Aldecoa, quien en su cuento *Santa Olaja de Acero* nos ofrece una imagen costumbrista de una de estas cantinas:

> El bar de los maquinistas abría a las siete menos cuarto de la mañana. El dueño del bar hablaba poco. Estaba medio dormido. Cuando llegaba el mozo que le ayudaba subía a su casa y se volvía a meter en la cama. A las once de la mañana bajaba de nuevo. Era otro hombre. Entonces hablaba, con los que entraban, de toda clase de asuntos. Pero con los maquinistas no decía más que las palabras precisas. «Tu, González, ¿café o té? Tú, ¿té como siempre? ¿Quién orujo? ¿Todos?. Los maquinistas tampoco hablaban mucho, tosían la bronca tos de la mañana, bebían, miraban casi obsesivamente a la cafetera exprés…»[31]

---

29 «Es de sentir que estos útiles establecimientos hayan caído en un descrédito general pudiendo haber sido, si se hubieran dirigido con acierto, de gran utilidad para los viajeros y un arbitrio productivo para la empresa», en Vicente Garcés, B., *Diccionario razonado, legislativo y práctico de los ferro-carriles españoles*, Madrid, 1869, p. 237.

30 Palacio Valdés, A., *La Hermana San Sulpicio*, Tipografía de Manuel G. Fernández, Madrid, 1889, vol. II, pp. 12-13.

31 Aldecoa, I., *Santa Olaja de acero*, Madrid, Cuadernos del CAUM, 2012, p. 5. Este cuento fue adaptado y llevado al cine en un cortometraje dirigido en el año 1971 por José Antonio Páramo que recoge muy bien varias escenas en cantinas ferroviarias.

Imagen 2. Cantina de la estación de Peñaflor en 1968

AHF, FA_0010-147.

Una de las fondas más importantes fue la perteneciente a la mencionada estación manchega de Alcázar de San Juan. El primer testimonio documental que poseemos sobre esta estación, custodiado igualmente en el Archivo Histórico Ferroviario, data de 1887 e identifica como su primer arrendatario a Mariano García. Así lo atestigua dicho contrato de arrendamiento para la explotación, que duró hasta 1890, año en que pasó a manos de Cecilio Murillo Amellas. Este concesionario tendría la ventaja de disfrutar ya desde 1892 de las instalaciones ubicadas en el nuevo edificio de la estación. Murillo mantuvo la concesión hasta el año 1899 cuando falleció, pasando la concesión entonces a manos de sus herederos. Del siguiente concesionario, Julio Lescarboura Davant, desconocemos hasta cuándo tuvo la concesión, que cedió a la familia Fernández, procedente de la estación de Chinchilla, que mantuvo la dirección del establecimiento hasta el año 2006, fecha en la que la fonda cesó en su actividad.

La fonda permanecía abierta durante todo el día ya que en la estación llegaron a pasar sesenta y cuatro trenes diarios, muchos de ellos de madrugada, y los camareros tenían que servir sus cafés. En efecto, el volumen de tráfico fue creciendo gracias a las mejoras de las instalaciones, en particular, al establecimiento de los primeros tramos de doble vía. También a mediados de la década de 1920 mejoran los accesos a la estación desde la población y algo más tarde se facilitó la entrada y se evitó el número de accidentes con la construcción de un pabellón de entrada y un paso inferior.

La fonda de Alcázar de San Juan fue un recinto que destacaba por su peculiar decoración y, entre sus actos sociales más relevantes, cabe señalar que tuviera como cliente al monarca Amadeo I, quien, cuando partió hacia el exilio en Portugal, hizo parada en la estación y acudió a ella personalmente para pedir dos tazas de caldo: una para él y otra para su esposa.

2. Los servicios de restauración a bordo de los trenes

Aunque forme parte del imaginario colectivo el hábito de comer en los trenes como una de las principales características de los viajes, apenas existen testimonios gráficos o escritos, ni siquiera en la literatura de la época, que permitan constatarlo. Entre los pocos que ésta nos ha legado destaca el que plasmó Eugenio D'Ors en un artículo titulado *Mente y tren*[32], que describe uno de sus viajes ferroviarios y en el que se detiene en los comentarios sobre su experiencia gastronómica con una tortilla de patatas en una fonda de estación. En este mismo trabajo recopilatorio publicado con motivo de la celebración del centenario del ferrocarril en España otro autor, Alfredo Marquerie, se detiene en el relato de los viajeros y sus equipajes y entre ellos destacamos la descripción del equipaje de los campesinos:

«Los campesinos no saben prescindir en su equipaje de aquellos factores que constituyen su clima y su nimbo...la gran hogaza, y el embutido de la última matanza, o la bota de vino de la última cosecha, o el queso de fabricación casera, o el tarro de miel de sus colmenas...El botijo les conserva el agua con el mismo gusto de barro que en el lugarejo».

Y continúa describiendo a los viajeros de la tercera categoría:

> el equipaje de tercera es abigarrado y estrafalario. Admite todavía la madera y muchas veces la cuerda que sustituye a la cerradura estropeada y, a menudo, se transforma en mesa donde se come la tortilla de patatas, el filete empanado, la raja de merluza frita, todo frío pero rociado con la botella de vino tinto y encabezado con el ¿ustedes gustan?...y el ¡que aproveche! Ahora lo haremos nosotros, ritos del viaje en tren, entre humo y carbonilla...[33]

---

32 D'Ors, E., «Mente y tren», en *Cien años de ferrocarril en España. Tomo IV.* Madrid, Magisterio Español, 1948, pp. 56-58.

33 Marquerie, A., «Anécdota y poesía del equipaje», en *Cien años de ferrocarril en España. Tomo IV.* Madrid, Magisterio Español, 1948, pp. 84-85.

El ritual que narra D'Ors en este texto, y que refleja también en algunas de sus ilustraciones, debía ser probablemente muy similar a lo que sucedió durante mucho tiempo en los trenes españoles de largo recorrido. Sin poder soslayar nuestro desconocimiento al respecto, la comida de los viajeros se formaría, durante los primeros tiempos del viaje, por comidas sin elaborar, como el pan y embutidos, que lentamente darían paso a las tortillas de patata y a la carne empanada, alimentos habituales en España para las comidas al aire libre o de campo. Además, éste era el menú frío que incluían las cartas de las fondas y de los coches restaurante.

Porque, efectivamente, fue en estos últimos donde surgió el acontecimiento alimenticio ferroviario que mejor se conoce. La Compagnie Internationale des Wagons-Lits (en adelante Wagons-Lits), fundada por Georges Nagelmackers en 1876, puso en marcha los primeros ensayos para implantar el servicio de restauración en sus trenes. El objetivo de la empresa era suprimir las paradas obligadas para que los viajeros pudieran comer en los restaurantes y cantinas de las estaciones. A su juicio, esto contrariaba la estrategia de *confort* que la empresa quería ofrecer a sus clientes. La finalidad era conformar auténticos hoteles sobre ruedas.

La empresa fue extendiendo sus servicios mediante acuerdos y contratos con las compañías ferroviarias de cada uno de los países en donde operó. En el caso de España, la relación contractual y la actividad se iniciaron en 1880. Aunque los primeros servicios se implantaron en el expreso que unía Madrid con Hendaya, no contaban todavía con el servicio de restauración, que no llegaría hasta que, ya pasados algunos años, se incluyeran en las composiciones los primeros coches restaurante, que posteriormente se incorporaron al Surexpreso (también conocido como Sud-Expreso).

Este tren se inauguró el 4 de noviembre de 1887 para cubrir la relación Lisboa-Madrid-París-Calais, convirtiéndose así en la primera relación internacional que atravesó nuestro país. Desde sus orígenes ofreció a sus pasajeros el servicio de restauración con una inicial cadencia semanal, para pasar en 1888 a ser bisemanal y en 1890 trisemanal, hasta que en 1900 ya se estableció la circulación diaria.

Su inauguración oficial, que se produjo un poco antes de su primer viaje comercial, se inició el 23 de octubre cuando una composición llevó, entre Madrid y Lisboa, a un nutrido grupo de empresarios, políticos y periodistas. Además de visitar la capital portuguesa, la composición efectuó paradas en algunos de los principales puntos turísticos del recorrido como fueron El Escorial, Toledo, Córdoba, Sevilla y Granada. El viaje terminó el 2 de noviembre y fue descrito por el periodista del semanario *La Ilustración Española*, Valentín Picatoste un año más tarde cuando publicó una guía de este viaje en forma de libro y bajo el título *En el rápido*. El reportero detallaba sus pormenores, así como las rutas que realizaron, y, aunque no hacía especial hincapié en la restauración, sí que mencionaba en varias ocasiones los esplendidos banquetes con los que las compañías ferroviarias que organizaron el viaje agasajaron a sus invitados. Aunque el primero tuvo lugar en Lisboa, a decir del escritor:

> Para Madrid estaba reservado el más exquisito banquete de cuantos se han ofrecido en el viaje inaugural del Sud-express. Puestos a disposición de la compañía los espaciosos comedores de Fornos, fueron invitados…
> El menú preparado por el cocinero del sud-exprés y servido a la mesa por camareros del tren, fue de lo más selecto de cuantos se conoce en el arte culinario, y no menos espléndido que el suntuoso que se nos ofreció en el teatro de la Trinidad en Lisboa[34].

En la obra también incluía una breve mención del coche cafetería al describir su composición: «Dividido en tres partes perfectamente distintas, llevaba a la cabeza la máquina, la cocina, el restaurant y el café». Pero sólo menciona la visita al coche restaurante en una ocasión: «A los pocos minutos ocupamos las mesas del comedor, en que por última vez en este viaje recibimos los obsequios de la Compañía, y cuando nos levantamos de tomar café, a poco de salir de ingratos eriales…»

Los servicios de comedor se extendieron paulatinamente a otros trayectos, siendo el expreso Madrid-Hendaya el primero en contar con él. En 1911 Wagons-Lits ofrecía servicios de coche restaurante en el citado expreso de lujo entre París-Lisboa; en los expresos Madrid-Hendaya, Madrid-Gijón, Madrid-Sevilla y Madrid-Barcelona; y en los rápidos Madrid-Barcelona, Madrid-Valencia, Barcelona-Port Bou y Barcelona-Valencia.

Como en otros países europeos, en España las principales compañías ferroviarias establecieron contratos con Wagons-Lits para la prestación de servicios. Así lo atestiguan los contratos firmados con MZA, Norte y, más adelante, con Renfe. Estos contratos regulaban la prestación del servicio de trenes especiales y de lujo, así como establecían pautas para el suministro y mantenimiento del material rodante y para la explotación del servicio de coches cama y de coches restaurante. En cuanto a las especificaciones sobre los servicios de restauración a bordo en general no especifican mucho.

---

34 Picatoste, V., *En el rápido*, Madrid, Miguel Romero Impresor, 1888, pp. 84-85.

En el caso de Norte, la rúbrica del contrato para la circulación del tren Surexpreso[35] llegó en 1901, aunque no empezaba a regir hasta el año siguiente, y tenía una duración de quince años prorrogables por mutuo acuerdo. En el mismo se estipulaban determinadas cuestiones relativas al servicio de restauración como era que cada coche restaurante debía ser servido por un jefe de cocina, un ayudante y uno o dos mozos para el servicio según las necesidades. El contrato determinaba, en segundo lugar, como servicios de estos trenes los desayunos, almuerzos, comidas y la venta de artículos de consumo; adjuntándose a cada uno de ellos su respectiva tarifa. Se especificaba, por último, que los agentes no podían pedir más remuneración que la establecida en las tarifas y que los artículos de consumo debían ser de primera calidad y los trenes debían estar abastecidos con todos los productos que apareciesen en la carta.

Como ya se ha señalado, el contrato incluía en un anexo las tarifas de los artículos lo que nos proporciona información precisa sobre los precios de las comidas y la composición de las mismas. Los precios eran de 2 pesetas para el desayuno, 5 para el almuerzo y 7 para las comidas. Los niños pagaban el cubierto entero y existía un menú especial para criados de 3 pesetas para la comida y de 4 para la cena, aunque no los describía.

En cuanto a su composición, el menú del almuerzo consistía en entremeses, huevos, carne caliente, legumbres verdes, fiambres, ensalada y el postre. En las comidas se servía sopa, entremeses, pescado, dos platos de carne, legumbres, ensalada y postre. En ninguna parte se especificaba cuántos platos componían el menú, aunque es de suponer que serían un primero, un segundo y un postre. El vino no estaba incluido en el menú y su precio alcanzaba 1,50 pesetas para la botella entera y sólo 1 peseta para la media botella.

Existía, también, un servicio de comidas a la lista, lo que ahora se denomina «a la carta», pero ésta no indica que fuera diferente de lo establecido para los menús, remitiéndose únicamente a incluir como diferencia la presencia en la misma de manteca, emparedados, *rumsteack*, quesos y frutas y bizcochos. Los precios oscilaban entre 1,25 pesetas de una sopa y 3,25 de un cuarto de pollo o 2,50 del pescado y la carne.

Según los estudios que se han realizado sobre los hábitos alimenticios de los españoles en el primer decenio del siglo XX, es obvio que esta

---

[35] *Contrato entre la compañía de los Caminos de Hierro del Norte y la Compañía internacional de Coches Camas para la circulación de los trenes surexpresos. Diciembre 1901.* Madrid. Imprenta Central de los Ferrocarriles, 1923. BF-[IIIF 2433].

carta no estaba al alcance de la mayoría de su población[36]. En torno a 1900 la nutrición de los españoles se formaba, sobre todo, por cereales y legumbres, que aportaban más del 50 % de las calorías ingeridas, y resultaba, por consiguiente, muy deficitaria en carne, pescado o huevos. Era una nutrición determinada, obviamente, por la renta, que no empezó a igualarse hasta que, bien entrada la década de los años cincuenta, el poder adquisitivo de las clases medias y media-baja no mejoró lo suficiente para que éstas pudieran acceder a dichos alimentos.

No puede resultar llamativo, por tanto, que las tarifas de los licores, aguas de mesa y lista de vinos vengan a demostrar que, obviamente, los viajeros que hacían uso de este servicio fuesen en su mayoría extranjeros con un alto nivel adquisitivo. Los 12 licores diferentes que aparecían en la carta –coñac Mokatin, Grand Marnier, absenta o whisky escocés– eran casi todas ellos de marca francesa y sus precios oscilaban entre 0,75 y 1,25 pesetas. Las aguas de mesa tenían unos precios comparativamente más elevados ya que una botella oscilaba entre las 0,80 y 1,25 pesetas, y se ofertaban marcas diferentes como eran Apollinaris, San Galmier y la única española Insalus. Insistimos en que estos precios resultaban ser elevados para los viajeros españoles, que, probablemente, para aprovisionarse de agua recurrían en todo caso a los servicios que las fondas y las cantinas prestaban en las paradas de las estaciones y a las ofrecidas por las ventas de bebidas en el andén.

La lista de vinos contaba con una selecta relación que incluían 3 caldos españoles –dos riojas y un jerez– cuyo precio por botella ascendía a 3,50 pesetas. Por este mismo precio se ofertaban, además, un oporto y un marsala. El vino de Burdeos tenía una nutrida presencia y la propia compañía recomendaba las marcas Pontet Canet y Chateau-Leoville. Y finalmente, como muestra del carácter lujoso de estos trenes, destacaba la presencia en la carta de 11 marcas de *champagne* con un precio por botella que oscilaba entre 17 y 19 pesetas, a las que había que añadir 2 pesetas más que se cobraba por helar una botella. Este último detalle no puede extrañar dadas las dificultades que existían para poder refrigerar la comida en los trenes. A la vista de esta lista podemos inferir que Nagelmackers, director de la compañía y firmante del contrato, fue un auténtico promotor y difusor de los productos franceses y que la mayoría de los usuarios de los servicios de restauración en el Surexpreso tenían gustos selectos y acordes con un alto nivel económico.

El contrato que nos sirve de referencia no parece que fuera modificado, pero sí incluye unos anexos de 1917 y de 1918 en los que se

---

36 Collantes, F., «La alimentación en la España del siglo XX: una perspectiva desde la historia económica», Gijón, I Congreso Español de Sociología de la Alimentación, 2009.

establecen una subida en cada uno de estos años de 50 céntimos en las tarifas de almuerzos y comidas. Aunque la Real Orden de 2 de enero de 1920 autorizó la subida de los precios de los vinos, cervezas, licores y aguas minerales, en este caso lo que nos interesa señalar es que en la carta de bebidas los productos franceses y extranjeros empiezan a perder presencia frente a las bebidas españolas. Los riojas de Marqués de Riscal o Bodegas Bilbaínas y la bodega de González Byass desbancan a los burdeos. Las marcas de agua son ahora Borines, Solares y Vilajuiga, la cerveza Cruz Blanca y la sidra Zarracina como sidra *champagne*, con unos precios de ésta última mucho más asequibles de 3 pesetas frente a las 30 pesetas del auténtico *champagne*, marca Montebello. En cuanto a los licores se mantiene el coñac francés y el whisky escocés, pero también entran en la lista licores nacionales tan típicos como el Anís del Mono o el coñac Soberano de González Byass. En este apéndice se incluye además el precio de los cigarros habanos.

La carta de vinos de los coches restaurante de Wagons-Lits es un indicador de la tendencia que los servicios de esta empresa se dirigían cada vez más a los gustos de los viajeros españoles, que, progresivamente, fueron convirtiéndose en la mayoría de los viajeros de estos trenes. Pero también nos indica que la industria hostelera nacional fue incorporándose lentamente a este tipo de servicios.

En el caso de MZA, cabe señalar que los contratos que firmó[37] tuvieron el mismo objeto, pero sí cabe subrayar que se regulaban de una manera mucho más minuciosa las condiciones relativas al material rodante, a las responsabilidades de ambas empresas y a la circulación de los trenes. El primer contrato data del año 1909 y fue modificado en 1910, 1913, 1915 y 1927.

[37] Contrato entre la Compañía de los Ferrocarriles de Madrid a Zaragoza y a Alicante y la Compañía Internacional de Coches Camas y de los Grandes Expresos Europeos para la explotación de coches camas y coches comedores. Aprobado por real Orden de 16 de noviembre de 1927. Madrid. Sucesores de Rivadeneyra, 1909. AHF_S 123/126. Contrato entre la Compañía de los Ferrocarriles de Madrid a Zaragoza y a Alicante y la Compañía Internacional de Coches Camas y de los Grandes Expresos Europeos para la explotación de coches camas y coches comedores. Aprobado por real Orden de 16 de noviembre de 1927. Madrid. Sucesores de Rivadeneyra, 1928. [IIIF 2431].

Imagen 3. Contrato entre la Compañía de los Ferrocarriles de Madrid a Zaragoza y a Alicante y la Compañía Internacional de Coches Camas y de los Grandes Expresos Europeos para la explotación de coches-camas y coches comedores. 1928

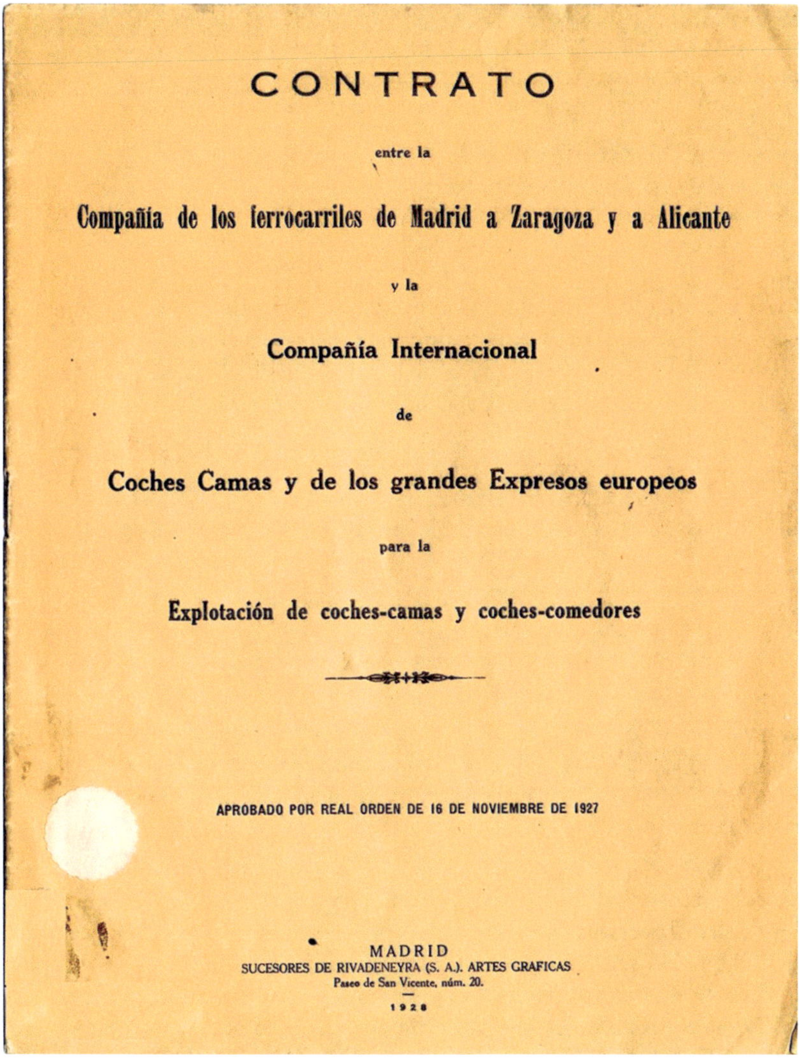

CONTRATO

entre la

Compañía de los ferrocarriles de Madrid a Zaragoza y a Alicante

y la

Compañía Internacional

de

Coches Camas y de los grandes Expresos europeos

para la

Explotación de coches-camas y coches-comedores

APROBADO POR REAL ORDEN DE 16 DE NOVIEMBRE DE 1927

MADRID
SUCESORES DE RIVADENEYRA (S. A.). ARTES GRAFICAS
Paseo de San Vicente, núm. 20.
1928

Biblioteca Ferroviaria [IIIF 2431].

Por lo que respecta a los servicios a bordo se establecía que era una tarea exclusiva de Wagons-Lits. El servicio de coche comedor estaba compuesto por un cobrador, un jefe de cocina, un ayudante y uno o dos mozos de servicio. Se establecía, por un lado, la obligatoriedad de servir desayunos, almuerzos y comidas con unos horarios fijos; y, por otro, unas tarifas impuestas por ambas compañías, que tenía como principal singularidad la obligatoriedad de fijar dos tipos de precio: uno corriente; y otro económico para los viajeros de tercera clase. Esta diferencia respecto al contrato de Norte resultaba hasta cierto punto comprensible ya que en su caso se aplicaba preferentemente al Surexpreso, tren que, como se ha insistido, era considerado por ambas compañías como un producto de lujo.

El contrato regulaba, también, de manera general los turnos de comida y su organización, así como MZA obligaba a Wagons-Lits a prestar un servicio de venta de huevos, manjares, fiambre y bebidas en los coches restaurante una vez que había finalizado el horario de comidas. Se establecía un servicio especial para los trenes que contaban con coches Pullman en los que a toda hora y a la carta debían ser servidos desayunos, almuerzos, comidas y cenas; y en el caso de que en la misma composición hubiera un coche comedor, el servicio se realizaría en él. Finalmente, se autorizaba la venta ambulante de refrescos y artículos de consumo en los coches cama.

En este último caso, los artículos de consumo debían ser de primera calidad y MZA se comprometía, siempre que fuera posible, a poner a disposición de Wagons-Lits un pequeño local destinado a almacén para conservar el material y los efectos de servicio. En relación con ello, se conservan algunos testimonios sobre el derecho ejercido por aquélla para la ocupación de algunos edificios ubicados en estaciones de la línea. Así por ejemplo, sabemos que ocuparon un local denominado Casa de la Parra en la estación de Madrid-Atocha para usarlo como taller de reparación y almacén de ropa[38] y otro contiguo para almacenar carbón destinado al servicio de los coches[39]. El almacén general estaba ubicado en la estación de Atocha y desde allí se hacía el reparto de aprovisionamiento de vinos, licores y vajilla hasta otros puntos para luego dar servicio a los coches restaurante[40].

El carácter claramente clasista de este servicio alcanzaba su clímax con el establecimiento de derechos distintos para los viajeros puesto que sólo los de primera clase podían permanecer en los coches restaurante después de haber sido servidos, en tanto los viajeros de segunda y tercera sólo podían estar el tiempo necesario para ingerir la comida. En contraste con las grandes dificultades que tuvieron para llegar a acuerdos, destaca que Norte y MZA coincidiesen con suma facilidad para establecer esta condición en las comidas servidas en los diferentes expresos[41].

38 AHF_ C-0295-001-004.

39 AHF_C-0295-001-006.

40 En la estación de Córdoba también hicieron uso de un pequeño local como oficina; en AHF_S-0133-002.

41 AHF_D-0148-001-006.

En el año 1928 ambas compañías firmaron un convenio para establecer el servicio que denominaron *coches bufett* en determinados trenes. Estos coches, que se pueden equiparar a los actuales coches cafetería, estaban compuestos por una cocina *office*, un local con barra para consumidores de pie y otro para consumidores sentados. El contrato no especificaba los servicios de restauración que se prestarían, pero por sus condiciones es obvio que las comidas se formarían por emparedados, bocadillos y comida fría, además de refrescos y copas[42].

Para poder conocer cómo era una comida en estos coches de lujo debemos acudir de nuevo a la literatura, en este caso al artículo publicado por Juan B. Cabrera en 1935 en la revista MZA, puesto que en él hacía una crónica ciertamente interesante:

> Hoy han cenado unas 115 personas (...) el cocinero y su ayudante se han condimentado en total 690 raciones y preparado los correspondientes postres, bebidas, café y panecillos. ¡Y todo ello en un recinto que mide escasamente metro y medio de largo!
> ...Cumplí mi palabra y visité un coche bar. Estos funcionan en los rápidos de Valencia Canfranc, Madrid-Badajoz y ligeros de Madrid a Salamanca y Valladolid...Un mostrador en rectángulo; una cocina sencilla y cámaras frigoríficas. El cocinero también trabaja con rapidez. No tiene los agobios de los grandes turnos del restaurante, pero ha de estar dispuesto a servirnos a cualquier hora-¿una tortilla con jamón? ...va enseguida caballero (...)
> El personal me habla del éxito obtenido por los coches bares. Es una gran comodidad para el viajero, y en ellos se puede tomar desde la más suculenta comida hasta el más sencillo aperitivo y adquirir una cerveza o un paquete de patatas fritas a la inglesa[43].

Según algunas tarifas que se conservan de 1941 y 1957[44], cabe concluir que con Renfe la oferta culinaria no varió respecto a lo que ya hemos apuntado. Se seguían sirviendo desayunos, almuerzos y cenas de menú que estaban compuestos por los mismos platos, a saber, entremeses, huevos o pescado, carne caliente, fiambre, pescados guarnecidos, pasteles, queso o fruta variada.

Gracias a un artículo publicado en 1941 en la revista *Trenes*[45] se puede conocer que el aprovisionamiento de un coche restaurante para un trayecto de Madrid a Barcelona, o sea de unos 700 kilómetros de viaje, era el siguiente: 30 kilos de carne; 30 kilos de merluza; 4 kilos de almejas; 300

---

42 AHF_ C-0295-001-002.

43 «Del confort ferroviario. Restaurantes y bares», en *Revista MZA*, no. 2, junio, 1935, pp. 18-19. Madrid. MZA, Norte.

44 AHF_D-0148-001-020 (1941) y BF-[IIIF 2436] (1957).

45 *Trenes*, no. 0, 1941, Madrid. Renfe.

huevos; 40 pollos; 150 plátanos; 20 kilos de uvas; 20 kilos de manzanas; 1 jamón en lata; 1 kilo de tocino; 1 kilo de chorizo; 4 botes de guisantes; 6 botes de tomate; 4 botes de pimientos; 10 tarros de mermelada; 15 litros de leche; 40 kilos de patatas; 8 kilos de tomates frescos; 24 lechugas; 1 manojo de puerros, 1 manojo de nabos; 1 manojo de perejil; tres manojos de zanahorias; 25 kilos de judías verdes, 0,50 kilos de ajos; 2 kilos de mantequilla; 300 raciones de pan; 5 kilos de queso; 2 kilos de café, 0,50 kilos de té; 0,50 kilos de cacao; 3 libras de chocolate; 2 kilos de galletas; 10 kilos de arroz, 5 kilos de azúcar; 8 litros de aceite; 2 litros de vinagre; y 1 litro de vino blanco.

En cuanto a las tarifas, en 1941 se establecía un precio fijo para los trenes ordinarios de 15 pesetas para el desayuno y 62 pesetas para los almuerzos y cenas. En el caso de los trenes internacionales el precio aumentaba a 18 y 68 pesetas, respectivamente.

En el tema de las bebidas se siguen introduciendo en el mercado otras marcas españolas como eran los vinos de las bodegas Franco Españolas y los coñac Fundador, Soberano, Veterano, Centenario o 103. Las aguas minerales son marcas españolas nacionales y, siguiendo los nuevos hábitos generales, aquí también se introducen las bebidas gaseosas de limón o naranja El Gallo, Coca Cola y Pepsi Cola; éstas últimas como un producto de consumo de élite al precio de 6,50, casi similar al precio de muchos licores.

Algunos años más tarde, en 1957, el servicio estaba plenamente integrado en los servicios de los trenes Talgo y TAF, cuya oferta era de una categoría superior a los expresos como se reflejaba en el menú. En el caso de los desayunos, por poner un ejemplo, se ofertaba los tradicionales café o chocolate con leche, complementados con un bollo o pan tostado –o biscote–, fruta variada y mantequilla. En el caso de la fruta, sólo se ofrecía en los trenes internacionales ya que no formaba parte de la dieta española de los desayunos, sino que se ingería a media mañana o después de las comidas. Por otro lado, se incluyó el «desayuno inglés»: fruta o naranjada natural o mermelada; huevos o tortilla con jamón o tocino inglés (*bacon*); biscote, galletas o bollo; y té o café con leche y mantequilla. Su precio era de 44,35 pesetas.

Renfe continúo con la misma política de convenios con Wagons-Lits para la prestación de los servicios de restauración a bordo que habían tenido las empresas privadas. En 1941 firmó el contrato para la explotación de los servicios de camas, restaurantes y bares en los trenes. Las condiciones contractuales eran similares a las que se habían establecido anteriormente, aunque se diferenciaba ahora entre el servicio de restaurante, el servicio de bar, a prestar en aquellos trenes en los que no existía el servicio de restaurante pero que se consideraba necesario asegurar una prestación similar aunque más restringida, y el servicio de venta ambulante. Esta última quedaba condicionada a determinados artículos y bebidas en automotores que circulasen en determinados trayectos[46].

Los únicos datos disponibles vienen a indicar que si en 1950 los viajeros desplazados por Wagons-Lits ascendieron a 246.000 en 1967 ya fueron 465.000; pasando, a su vez, los usuarios de los servicios de restauración y cafetería de 316.000 a 490.000[47].

Tabla 3. Resultados económicos de los servicios de restauración en la Compañía Internacional de Coches Camas

Ejercicio	Ingresos	Gastos	Subvención Renfe	Saldo
1961	41.422.800	50.268.000	3.320.700	-5.524.500
1962	49.714.700	59.772.800	4.876.100	-5.182.000
1963	59.986.300	70.242.900	6.260.800	-3.995.800
1964	73.258.400	85.182.500	7.661.900	-4.262.200
1965	89.168.700	117.222.300	8.441.800	-19.611.800
1966	109.859.600	142.556.200	11.004.600	-21.692.000
1967	121.560.800	153.920.900	22.138.400	-10.221.700
1968	123.178.900	159.231.800	22.269.300	-13.787.600
1969	141.688.300	184.338.200	23.054.100	-19.595.800

Fuente: Elaboración propia a partir de las Memorias de la Compañía Internacional de Coches Camas.

Los servicios de restauración se implantaron primero en los trenes expresos y luego se extendieron a los servicios de Talgo y TAF. Según se ha podido analizar en las memorias anuales que la compañía presentaba a Renfe, en cada ejercicio sus resultados de explotación eran más deficitarios[48]. En el primer ejercicio consultado, perteneciente al año 1962, la situación se saldó con números rojos, aunque la compañía había llevado a cabo algunas medidas de ahorro como fueron, entre otras, la compra de los productos

---

46 Renfe. Contrato celebrado con la Compañía Internacional de Camas y de los Grandes Expresos Europeos sobre explotación de los servicios de camas, restaurantes y bares en los trenes de la Red Nacional de los Ferrocarriles Españoles. BF-[IIIF 1556].

47 Petit Herrera, Luis Alberto, «Evolución de la Compañía Internacional de Coches-Camas en los últimos treinta años», Madrid, *Boletín de Información del Ministerio de Obras Públicas*, núm. 125, 1960, pp. 32 y 34.

48 Memoria del ejercicio… que presenta a la Renfe la Compañía Internacional de Coches Camas. 1962-1969. Biblioteca Ferroviaria, H07.

naturales –carne, huevos y conservas– en pueblos de las zonas próximas a Madrid (Daganzo, Galapagar, Rabatejada y Valdileches), donde se localizaba, además, su almacén central; y la fabricación, a partir de 1963, de los productos de pastelería. A pesar de que se incorporaron nuevos coches restaurante modernizados, que eran los encargados de dar los servicios de restauración a bordo de los trenes Talgo y TAF, y de que el número de servicios e ingresos era cada vez mayor, los gastos derivados de la actividad aumentaban cada vez más el saldo deficitario del servicio (Tabla 3).

La compañía recibía una subvención de Renfe, pero solicitó en varias ocasiones la autorización para la subida de los precios de los servicios y que ésta, como las administraciones de otros países, se hicieran cargo de los gastos de conservación y amortización del material. Por otro lado, según se indica en la memoria de 1965, aunque estaban obligados a prestar el servicio de restauración en trenes como los TER, como la demanda de los servicios de restauración era prácticamente nula la empresa solicitó la sustitución de los servicios de menú con precios fijos por un servicio de bar o cafetería. Estos servicios fueron imponiéndose paulatinamente hasta el punto que 1968, al inaugurarse el ferrocarril directo entre Madrid y Burgos, los servicios de restauración de estos Talgos se reestructuraron y se sustituyeron los almuerzos por servicios de desayunos y meriendas. Los servicios de restauración clásicos resultaban demasiado onerosos y por ello la restauración ferroviaria en España se transformó a los servicios de barra y cafetería en unos casos y a la venta ambulante o lo que se denominó minibar en otros.

Conclusiones

Como se ha podido observar a lo largo de estas páginas, el ferrocarril, además de modificar la dieta de la población, como pudo ser el caso de la ingesta de proteínas animales, contribuyendo así a la Transición Demográfica, dio lugar en España a dos realidades alimenticias propias e inéditas. Ante las características de las relaciones ferroviarias en España, muy determinadas por complejas combinaciones y por la existencia de diferentes compañías explotadoras, el nuevo sistema de transporte dotó, en primer lugar, a sus principales estaciones con una infraestructura capaz de aportar un servicio destinado a alimentar a los viajeros. Y, en segundo lugar, hizo lo propio en los principales trenes internacionales.

En ambos casos acudió a otras empresas, que, mediante una relación contractual, se encargaron, respectivamente, de gestionar la comida dada, por un lado, en las fondas, cantinas y cafeterías de las estaciones; y, por otro, en los trenes. Hasta donde la documentación ha permitido llegar, se ha podido constatar que estas dos grandes compañías ferroviarias españolas –Norte y MZA– acudieron a la concesión como sistema para satisfacer dicha demanda, lo cual no disminuía en absoluto su consideración de que estos servicios formaban parte esencial de su oferta y de su imagen.

Aunque es cierto que en el primero de los casos acudieron a empresas familiares, cuya participación en el negocio se hacía posible gracias a que las empresas ferroviarias aportaban la casi totalidad del capital fijo exigido por la inversión, mientras ellas aportaban la totalidad del capital circulante, se preocuparon muy mucho de controlar férreamente el servicio y, en especial, la calidad de la comida ofrecida. En cierto modo este propósito dio lugar a una estandarización de la comida que, como se deriva de los menús descritos, no tuvo en cuenta, precisamente, la diversidad gastronómica del país. Llama, también, la atención su larga pervivencia en el tiempo, debido, probablemente, al lento y, a veces, regresivo desarrollo económico del país.

Sin embargo, en el caso de la comida servida a bordo de los trenes, MZA y Norte no dudaron en acudir a la mejor empresa internacional que existía entonces para ello. Como tampoco parece que dudasen en privilegiar una oferta de lujo frente al resto de la demanda, provocando, al efecto, una clara segregación clasista habida cuenta que mientras aquellos con mayor renta podían disfrutar de la comida como una parte más del propio lujo que representaba en sí el viaje, el resto solo podía satisfacer esta demanda con sus recursos propios. No resulta extraño, en consecuencia, que se conozca sobradamente cómo era la comida de los primeros, en tanto apenas sepamos algo de los segundos. El silencio documental que caracteriza a las clases bajas durante estos años sólo queda roto, y, eso sí, muy parcialmente, por la literatura.

Estos dos fenómenos comenzaron a desaparecer a partir de los años sesenta. La mejora de las relaciones ferroviarias, en particular, la erradicación de las rupturas de trayecto, la reducción de los tiempos de viaje y la más tardía desaparición de los trenes nocturnos, fue haciendo cada vez menos necesarios estos servicios. En las estaciones ya no resultaba tan obligado el comer de tal suerte que las fondas y cantinas fueron siendo sustituidas progresivamente por unas cafeterías cuya oferta resultaba menos particular. Y en los trenes ocurrió un proceso similar debido, probablemente, a que el crecimiento económico terminó convirtiendo el lujo ofrecido por una empresa pública en algo difícil de asumir por una sociedad recién llegada a la democracia.

[Archives et sources imprimées]

Castro y Serrano, José de, *La Capitana Cook. Estudio de viajes*, Madrid, Imprenta de T. Fortanet, 1871.

Cien años de ferrocarril en España. Tomo IV, Madrid, Magisterio Español, 1948.

Contrato entre la Compañía de los Caminos de Hierro del Norte y la Compañía Internacional de Coches Camas para la circulación de coches-camas (1901), Madrid, Compañía de los Caminos de Hierro del Norte.

Contrato entre la Compañía de los Caminos de Hierro del Norte y la Compañía Internacional de Coches Camas para la circulación de los trenes surexpresos (1923), Madrid, Imprenta Central de los Ferrocarriles.

Compañía Internacional de Coches Camas y de los Grandes Expresos Europeos : tren Talgo. Minuta (1957), Madrid, Compañía Internacional de Coches Cama.

González de las Cuevas, José, *Diccionario general de ferrocarriles, legislativo, administrativo, técnico y comercial*, Madrid, 1887.

Red Nacional de los Ferrocarriles Españoles [modelo] : contrato...celebrado con... sobre concesión y explotación de la fonda y cantina de la estación de... (194 ?), Madrid, Renfe.

Red Nacional de los Ferrocarriles Españoles [modelo] : contrato...celebrado con...sobre concesión y explotación del café-restaurante-cantina de la estación de... (194 ?), Madrid, Renfe.

Renfe : contrato celebrado con la Compañía Internacional de Coches-Camas y de los Grandes Expresos Europeos sobre explotación de los servicios de camas, restaurantes y bares en los trenes de la Red Nacional de los Ferrocarriles Españoles, Madrid, Renfe, 1941.

Los servicios de coches-camas en los ferrocarriles españoles. 1880-1948, Madrid, s.l., s.n., Diana, Artes gráficas, 1948.

Vicente Garcés, Benito, *Diccionario razonado, legislativo y práctico de los ferrocarriles españoles*, Madrid, 1869.

Bibliografía

Alarcón, Antonio de, *Viajes por España*, Sevilla, Ed. Facsímil. Sevilla : Extramuros, 2007.

Aldecoa, Ignacio, *Santa Olaja de acero*, Madrid, Cuadernos del CAUM, 2012.

L'Association pour l'histoire des chemins de fer, monográfico, « Approvisionnement ferroviaire et pratiques alimentaires des citadins », *Revue d'historie des chemins de fer*, no. 41, 2010.

Bernardos Sanz, José Ubaldo, *No sólo de Pan. Ganadería, abastecimiento y consumo de carne en Madrid (1450-1805)*, Madrid, Universidad Autónoma de Madrid. Facultad de Filosofía y Letras, 1997.

Cabrera, Juan B., *100 años de la Compañía Internacional de Coches-Camas de España : 1880-1980*, Madrid, Ministerio de Obras Públicas y Urbanismo, 1981.

Cabrera, Juan B., *El material móvil de la Compañía Internacional de Coches Camas 1872-1972*, Madrid, Cuadernos Acdef, 1973.

Cabrera, Juan B., « El confort ferroviario. Restaurantes y bares », *Revista MZA*, no. 2, junio, pp. 18-19, 1935.

Collantes, Fernando, « La alimentación en la España del siglo XX : una perspectiva desde la historia económica », Gijón, I Congreso Español de Sociología de la Alimentación, 2009.

Comín, Francisco ; Martín Aceña, Pablo ; Muñoz Rubio, Miguel ; y Vidal Olivares, Javier, *150 Años de Historia de los Ferrocarriles Españoles*, Madrid, Anaya y FFE, 1998.

Gallego Martínez, Domingo, « Obstáculos comerciales a la transición nutricional en la España de comienzos del siglo xx », DT-AEHE no. 1421, www.aehe.net, ISSN 21744912, 2014.

García Arnaiz, Mabel, « Alimentación y cultura en España : una aproximación desde la antropología social », Río de Janeiro, Physsis, *Revista de Saùde Colectiva*, 20. 2 : pp. 357-386, 2010.

Gómez Mendoza, A. y Simpson, J., « El consumo de carne en Madrid durante el primer tercio del siglo xx », Madrid, *Moneda y Crédito* 186, pp. 57-91, 1988.

Grupo de Estudios de Historia Rural, « Contribución al análisis histórico de la ganadería española, 1865-1929 », en Garrabou y Sanz (eds.) (1985a), pp. 229-278, 1985.

Martínez López, A., « El consumo de carne como posible indicador del nivel de vida en la España rural, 1891-1934 », Salamanca, VIII Congreso de Historia Agraria, Preactas, Universidad de Salamanca, pp. 130-141, 1997.

Miguel Muñoz Rubio, *Historia y evolución del uniforme ferroviario. Imágenes para el recuerdo*, Barcelona, Ambit Servicios Editoriales y FFE, 1993.

Muñoz Rubio, Miguel, *Renfe (1941-1991) : Medio Siglo de Ferrocarril Público*, Madrid, Editorial Luna, 1995.

Muñoz Rubio, Miguel, « El transporte ferroviario de ganado y el mercado entre 1848 y 1913 », *Revista de Historia Agraria* no. 67, pp. 79-109, diciembre de 2015.

Muñoz Rubio, Miguel y Vidal Olivares, Javier, « Los Ferrocarriles en la historiografía española », Madrid, *TST* no. 1, pp. 81-111, 2001.

Nicolau, Roser y Pujol, Josep, *Ciudades y proteínas : Barcelona, 1870-1930*, (s.f.).

Petit Herrera, Luis Alberto, « Evolución de la Compañía Internacional de Coches-Camas en los últimos treinta años », Madrid, *Boletín de Información del Ministerio de Obras Públicas*, núm. 125, 1960, pp. 32 y 34.

Ponce, Juan Carlos, *Literatura y ferrocarril en España*, Madrid, FFE, 1996.

Picatoste, Valentín, *En el rápido*, Madrid, Miguel Romero Impresor, 1888.

Vidal Olivares, Javier, « El transporte de ganados a través del ferrocarril : un indicador de la modernización agraria en el País Valenciano, 1850-1914 », *Áreas*, pp. 215-222, 1990.

Troisième partie

S'alimenter d'une ville à l'autre aux buffets de gare et dans la voiture-restaurant

La restauration ferroviaire en Belgique

Gares et train[1]

Louis Gillieaux
Chef de division honoraire SNCB Braine-l'Alleud, Belgique

Paul J.G.M.J. Van Heesvelde
Historien Vrije Universiteit Brussel

La restauration liée au monde ferroviaire peut être approchée de différentes façons mais deux d'entre elles viennent assez rapidement à l'esprit. La première se focalise sur la restauration dans les gares, lieux de départ, d'arrivée ou d'étape. C'est elle qui apparaît presque en même temps que les origines du chemin de fer. La seconde se concentre sur la restauration à bord des trains en circulation. Elle voit le jour plus tard, lorsque différents éléments technologiques ferroviaires sont davantage maîtrisés. La présente contribution examine ces deux questions, dans l'ordre chronologique de leur apparition. L'analyse initiale se concentre sur les premières années de la restauration en gare, depuis les origines du chemin de fer jusqu'à la Première Guerre mondiale. La seconde s'attache aux évolutions de la restauration dans les trains depuis la fin du XIXe siècle jusqu'à nos jours.

1. L'apparition des chemins de fer en Belgique et la restauration dans les gares

L'indépendance de la Belgique (1830), entraînant la rupture des communications du trafic international, a forcé les nouveaux dirigeants de l'État à chercher d'autres possibilités pour atteindre les marchés et rouvrir le port d'Anvers. Dès 1832, on a cherché avec intensité de quelle manière un système de chemin de fer pourrait répondre à ce besoin. Ceci a mené aux lois de chemins de fer de 1834 et 1837 qui dessinaient un réseau assez

[1] Abréviations : APC : Annales parlementaires belges – Chambre ; DPC : Documents parlementaires belges – Chambre. Remerciements : M. Chantereau (Association Patrimoine Compagnie des Wagons-Lits), G. Verbeurgt (SNCB), J. Verhaeven (SNCB), J. Charlier (UCL), A. Adam (UCL), A. Daniel (CIWL), M. Verlinden (CIWL), P. Pastiels (SNCB).

complet, comprenant la quasi-totalité du territoire. Le système prévoyait des communications avec le Royaume-Uni, la Prusse et la France :

> Il sera établi dans le Royaume un système de chemin de fer ayant pour point central Malines, et se dirigeant à l'Est vers la frontière de la Prusse par Louvain, Liège et Verviers, au Nord par Anvers ; à l'Ouest sur Ostende par Termonde, Gand et Bruges et au Midi sur Bruxelles et vers les frontières de France par le Hainaut[2].

Pour la suite du sujet, il est utile de souligner ici que les lignes prévues eurent d'emblée une vocation internationale : elles serviront à relier la Belgique aux pays voisins, du moins ceux avec lesquels elle entretient des relations pacifiques à l'époque : l'Allemagne, la France et la Grande-Bretagne. La superficie relativement réduite du pays n'est pas non plus étrangère au choix de construire quasi simultanément plusieurs lignes.

Dans cette contribution exploratoire, nous regarderons de plus près quelques questions de recherche qui sont susceptibles de fournir des éléments pour le débat. La première question porte sur l'aspect technique, lors de la construction des premières gares. La deuxième question est de savoir qui devait s'occuper des approvisionnements : les entreprises privées, par le biais des concessions auprès des chemins de fer, ou bien les chemins de fer de l'État eux-mêmes. La question se pose aussi de savoir dans quelle mesure la « buvette » originale, comme office séparé dans les salles de justice, a eu un impact sur le choix en faveur d'une disposition similaire aux environs des gares. Jusqu'à présent il n'y a eu guère de recherche sur le rôle des gares dans la restauration pour les voyageurs durant les premières années de l'exploitation ferroviaire. Cette contribution cherche à ouvrir le débat sur ce sujet[3].

1.1. Buffets et buvettes dans les gares du chemin de fer de l'État belge 1835-1914

Plusieurs aspects de l'histoire des chemins de fer belges ont été étudiés assez profondément ces dernières années comme, par exemple la construction du réseau, ou, plus spécifiquement, le développement du matériel roulant. L'architecture des gares a aussi été l'objet de plusieurs publications. Par contre, les études sur l'aménagement de l'espace intérieur des gares sont

---

2 *Moniteur belge*, 4 mai 1834. Voir aussi Van der Herten, B., « Nieuwe interpretaties over de besluitvorming rond de eerste spoorlijn in België, 1830-1834 », in *Belgisch Tijdschrift voor Filologie en Geschiedenis (BTFG)*, 1995, 73 (2), pp. 379-400 ; *Id.*, *België onder stoom. Transport en communicatie tijdens de 19de eeuw*, Leuven, Universitaire Pers Leuven, 2004, pp. 292-314.

3 Voir surtout Richards, J., et Mackenzie, J., *The Railway Station : A Social History*, Oxford – New York, Oxford University Press, 1986, pp. 291-297.

rares. Si des arrêts étaient prévus, on a tardé à ériger des bâtiments et il a fallu beaucoup de temps avant que le réseau ne soit bien équipé d'une infrastructure d'accueil. Il est cependant clair que dans les premières années on ne prêtait guère attention aux besoins des voyageurs ni à l'aménagement des buffets et buvettes pouvant offrir aux voyageurs à longue distance quelque chose à boire et à manger. Plusieurs hypothèses expliquent ce manque d'intérêt. Une première explication provient du choix des autorités, en 1832, de développer le réseau par des concessions, ce qui revenait à confier un rôle important au secteur privé. Elles ont vite abandonné cette option, mais elles n'ont pas donné de réponse à la question de savoir qui devait se charger des approvisionnements. Elles n'ont pas stipulé explicitement si c'étaient les concessionnaires ou les autorités qui devaient s'en charger. Il est possible que l'analogie avec les buvettes des salles de justice, comme le décrivent les Pandectes belges, puisse avoir influencé le choix en faveur de l'initiative privée dans le domaine des chemins de fer.

> Ce nom [buvette] était autrefois spécialement réservé à une sorte de cabaret, situé près du palais de justice ou dans le palais même, où les magistrats et les avocats allaient habituellement déjeuner et se rafraîchir. Les fonctions de buvetier avaient même été érigées en titre d'office. Aujourd'hui ce nom se donne aussi au buffet de rafraîchissements établi dans les chambres législatives et dans les gares de chemin de fer. Dans ces dernières, la buvette est distincte du buffet en ce que le service de ce dernier est plus relevé et plus cher[4].

Par ailleurs, les recherches récentes ont démontré que ce sont surtout les critères techniques et non les besoins des utilisateurs des chemins de fer qui ont déterminé le plan et la façon de construire des gares[5].

En 1891, le ministre des chemins de fer, M. Vandenpeerenboom, a pris une position précise sur les buffets et les buvettes. C'était pratiquement cinquante-cinq ans après l'ouverture de la première ligne de chemin de fer entre Bruxelles et Malines. Au Parlement, les avis étaient partagés. D'un côté, des parlementaires comme Heynen s'opposaient à l'augmentation du nombre de buffets ; d'un autre, des parlementaires comme Grosfils esti-

---

4 Picard, E., & D'Hoffschmidt, N., *Pandectes belges. Encyclopédie de législation, doctrine et de jurisprudence belge*, t. 18, 1886, 1212.

5 Van Heesvelde, P., « Inventing the Future. Early Railway Station Planning and Mechelen "Central Station" 1835-1845 », in Roth, R., & Van Heesvelde, P. (eds.), *The City and the Railways in the World. 19th to 21st Century* (sous presse) ; *id.*, « ¿Una ciudad detro de la ciudad ? Malinas y el Arsenal – El Taller Central de los Ferrocarrilles Estatales – entre 1836 y 1914 », in Munoz Rubio, M. (ed.), *Organizacianes obreras y represión en el ferrocarril : una perspective internacional*, Madrid, 2011, pp. 29-50 ; *id.*, « Living Apart Together ? La ville de Malines et l'Arsenal – Atelier central des Chemins de fer de l'État (1836-1914) », dans « Ateliers et dépôts du matériel ferroviaire : deux siècles d'histoire », *Revue d'histoire des chemins de fer*, 28-29 (2003), pp. 420-437.

maient que le nombre de restaurants était insuffisant pour les voyageurs. Ces points de vue opposés conduisirent le ministre à adopter un point de vue modéré. Il conclut que la vérité se trouvait entre ces deux opinions : dans les gares importantes, il fallait un buffet-restaurant, tandis que dans les gares de moindre importance, une buvette suffisait : « La situation actuelle est donc satisfaisante »[6]. Il est clair que cette lente évolution sur le terrain résulte d'un développement relativement long.

1.2. Le développement des bâtiments de gare jusqu'en 1850

Malines a été pendant une courte période le nœud central du réseau nouveau, ce qui entraîne que la gare de Malines peut être considérée comme prototype du développement ultérieur des gares. La première ligne des chemins de fer a remporté un succès inouï. Des milliers de passagers se sont pressés pour voyager entre Bruxelles et Malines, mais l'encadrement du transport des passagers était insatisfaisant. Au début déjà, la presse a dénoncé l'absence d'aménagements pour les voyageurs dans les environs de la gare. « Depuis l'inauguration du chemin de fer, on regrettait qu'aucun établissement ne se fût placé à proximité des voyageurs, et qu'il fallût traverser toute la ville de Malines pour rencontrer un hôtel ou un restaurant »[7]. En 1835 le ministre des Affaires intérieures a demandé, dans son premier rapport annuel au Parlement, une augmentation du budget pour plusieurs bâtiments de service, parce que ceux-ci avaient été conçus de façon trop étriquée : « L'affluence toujours croissante des voyageurs depuis ce jour, nous a aussi forcés à élever successivement ou à agrandir des bureaux de recette, des barricades, des corps-de-garde, des hangars pour abriter les voitures, etc., et dont la dépense ensemble monte jusqu'à ce jour à près de 50 000 francs »[8]. Les experts, tant financiers qu'architecturaux, belges et internationaux montraient un intérêt croissant pour les plans et pour la construction des gares. Eux aussi ont remarqué que l'interface entre l'infrastructure des chemins de fer et son environnement n'était pas suffisamment développée. Les choix originaux ont été expliqués dans un rapport au Parlement, quatre ans après l'ouverture de la première ligne. Le plan des lignes était en premier lieu basé sur une étude prévisionnelle des flux de passagers. Par contre, le choix de l'implantation de l'infrastructure des haltes, y compris l'infrastructure technique, était lié aux prescriptions techniques. L'importance démographique ou économique d'un lieu comptait, mais l'élément déterminant dans le choix était la situation de

6 APC, 1890-1891, 22 avril 1891, p. 860, intervention de Vandenpeerenboom.

7 *Moniteur belge*, 14 mai 1835 ; 26 mai 1835 ; 29/30 mai 1835 ; 07 juin 1835.

8 DPC, 1835-1836, 5, Rapport sur les opérations du Chemin de Fer par M. le Ministre de l'Intérieur, p. 8.

la gare dans le système des chemins de fer. Des critères techniques comme l'entretien intermédiaire et l'autonomie maximale des locomotives et des voitures constituaient des éléments prépondérants dans le choix de l'emplacement des gares. Pour les gares situées entre ces gares « de base », ces règles ne jouaient pas. Pour celles-là, la demande de transport constituait l'élément déterminant dans le choix de l'emplacement. Certes, il était plus difficile d'estimer la demande exacte de transport que de définir les prescriptions techniques, mais après quatre ans d'expérience d'exploitation des chemins de fer, on a surtout compris que les gares devaient être conçues plus spacieuses que ce qu'on avait prévu initialement[9]. En 1840, le gouvernement demanda un budget supplémentaire afin de rattraper le retard dans la construction des gares et combler les déficits du budget. Pour éviter tout malentendu : ce budget devrait servir à la totalité des dispositions techniques et non seulement aux bâtiments destinés aux voyageurs. Dumonceau, membre du Parlement, a rédigé le rapport sur la question de l'augmentation du budget. Il ressort de son analyse que moins de 40 % du montant des coûts estimés avait été dépensés. Aucune des gares n'était achevée. Par conséquent, on devait encore chercher des moyens financiers importants. L'absence d'une infrastructure pour les passagers, sans parler des buffets et des buvettes, était frappante. On avait laissé tout ce domaine au secteur privé, comme cela avait été envisagé pendant les discussions initiales. Perrot l'a bien démontré dans son petit ouvrage donnant un aperçu des chemins de fer belges, datant de 1844. La gare de Malines était au fond trop petite et on ne pourrait pas imputer aux ingénieurs d'avoir voulu trop de luxe. L'analyse de Perrot met en avant deux éléments qui expliquent pourquoi le budget prévu pour les gares était trop bas : au moment de l'établissement des projets pour les chemins de fer, on était parti de l'hypothèse que l'exploitant de la ligne répercuterait les coûts de l'exploitation sur les prix. Les exploitants payeraient toutes sortes de coûts concernant les gares, les salles d'attente, les guichets, les buffets, etc. Cette hypothèse était devenue caduque parce que c'était l'État qui s'occupait de l'exploitation. Par ailleurs, les villes ne manquaient pas de conclure des conventions pour l'aménagement des lignes qui les désenclavaient ou pour compenser la perte des terrains servant à construire celles-ci. Il faut remarquer que les ambitions des villes différaient de celles que les ingénieurs avaient en tête quand ils avaient dessiné le projet du réseau :

> Les conventions faites pour l'établissement des stations [...] ont pour effet de contraindre l'administration à revêtir les constructions qu'elle faisait d'un caractère plus grandiose, sans aller cependant jusqu'au style monumental. Les villes [...] exigeaient du gouvernement que les bâtiments à construire

---

9 DPC, 1839-1840, 4, Chemins de fer et routes ordinaires 1830-1839. Rapport présenté aux Chambres législatives, p. 30 et 31.

répondissent dignement à leur destination et ce sont des exigences auxquelles il est toujours fort difficile de résister[10].

Au cours des débats sur le budget, les parlementaires se sont inquiétés à plusieurs reprises de l'aspect monumental des bâtiments, entraînant un prix plus élevé. Personne n'a plaidé en faveur d'une meilleure infrastructure d'accueil ou des buffets. En 1842, Hoffschmidt demanda formellement dans son intervention de ne pas ériger des édifices monumentaux.

> J'ai dit qu'on nous demande, pour établissement des stations, des sommes fort élevées. Par exemple, pour la station du Nord de Bruxelles, les travaux sont évalués à 1 315 000 fr. Cela me paraît exagéré. J'en tire la conséquence qu'on veut des constructions monumentales. Certes, si nos finances étaient dans un état prospère, si le chemin de fer, au lieu de laisser un déficit, donnait un déficit [*sic* ; probablement le parlementaire a-t-il voulu dire : bénéfice] au trésor, alors je comprendrais parfaitement l'érection de stations aussi brillantes. Je serais un des premiers à y donner mon approbation. Mais dans l'état actuel de nos finances, en présence du déficit que laisse le chemin de fer, j'avoue que je ne puis que blâmer des constructions aussi dispendieuses. Plus tard, quand le chemin de fer sera devenu plus profitable au trésor, s'il laisse de l'excédent, qu'on l'emploie à des dépenses de luxe ; d'accord. Mais, je le répète, il me semble que, pour le moment, on affecte une trop forte somme pour la construction des bâtiments destinés au chemin de fer[11].

Il n'était pas le seul défenseur de l'orthodoxie du budget. En effet, les partisans d'une augmentation du budget étaient rares. La situation de guerre avec les Pays-Bas avait coûté beaucoup d'argent. Delfosse, parlementaire lui aussi, était le seul à intervenir en faveur de l'amélioration de l'infrastructure d'accueil, surtout dans les petites gares, sans qu'il perde de vue pour autant la réalité du budget. Il a ainsi critiqué les salles d'attente trop étroites qui ne pouvaient accueillir qu'à peine cinq personnes à la fois. On aurait dit que l'autorité souhaitait plutôt tenir à distance les voyageurs au lieu d'augmenter leur nombre[12]. Le secteur privé n'était cependant pas resté les bras croisés et dans la même période une buvette ouvrit dans les environs de la gare de Malines. Dès 1846, la direction des chemins de fer a interdit à son propre personnel de vendre des boissons dans les gares. L'absence d'une infrastructure d'accueil avait laissé un créneau commercial que les responsables des services, travailleurs des chemins de fer, avaient comblé de leur propre initia-

10 Perrot, E., *Des chemins de fer belges*, Bruxelles, 1844, p. 44. Lichthammer, « Ueber einige Bahnhöfe des westlichen Deutschlands und Belgiens », dans *Allgemeine Bauzeitung*, 1842, pp. 354-363.

11 *Moniteur belge*, 250, 7 septembre 1842.

12 *Moniteur belge*, 19 janvier 1843.

tive[13]. Le développement demeurait néanmoins une question délicate. Ceci ressortit clairement du budget de 1861. Vingt-cinq ans après l'ouverture de la première ligne, une action s'imposait car les gares et les dépendances des chemins de fer laissaient encore beaucoup à désirer. Après un quart de siècle, une action de rattrapage était indispensable pour que le réseau national soit achevé. La loi du 8 septembre 1859 mit à la disposition du gouvernement un budget supplémentaire de 8 772 000 francs[14].

1.3. Les buffets entre 1850 et 1890

Il ne fait aucun doute que l'infrastructure d'accueil dans les gares présentait des défauts. Les connexions internationales, réalisées grâce au réseau de base, avaient permis de mener à bien quelques opérations susceptibles d'augmenter le confort des voyageurs. À partir de 1843, l'ouverture de la ligne de la Vesdre a permis de voyager d'Ostende jusqu'à la frontière allemande et jusqu'en Rhénanie. Tant sur les lignes vers l'Allemagne que vers la France, le trafic augmentait constamment. La croissance des déplacements de voyageurs est représentée dans le graphique n° 1. Cependant, on ne peut indiquer d'une façon univoque dans quelle mesure l'ouverture des buffets est due à cette croissance (graphique 1).

Graphique 1. Arrivées en Belgique depuis la région rhénane et la France : Compte rendu annuel d'exploitation, années citées

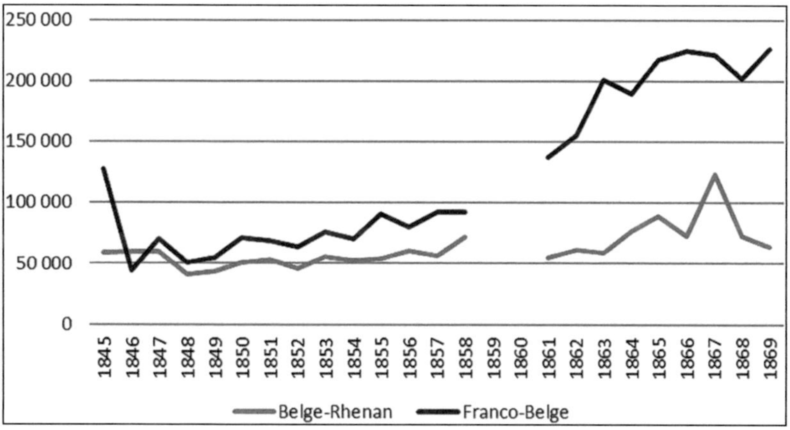

Source : Compte rendu annuel d'exploitation, années citées.

13 SNCB, Archives et Photothèque, Ordres de Service, 27 janvier 1846, n° 2.
14 DPC, 1860-1861-33, 7 décembre 1860, p. 21.

En 1852 des voix se sont élevées au Parlement pour l'aménagement d'une salle d'attente et d'un buffet pour les voyageurs entre Ostende et l'Angleterre[15]. Au début des années 1850, les débats dans l'hémicycle parlementaire portaient surtout sur la façon dont on attribuait les concessions. Presque toutes les pétitions portaient sur les problèmes concernant les concessions. Les parlementaires considéraient les concessions comme une importante source de revenus pour les chemins de fer. Cependant, ils redoutaient de laisser beaucoup de liberté sur le domaine des chemins de fer, dans la crainte de porter préjudice aux restaurateurs et aux hôteliers dans les environs des gares. Toutefois, le sujet d'irritation le plus important concernait l'attribution gratuite de concessions, comme cela avait été le cas à Namur au printemps 1858. Un autre sujet d'irritation important avait trait aux cas où le personnel des gares faisait exploiter le buffet de la gare par un homme de paille, mais où ce personnel empochait les profits, de façon à augmenter son salaire payé par l'administration. De plus, le buffet de gare avait l'air de se transformer en bar local populaire, au détriment des exploitants aux alentours de la gare[16].

Les interventions des parlementaires portaient souvent sur les aspects plutôt techniques, par exemple le lieu d'implantation des buffets, la taille des bâtiments en fonction du nombre d'utilisateurs et surtout la question de savoir si les gares devraient se transformer en « cabarets ». La question s'est posée de savoir dans quelle mesure l'autorité avait le droit d'exproprier des terrains pour y construire un café ensuite ? La présentation des faits était exagérée, mais ceux-ci faisaient ressortir une question : dans quelles gares convenait-il d'installer un buffet et dans lesquelles n'était-ce pas indiqué ? Ne fallait-il pas se limiter à installer des buffets dans les gares où des passagers internationaux devaient prendre une correspondance et ne disposaient pas de suffisamment de temps pour manger en ville ? On estimait que les buffets n'étaient pas nécessaires pour les gares de moindre importance. L'intervenant parlait de la gare de Wavre[17]. Cette idée avait néanmoins des inconvénients. Ainsi, la gare de Marbehan, ayant une fonction internationale importante, en guise de gare de frontière, alors que les équipements étaient lamentables : « une chambre basse de 12 mètres carrés à peu près, remplie d'une atmosphère de fumée et de boissons, car le buffet y est attenant, et dotée d'une demi-douzaine de sièges. Et si, pour fuir ce milieu, l'on pénètre sur le quai, c'est alors la neige, la pluie ou le vent du nord qui vous attendent »[18].

---

15 APC, 1851-1852, 2 avril 1852, p. 1028.

16 APC, 1857-1858, 2 juin 1858 (Namur) p. 1071 ; 1861-1862, 9 mai 1862 (Hasselt), p. 1223 ; 1862-1863, 13 novembre 1862 (Hasselt), p. 11 ; 1867-1868, 25 mars 1868 (Landen), p. 917.

17 APC, 1879-1880, 24 avril 1880, p. 890.

18 APC, 1892-1893, 20 avril 1893, p. 1219.

Graphique 2. Recettes indirectes – Rapport entre la recette indirecte globale et celle des buffets, 1858-1869 Chemin de fer de l'État

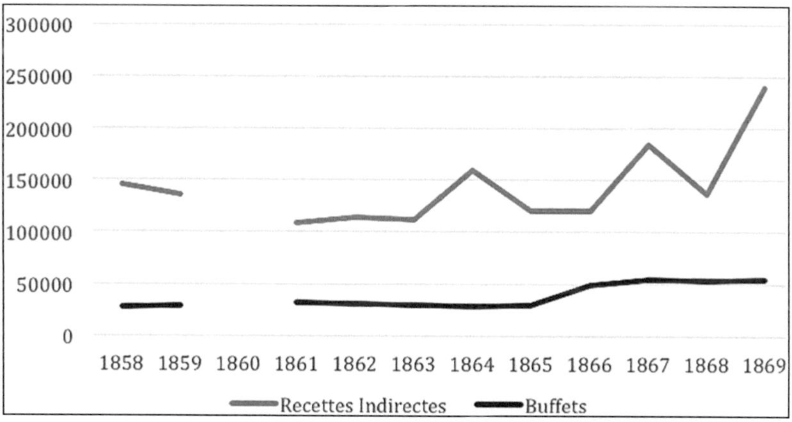

Source : Compte rendu annuel d'exploitation, années citées.

La croissance du trafic international des voyageurs a aussi servi de support à des demandes innovantes au Parlement. Le comte de Paris, parti en Angleterre, était en 1887 arrivé à Ostende avec un retard si important qu'il en avait raté son repas. « Le comte de Paris se demanda comment il se faisait qu'en Belgique, dans ce pays des repas pantagruéliques, on ne pouvait plus ni boire ni manger en 1887 »[19]. On a suggéré qu'on pourrait remédier à ce manque de confort en adoptant les bonnes pratiques des réseaux voisins. Ainsi, une des possibilités consistait à fournir de petits paniers de pique-niques pour le voyage. Le conditionnement et la coutellerie pourraient être déposés à la gare d'aval et renvoyés à la gare de départ. Une autre possibilité consistait en l'insertion d'une voiture spécialisée dans les trains internationaux, ce qui permettait de prendre un repas pendant les voyages plus longs[20]. Cette dernière solution allait être appliquée par la Compagnie des Wagons-Lits. Une fois de plus, on avait laissé le champ libre au secteur privé pour la prestation des services aux voyageurs internationaux.

---

19 APC, 1886-1887, 16 mars 1887, p. 716.

20 APC, 1886-1887, 16 mars 1887, pp. 716-717.

1.4. Évolutions ultérieures dans le domaine de la restauration de gare

Au Parlement, les avis sur les investissements dans les buffets de gare restaient partagés. En 1891, le ministre Vandenpeerenboom avait jugé que la situation était satisfaisante à ce moment-là, à l'instar de quelques fractions de parlementaires militant pour un statu quo du nombre de buffets. D'autres fractions avaient rompu une lance en faveur de la croissance continue du nombre de buffets. Vandenpeerenboom en avait conclu qu'il n'était pas nécessaire de faire croître le nombre de buffets : « vingt stations ont des buffets-restaurants ; dix-huit n'ont qu'une simple buvette, et, depuis sept ans, ce nombre n'a été augmenté que de deux... Voilà donc des conseils en sens contraire ! La vérité est, je pense, entre ces deux opinions : dans les gares importantes, il faut évidemment des buffets-restaurants ; dans celles de moindre importance, une buvette suffit »[21].

Dès les années 1890, les chemins de fer ont été l'objet d'une réforme profonde. Celle-ci concernait aussi les buffets. La qualité de certains d'entre eux était toujours lamentable. Ceci ressort des interventions à la Chambre : « Pour attendre ces trains directs, les voyageurs doivent séjourner dans ces salles d'attente exiguës et dans une salle de buffet établie dans des conditions détestables : il faut réellement mourir de faim pour se décider à manger dans un taudis où l'on est constamment bousculé par les arrivants et les sortants »[22]. Depuis 1895, les autorités menaient une politique plus active sur le plan de la restauration de gare. Des buffets ont été fermés ou transformés en buvettes. Dès 1896, la direction des Chemins de fer a appliqué un cahier de charges-type pour les adjudications des concessions afin de parvenir à une plus grande uniformisation et surtout à contrôler la consommation de l'alcool dans les buffets. La prohibition totale de la consommation de l'alcool fut instaurée dans neuf buffets et buvettes. Dans le rapport annuel, il n'est cependant pas indiqué dans quels buffets la consommation d'alcool était défendue auparavant. Cette mesure contre l'abus de l'alcool a atteint son but, ce qui a eu un impact sur les revenus : le graphique des revenus directs de la restauration de gare ci-dessous montre une chute à partir des années 1890 du XIXe siècle. La baisse continue graduellement au fur et à mesure que l'application du cahier des charges-type se généralise. Chaque nouvelle concession et chaque renouvellement d'un contrat menait à une extension plus large de la prohibition. En 1900, la consommation d'alcool était déjà défendue

---

21 APC, 1890-1891, 20 avril 1891, p. 860.

22 APC, 1893-1894, 4 mai 1894, p. 1311.

dans quatorze buffets et buvettes[23]. Les revenus provenant des concessions continuèrent à diminuer les années suivantes.

Graphique 3. Évolution des recettes indirectes des buffets 1858-1913

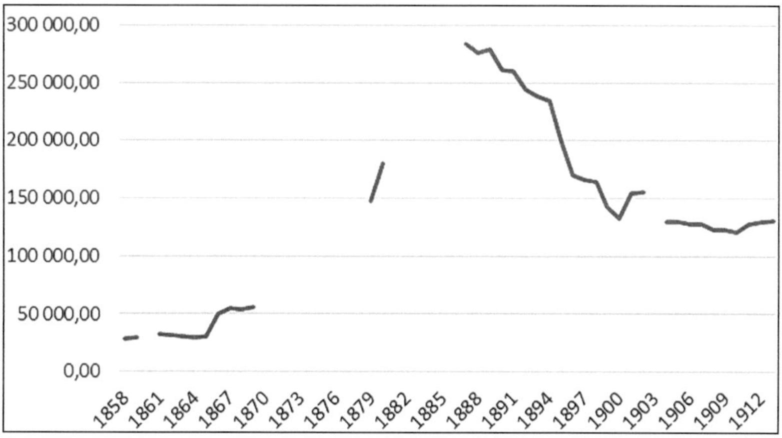

Source : Compte rendu annuel d'exploitation, années citées.

On ne peut se risquer à avancer des conclusions cohérentes quand il s'agit d'une recherche préliminaire. Toutefois, il est possible de tracer quelques grandes lignes. Lors des débats sur le réseau ferroviaire en Belgique, on est parti du point de vue qu'on procéderait par la voie de concessions. Dans cette hypothèse, le concessionnaire devait se charger de toutes les tâches supplémentaires, dont le soin de l'infrastructure d'accueil des voyageurs. Cette piste a été abandonnée. En effet, si l'État était devenu responsable de la réalisation du réseau…les autorités auraient pris leurs responsabilités. Ce ne fut pas le cas. La façon de concevoir les gares s'expliquait surtout par les nécessités techniques des locomotives et non par les besoins des voyageurs. La porte avait été laissée ouverte à l'initiative privée. La prohibition de l'exploitation de débits de boissons pourrait porter à croire que le personnel des chemins de fer s'occupait bien lui-même de l'approvisionnement des voyageurs. L'évolution à long terme va fondamentalement dans le même sens : il ressort des interventions parlementaires que les membres de la Chambre des représentants étaient plutôt favorables à l'initiative privée. Les buffets qui s'étaient ouverts entretemps n'étaient pas tous d'une bonne qualité. Aussi n'est-il pas surprenant que le créneau commercial ait été occupé en prévoyant des repas à bord, dans les voitures équipées pour la restauration. Selon les Pandectes belges,

23 DPC, 1896, 212, *Compte Rendu des Opérations*, pp. 47-48 et 1900, 206, p. 38.

les services dans les tribunaux, notamment les buvettes exploitées par des tiers, sont à l'origine des buvettes dans les gares. Il est possible que le développement assez défectueux de la restauration de gare pendant les premières décennies de l'histoire des chemins de fer soit une continuation logique de la situation qui prévalait dans les établissements administratifs, notamment les tribunaux, une hypothèse qui devrait être étudiée.

2. La restauration ferroviaire dans les trains

Indépendamment de l'évolution des buffets, le voyageur en train put faire un choix alternatif dès lors qu'une restauration embarquée lui fut proposée. Durant les premières décennies d'existence des chemins de fer belges, le besoin de restauration à bord des trains belges ne se fait pas vraiment ressentir. Il est vrai que les temps de parcours étaient peu importants, du fait des distances assez limitées. Quinze ans à peine après la mise en service de la première ligne, quelques exemples, tirés des documents horaires de 1850[24], le montrent très bien : Bruxelles-Malines : 30 minutes (c'était déjà une heure à peine, dès 1835 !) ; Bruxelles-Anvers : 50 minutes ; Bruxelles-Liège, *via* Malines à cette époque : 3 h 45, pour près de 125 km. C'est donc d'un autre plan géographique que vint l'évolution.

2.1. De l'essor des relations transnationales au besoin de restauration dans les trains

De par ses caractéristiques géographiques et économiques, la Belgique s'est très tôt ouverte vers les pays voisins. Et comme on l'a relevé, le réseau ferroviaire a été conçu pour faciliter les relations internationales. La jonction avec la France est effective dès 1841. À partir de 1843, il est possible de se rendre en train depuis la Belgique jusqu'à Cologne. En 1846, la relation Bruxelles-Paris est mise en service, ce qui constitue la première liaison ferroviaire intercapitales au monde.

Le développement de la révolution industrielle favorisait de nombreuses audaces entrepreneuriales. Les Anglais, pionniers, investissent dans plusieurs pays du continent. Peu de temps après la construction des premières lignes belges, ils prennent l'habitude, au départ d'Ostende, de traverser la Belgique en train, pour continuer vers les empires centraux, la Suisse ou l'Italie. Dès lors on constate une croissance régulière du nombre des déplacements et de leur longueur.

---

[24] Chemins de fer de Belgique Tableau de Service à dater du 1er avril 1850, SNCB, Service des Archives.

Bien entendu, durant les premières décennies de fonctionnement des chemins de fer, les performances des locomotives et du matériel en général sont encore bien loin de celles du XXe siècle. De nombreux arrêts intermédiaires sont dans bien des cas justifiés par des prises d'eau pour les locomotives voire le remplacement de celles-ci. De plus, cette époque est encore bien éloignée des accords de Schengen : les arrêts aux frontières sont encore systématiques, avec leur cortège de contrôles de police et de douane. On l'a vu précédemment, plusieurs gares où les trains internationaux marquent des arrêts intermédiaires sont dotées de buffets qui offrent des possibilités de restauration pour les voyageurs. Dans les premiers temps, les voyageurs s'en accommodent, d'autant que, fondamentalement, cela ne représente pas un grand changement par rapport à la période antérieure au chemin de fer.

Mais, bien vite, les voyageurs ont aspiré aussi à se déplacer plus rapidement, en perdant moins de temps dans des arrêts intermédiaires. Ils souhaitent aussi bénéficier de conditions plus confortables. Lorsque le voyage devra être long, ils cherchent à se procurer de la nourriture pour s'alimenter dans le train pendant le voyage. Un nouveau besoin s'exprime et se fait pressant. Ainsi, en 1887, les comptes rendus des débats au Parlement belge font état de plaintes de voyageurs au long cours, dont certains venus de Grande-Bretagne[25]. Ceux-ci regrettent le manque d'équipements permettant de se restaurer correctement durant le voyage. Un parlementaire propose alors que dans les gares de départ – il pense entre autres à Ostende – l'on prépare des paniers-repas qui pourraient être servis aux voyageurs à bord des trains durant le voyage. Une des premières suggestions de réponse aux besoins exprimés.

Parallèlement, Georges Nagelmackers, un entrepreneur belge de renom, Liégeois d'origine, mettait progressivement sur pied sa Compagnie des Wagons-Lits, bien vite devenue Compagnie Internationale des Wagons-Lits. On ne s'attardera pas ici sur la prestigieuse épopée de cette entreprise. Mais, pour cette contribution, on en retiendra qu'après des essais entamés en 1882, Nagelmackers intégra d'emblée un wagon-restaurant à l'*Orient-Express*, en 1883[26]. La restauration organisée à bord des trains était née sur le continent européen après avoir été expérimentée aux États-Unis. Elle n'allait pas cesser de se développer.

On le sait, Nagelmackers lança nombre de trains à grand parcours et, à cette fin, passa de nombreux accords avec les États traversés ainsi que les

---

25 Annales parlementaires de Belgique, Chambre des représentants, 1886-1887, séance du 16 mars 1887, p. 716.

26 Coudert G., Knepper M., Toussirot Y., *La Compagnie des Wagons-Lits*, Paris, La Vie du Rail, 2009, pp. 11 & 12.

compagnies de chemins de fer concernées. Il inclut une voiture-restaurant dans la plupart de ces trains internationaux.

Pour ce qui concerne la Belgique, l'Administration des chemins de fer belges conclut avec la Compagnie une nouvelle convention pour l'organisation et la circulation des trains de cette dernière en 1893[27]. Dès 1894, apparaît la branche « Ostende » de l'Orient-Express, qui rejoint à Strasbourg – et, plus tard, à Vienne – la branche partie de Paris. Le *Nord-Express* est quant à lui créé en 1895[28]. Il relie Paris à Berlin et Saint-Pétersbourg. Il comporte aussi une ligne partant d'Ostende et qui se raccorde à Liège à celle en provenance de Paris. Peu de temps après, un express circulant entre Ostende et Trieste, *via* la Suisse et Milan voit le jour. Ainsi, au tournant du siècle, on dénombrait en Belgique plusieurs trains internationaux à destination de la France, des Pays-Bas, de l'Allemagne et de la Suisse, qui comportaient, outre des voitures-lits pour les relations de nuit, des voitures-restaurants ou des voitures-salons. Car, dès 1884, la CIWL avait engagé des voitures-salons sur la relation Paris-Bruxelles[29]. À partir de 1899, elle mit en service de nouvelles voitures-salons, dotées d'un buffet et d'un office-cuisine.

La Compagnie Internationale des Wagons-Lits créa en Belgique une « section » à Bruxelles et une « inspection » à Ostende[30]. La gare de cette ville était en effet la tête de ligne de plusieurs grands trains de la Compagnie. On peut noter au passage que le grand hôtel qui faisait partie du bâtiment de la gare d'Ostende avait été pris en gestion par la « Compagnie Internationale des grands hôtels », une filiale de la Compagnie Internationale des Wagons-lits[31]. Son implantation était largement justifiée par la clientèle internationale qui devait nécessairement passer du train vers le bateau et *vice-versa* pour les relations avec la Grande-Bretagne.

Ses unités décentralisées, telles que Bruxelles et Ostende, étaient organisées de façon essentiellement fonctionnelle et opérationnelle. De ce fait, les documents ayant trait aux activités, qui étaient les plus nombreux, étaient élaborés puis utilisés, et ensuite regroupés et temporairement conservés pour autant que de besoin. En général, leur trace disparaissait ensuite. Cette caractéristique de l'activité, de même que les réorganisations successives de la Compagnie des Wagons-Lits, jusqu'à sa fin en Belgique au début du XXIe siècle, ont eu pour effet que nombre de documents opéra-

---

27 Ministère des chemins de fer, Compte rendu des opérations de l'année 1893, p. (A) 64.

28 Guizol A., *La Compagnie Internationale des Wagons-Lits*, Chanac, La Régordane, 1995, p. 34.

29 Coudert G., Knepper M., Toussirot Y., *La Compagnie des Wagons-Lits*, Paris, La Vie du Rail, 2009, p. 280.

30 Guizol A., *op. cit.*, p. 110 & 112.

31 Guizol A., *op. cit.*, p. 180.

tionnels antérieurs aux années 1960 ne sont pratiquement plus accessibles, s'ils existent encore ici ou là. Cependant, à partir de divers recoupements, on peut raisonnablement poser que les services de restauration à bord étaient eux-mêmes fort similaires à ceux offerts en France.

Cela résultait tout d'abord de l'application rigoureuse des règles strictes de la Compagnie pour les services à bord. Mais la connexité était renforcée par le fait que plusieurs trains reliaient la Belgique et la France. Sans doute y a-t-il eu, au départ d'Ostende, une plus grande utilisation des produits de la mer, du fait de la localisation des services de préparation des repas et des goûts de la clientèle britannique, très importante dans les trains au départ d'Ostende. On peut également relever que les services de restauration à bord des trains, assurés par la Compagnie, se sont adaptés à l'évolution socio-économique que la clientèle a connue. En effet, comme toutes les entreprises privées, la Compagnie était soucieuse de ses résultats financiers. À titre d'exemple, on voit dans le compte rendu officiel de 1904 des chemins de fer de l'État belge que dorénavant l'accès aux wagons-restaurants est autorisé aux voyageurs de seconde classe[32].

Le besoin d'une restauration organisée à bord des trains du service intérieur belge, on l'a dit, ne s'était pas fait sentir à l'origine, compte tenu des distances relativement limitées à parcourir. Les progrès réalisés durant la seconde moitié du XIXe siècle, entre autres en matière de réduction de temps de parcours, allaient confirmer ce constat de départ. Une exception est cependant apparue au tournant du XXe siècle. En 1899, les chemins de fer de l'État belge suppriment la Première classe en service intérieur. Mais pour compenser en partie cette suppression, ils concluent un contrat avec la CIWL pour faire circuler des trains composés de voitures-salon-restaurant ou en comportant au moins une sur plusieurs lignes principales belges et sur quelques relations internationales[33]. Le service démarra en 1899 pour concerner bientôt 13 relations. Quelques-unes avaient un caractère international : vers Paris, Amsterdam, Herbesthal avec correspondance vers l'Allemagne, ainsi qu'un service entre Lille et Ostende. En Belgique, ces voitures circulaient entre Bruxelles et plusieurs villes importantes de province. Deux services spécifiques desservaient même des destinations prisées du littoral : Ostende et Knokke. Un autre reliait Verviers, un centre économique majeur du tournant du siècle, à Spa, la ville d'eau de renommée internationale. Un autre enfin, la liaison Ostende-Ardenne, était caractéristique de la Belle Époque. Elle apparaissait assez particulière. Certes, Ostende était la « reine des plages ». Mais, à propos de l'Ardenne :

---

32 Ministère des chemins de fer, Compte rendu des opérations de l'année 1904, p. (A) 45.

33 Commault R., *Les salons belges de la Compagnie Internationale des Wagons-Lits*, Paris, La Vie du Rail, 1976, n° 1573, pp. 42-44.

pourquoi une telle destination qui se révélait être une petite halte totalement inconnue, proche de Houyet mais perdue au milieu des bois, dans la vallée de la Lesse ? Comme on l'a relevé plus haut, la « Compagnie Internationale des grands hôtels », filiale de la Compagnie Internationale des Wagons-lits, possédait plusieurs hôtels à Ostende. Mais, dans la cadre de sa politique hôtelière, celle-ci s'était aussi dotée d'un autre hôtel de luxe, appelé « château royal d'Ardenne », situé en plein cœur de l'Ardenne belge, à Gendron-Celles, sur les hauteurs de la Lesse[34]. Lorsqu'un accord avait été conclu entre les chemins de fer de l'État belge et la Compagnie pour l'organisation des trains avec voitures salons-restaurants, celle-ci y avait intégré un service d'été reliant ces deux villégiatures de luxe. L'hôtel ardennais possédait même sa halte privée sur la ligne de chemin de fer Dinant-Bertrix. Comme celle-ci était située dans la vallée alors que le château-hôtel était établi sur la colline, une rampe permettait aux calèches d'aller de la gare à l'hôtel et *vice-versa*. Une illustration très symbolique de la Belle Époque ! Quelques-uns de ces services n'étaient cependant organisés que le week-end et durant l'été : de début juin à fin septembre. Le service sera assuré jusqu'à la Première Guerre mondiale. Il reprendra après celle-ci mais il déclinera bien vite car la clientèle a restreint son train de vie du fait des séquelles du conflit mondial. La crise économique mondiale de la fin de la décennie et du début de la suivante lui portera le coup de grâce. Le service disparut au début des années 1930.

Après le premier conflit mondial, les services ont repris cependant, tout en se modernisant et en se réorganisant. Les fameuses nouvelles voitures Pullman métalliques sont mises en service à partir de 1927. C'est aussi l'époque où apparaissent de nouveaux trains prestigieux, tels que le train Pullman *l'Étoile du Nord*, lancé en 1927, entre Paris, Bruxelles et Amsterdam[35]. Il est suivi en 1929 par *l'Oiseau bleu*, autre train avec voitures Pullman, qui circule entre Paris, Bruxelles et Anvers. L'*Édelweiss* joignant Amsterdam à la Suisse *via* Bruxelles voit aussi le jour dans les années 1930. Ces trains de prestige offrent bien entendu la restauration à bord. Certains trains internationaux classiques entre la Belgique et Paris offrent aussi un service de restauration en voiture-restaurant.

Avec cette nouvelle offre de services qui voit progressivement le jour, la CIWL réorganise la répartition des prestations des brigades de restauration relevant de ses différentes sections nationales, pour optimiser ses coûts de production. La section belge reste présente sur plusieurs services internationaux au départ ou à destination du pays.

---

[34] Guizol A., *op. cit.*, p. 180.

[35] Guizol, A., *op. cit.*, p. 60.

2.2. La restauration à bord après la Seconde Guerre mondiale

La période qui suit la Seconde Guerre mondiale a vu la reconstitution progressive des services et de nouvelles approches. Il faut en effet faire face à la concurrence de plus en plus vive de la voiture et des liaisons aériennes. Les chemins de fer répondent entre autres par les services TEE, qui allient rapidité et qualité. Ils offrent en effet la restauration à bord des trains. Plusieurs de ces trains sont en réalité des trains de prestige nés avant-guerre, reconduits et intégrés dans la nouvelle offre globale. En Belgique, ce fut le cas de *l'Étoile du Nord*, de *l'Oiseau bleu* et de l'*Édelweiss*.

Les autorails utilisés au cours des premières années ne comportaient pas tous des espaces dédiés à la restauration et l'on recourait alors à la restauration à la place. Progressivement, au fur et à mesure des progrès des électrifications, des trains tractés remplacent les autorails. C'est le cas sur la relation Paris-Bruxelles-Amsterdam à partir de 1963, où apparaissent alors les rames tractées équipées peu après (1964) avec les remarquables voitures INOX climatisées et particulièrement confortables.

Sur cette relation, notamment sur la section Paris-Bruxelles, qui devint l'axe phare des relations TEE, la restauration ferroviaire va connaître un nouvel âge d'or, d'autant plus qu'avec l'apparition des Communautés européennes et la croissance économique, la fréquentation des trains augmenta. Les équipes de restauration, réparties à parité entre brigades françaises et belges, vont réaliser là des prodiges. À partir de 1968, certains TEE très prisés assurent la liaison en 2 h 20[36]. Durant les trajets du matin, les équipes servent jusqu'à 150 petits déjeuners aux tables. Quant aux TEE circulant aux heures des repas principaux, leur composition comporte une voiture avec cuisine et salle, encadrée d'un côté par une voiture-salle et, de l'autre, par deux voitures-salle. Les brigades servent près de 160 couverts dans les quatre salles, au départ de la même cuisine. Se succèdent alors, peu après le départ et sans compter les remplacements intermédiaires de vaisselle : entrée froide, potage, plat de résistance servi à la place à partir de grands plats, dessert, café. Après ce ballet, il reste à débarrasser les tables, établir les notes et les encaisser. Le tout en 2 h 20 « chrono », car le convoi approche déjà de sa destination ! Tout ce service reposait sur une logistique très étudiée.

Il ne faut pas oublier que, parallèlement, la voiture-bar de ces trains présentait une offre très étoffée destinée aux voyageurs ne prenant pas le repas à bord. Ce service de restauration, d'une grande qualité, resta toujours apprécié. Il perdura même jusqu'en mai 1995, lorsque, avant *Thalys* et la ligne à grande vitesse belge, un service TGV provisoire vint prendre

36 Chemins de fer belges, Indicateur officiel, 26.5.1968-31.5.1969, p. 202 et 207 SNCB, Services des Archives.

la place de la dernière relation TEE sur l'axe Paris-Bruxelles. Celui-ci avait d'ailleurs été le plus fréquenté par la clientèle durant toute l'histoire de la prestigieuse offre TEE, entrée dans la légende des chemins de fer. Il est plus que vraisemblable que le haut niveau de qualité de la restauration servie dans ces trains avait contribué de façon substantielle à la constance de son succès au fil des ans, tout comme à sa réputation.

Quant aux autres services de restauration TEE desservant des villes belges, on relèvera qu'ils étaient assurés par des brigades d'autres pays : France, Allemagne ou Suisse en fonction des pays gestionnaires des services concernés. Selon les trajets accomplis, la clientèle pouvait ainsi se voir proposer de toutes autres offres que celle de la gastronomie franco-belge présentée sur les trains reliant la Belgique à la France. Tel était par exemple le cas sur les TEE vers l'Allemagne ou la Suisse, dont la rame comportait une voiture-restaurant, desservie par du personnel appartenant à des entreprises de ces pays. Les voitures-restaurants allemandes appartenaient ainsi à la DSG (Deutsche Schlafwagen und Speisenwagen Gesellschaft). La carte proposée était donc nettement inspirée par les habitudes alimentaires des pays germaniques.

La restauration ferroviaire belge ne se limitait pas aux liaisons TEE Bruxelles-Paris.

Elle était aussi présente sur plusieurs autres trains internationaux réguliers. C'était le cas de quelques express (dits « lourds » dans le jargon du personnel de la Compagnie) circulant sur Bruxelles-Paris et retour, où l'on servait entre 30 et 50 couverts dans la voiture-restaurant. Ces voitures étaient aussi présentes dans les trains internationaux de soirée vers la Suisse et l'Italie, où elles assuraient le même volume de prestations. Selon les horaires de ces trains, la voiture-restaurant circulait jusque Luxembourg ou Bâle et retour. Jusqu'au milieu des années 1960, une voiture-restaurant belge était ajoutée à certains trains en direction de l'Allemagne centrale. Cette voiture circulait jusqu'à Herbesthal, qui était alors la gare-frontière avec l'Allemagne et où s'opéraient les changements de locomotives. De telles voitures ont aussi circulé sur quelques trains entre Bruxelles et Amsterdam.

Quant à la voiture-restaurant qui circulait jusqu'à Bâle en fonction des services, il y eut même une période où, en combinaison avec Wagons-lits France (qui réalisait les prestations inverses), la brigade belge insérait un aller-retour Bâle-Paris-Est dans son roulement global. Nombre de voyageurs de cette relation ignoraient alors complètement qu'ils étaient servis par du personnel belge. L'Europe ferroviaire existait déjà bel et bien ! On vit même un service où la voiture-restaurant belge et sa brigade ont circulé jusque Milan ! Il semble que les clients suisses appréciaient de prendre un repas dans ces voitures dont la décoration intérieure, non modernisée, leur offrait une ambiance de voyage un peu « rétro ».

La relation ferroviaire entre la Belgique et l'Allemagne avait été réorganisée à partir du milieu des années 1960, lorsque l'ensemble de la relation avait pu être assurée en traction électrique. Outre les trains internationaux à grand parcours, la liaison était desservie par plusieurs trains Ostende-Cologne, tractés d'un bout à l'autre par des locomotives électriques aptes à utiliser les deux types de courant différents. De ce fait, il n'y avait plus de remplacement de locomotives à la frontière. Par ailleurs, ces trains faisaient aussi partie des trains dits du « service intérieur » en Belgique. Ils sont d'ailleurs passés dans la catégorie des InterCity à partir de la réorganisation des services en 1984. Mais dès les années 1960 s'était posée la question de la restauration à bord de ces trains, pour répondre à la demande qui s'exprimait. Leur circulation en « navette » n'était guère compatible avec l'adjonction d'une voiture-restaurant, cette solution n'étant pas non plus économique. Une solution originale fut alors appliquée : les trains qui circulaient pendant les plages des repas de midi et du soir comportaient une voiture de première classe qui avait été transformée pour disposer d'un espace buffet avec une petite salle de restauration. Des prestations de restauration légère correspondant à la demande y étaient offertes.

Des wagons-restaurants étaient également intégrés dans les Trains-Auto-Couchettes qui reliaient la Belgique au midi de la France ou à l'Italie, en général en fin de semaine durant les saisons d'été. Selon les heures de départ et les destinations, il était possible, dans certains cas, d'offrir jusqu'à trois services successifs de repas, le dernier – tardif – pouvant être servi en cabine par les stewards. Au total, par voyage, parfois jusqu'à 120 repas étaient servis dans ou à partir de la voiture-restaurant, un service qui n'était pas de tout repos pour le personnel. Et pendant la saison hivernale, une partie des destinations de l'été était remplacée par d'autres, donnant accès aux stations de sport d'hiver, principalement dans l'arc alpin, de la France à l'Autriche, sans omettre des destinations du Valais suisse ou du Tyrol italien. Plusieurs des trains hebdomadaires assurant ces liaisons comportaient une voiture-restaurant qui, comme leurs homologues de l'été, assurait un service de qualité à un nombre comparable de voyageurs souhaitant débuter leur voyage ou le terminer en passant un bon moment au wagon-restaurant !

Jusque dans les années 1990, la restauration à bord des trains internationaux gérés par la SNCB a été systématiquement assurée par la Compagnie Internationale des Wagons-Lits. Dans l'organisation de cette société, il était prévu que les sections de chaque pays puissent disposer d'une certaine autonomie pour gérer au mieux leurs services dans les trains organisés par le pays où ces sections étaient implantées.

En pratique, la Belgique étant un relativement petit pays voisin de la France et ayant de nombreuses relations directes avec elle, il est permis de dire que les services de restauration ont toujours été largement en phase avec ceux offerts en France. On notera cependant que dans les services assurés par Wagons-Lits Belgique, y compris dans les TEE, on pouvait trouver une proportion un peu plus importante de menus comportant de la volaille, du saumon, de la lotte, etc. Par contre, pour les vins, l'influence française était pratiquement totale… À l'inverse, sur les trains, TEE ou classiques, dont la restauration était assurée par du personnel de Wagons-Lits Belgique, les prix des bières étaient moins élevés que sur ceux assurés par le personnel de Wagons-Lits France. Pour les destinations méditerranéennes, l'expérience de terrain a permis de montrer que les voyageurs au départ de la Belgique étaient très friands de l'assiette de saumon fumé, petits oignons, persil et citron, le tout accompagné d'un demi Sancerre, et au retour, le steak grillé représentait près de 50 % des ventes.

Les voitures-restaurants n'étaient pas le seul lieu où il était possible de se procurer de la nourriture dans les trains internationaux belges. En effet, une restauration à bord était aussi possible dans les voitures-lits et les voitures-couchettes présentes sur nombre de trains internationaux liés à la Belgique. Car, dans les conventions qui liaient la SNCB et la section belge de la Compagnie, il avait été prévu que dans toutes les voitures-lits et dans les voitures-couchettes mises en ligne par la SNCB, il devait toujours y avoir un accompagnateur de la CIWL. Les prestations prévues à bord ont été assurées jusqu'à la fin des services de la Compagnie en 2003. Dans les voitures-lits, les voyageurs pouvaient se faire servir une restauration légère, si possible sur commande au moment de la réservation. Le petit office de la voiture-lits permettait en effet à l'accompagnateur de préparer cette petite restauration. Les voitures-couchettes offraient également un service un peu similaire, assuré, là également, par l'accompagnateur, à partir de son petit compartiment-office.

Des années 1960 aux années 1980, parallèlement à l'essor du tourisme en Europe, la société belge Railtour, homologue de Frantour en France, a organisé plusieurs trains d'agence : le *Freccia del Sole* vers les rivages de l'Adriatique, le *Camino Azul* vers les stations du Roussillon, l'*Alpina Express* vers les stations de sports d'hiver suisses durant la saison hivernale et son frère, le *Ski Express* pour les Alpes autrichiennes et italiennes, etc.

Railtour, qui fut dirigé par Jacques Cornet de 1969 à 1987, Liégeois d'origine comme Nagelmackers, s'est révélé très créatif dans de nombreux domaines liés à l'organisation des trains internationaux. Il remettait aussi fortement en question les organisations « classiques ». Très attentif aux attentes et souhaits de sa clientèle, il en était arrivé, dès le tournant des années 1970, à imaginer le service d'un repas chaud en soirée pour les 700 à 800 voyageurs du *Freccia del Sole* qui, en haute saison d'été, quittait chaque vendredi soir Bruxelles à destination de l'Adriatique[37]. Ce défi de taille fut proposé à Wagons-Lits Belgique qui parvint à relever le défi avec succès. Ce type de service fut assuré jusque dans les années 1980.

À cette fin, des tables amovibles furent spécialement construites pour les compartiments des voitures-couchettes. Normalement escamotées, elles

[37] In revue *Le Rail SNCB* Bruxelles, juin 1973, pp. 22-25, SNCB, Service des Archives.

étaient déployées dans la partie centrale de chaque compartiment par les accompagnateurs des couchettes peu avant l'heure du repas. Ceux-ci préparaient alors les plateaux individuels, à l'exception du plat chaud, et les disposaient sur les tables. Pendant ce temps, dans une voiture-buffet du type utilisé pour les trains Ostende-Cologne, où le mobilier courant de la salle de buffet avait été remplacé par des tréteaux, une équipe spéciale extrayait le contenu des plats chauds hors des conteneurs isothermes préparés en précuisine à Bruxelles. Le personnel disposait alors les ingrédients dans les 700 à 800 cassolettes nécessaires préalablement entreposées. Une noria de trolleys passait ensuite de voiture en voiture pour distribuer ces cassolettes chaudes dans tous les compartiments. Pendant la nuit, l'équipe spéciale préparait les ingrédients du plat froid qui serait servi le lendemain soir aux vacanciers effectuant le voyage de retour. L'imagination était ainsi au pouvoir, accompagnée d'une organisation très étudiée et d'équipes très motivées, pour un moment très agréable fort apprécié des voyageurs qui débutaient leurs vacances – et les terminaient – de façon pour le moins originale. L'inventeur du concept, Jacques Cornet, ainsi que les équipes qui ont développé et appliqué la formule avaient mis en place une très belle affaire.

À partir des années 1960, des services « minibars » ambulants furent également organisés sur plusieurs express dits « classiques » (autres que les TEE) circulant entre Bruxelles et Paris. Des boissons chaudes et froides ainsi que des snacks, aliments sucrés et friandises diverses étaient proposés aux voyageurs. Les prestations étaient assurées par Wagons-Lits Belgique. Ce type de service a été arrêté quand ces trains ont cessé de circuler lors du basculement de l'exploitation vers les trains à grande vitesse.

La relation entre Bruxelles et Amsterdam *via* Anvers et Rotterdam est quant à elle assurée aujourd'hui par des trains à grande vitesse Thalys ainsi que par un matériel dédié. Ce service spécifique existe depuis 1957 et il coexistait depuis lors avec quelques trains internationaux à grand parcours, aujourd'hui remplacés par les Thalys. Il a été appelé « Benelux » parce qu'il visait à l'origine l'organisation d'une exploitation spécialisée entre les Pays-Bas, la Belgique et le Grand-duché de Luxembourg. Diverses contraintes d'exploitation l'ont en fait limité aux deux premiers pays, mais la dénomination du service est restée. Les rames utilisées à partir de 1974 ont longtemps disposé d'une voiture comportant un compartiment cafeteria où l'on pouvait obtenir des rafraîchissements et des snacks. Cette organisation était complètement différente de celle adoptée sur Bruxelles-Paris, par exemple. Elle avait été adaptée aux attentes de la clientèle de cette relation, peu demandeuse de véritables repas. Le service a été assuré par la société néerlandaise Albron. Dans le matériel dédié actuel, il n'y a plus d'espace cafétéria mais un trolley dénommé « RailTender » parcourt les voitures en proposant des boissons chaudes et froides ainsi que des snacks et autres friandises.

Comme indiqué plus haut, la restauration à bord des trains nationaux belges n'a jamais été ressentie comme un véritable besoin, en raison de la brève durée de la plupart des trajets. Une première exception a cependant été mentionnée lors de l'évocation de la période où des voitures-salon-restaurant nationales ont circulé, au début du XXe siècle. Mais il y a lieu de mentionner aussi, beaucoup plus récemment, l'expérience de l'exploitation de minibars ambulants tentée durant les années 1990 par la société Restorail, filiale d'Aviapartners, société active dans la restauration dans le secteur aérien, dont des aéroports. À cette époque, les entreprises de chemins de fer cherchaient à faire évoluer l'organisation des services tels que la restauration à bord des trains. Elles s'efforçaient d'atteindre un meilleur équilibre économique mais elles avaient aussi en vue les futures exploitations de leurs relations au moyen de trains à grande vitesse, ce qui ne manquerait d'avoir un impact considérable sur des services tels que la restauration à bord. À cet égard, elles s'intéressaient aussi particulièrement au fonctionnement de la restauration aérienne, au vu des convergences voire des similitudes possibles dans certains processus.

Dans ce contexte, la société Aviapartners a donc organisé, à travers sa filiale Restorail, un service de minibars offrant des boissons chaudes, des rafraîchissements et des snacks sur quelques relations à forte fréquentation sur le réseau : Eupen-Bruxelles-Ostende et Anvers-Bruxelles-Charleroi. La seconde a été fort éphémère, tandis que l'expérience a duré plus longtemps sur l'axe Est-Ouest. La demande n'était pas vraiment au rendez-vous et le service aux heures de pointe était particulièrement difficile à assurer : voyageurs debout dans les couloirs, arrêts fréquents où la présence du minibar gênait particulièrement les mouvements de voyageurs à l'endroit où il se trouvait, impossibilité de desservir tout le train, etc. L'expérience ne s'est pas poursuivie mais des leçons avaient été tirées pour l'organisation des services de restauration sur les futures relations à grande vitesse à forte fréquentation.

2.3. La grande vitesse : de nombreux changements en Belgique comme ailleurs

La grande vitesse ferroviaire s'est introduite en Europe avec la mise en service d'une partie importante de la ligne nouvelle Paris-Lyon en septembre 1981. Son apparition a révolutionné nombre de concepts liés aux voyages ferroviaires. Elle a ainsi entraîné assez rapidement le remplacement de la plupart des trains rapides classiques circulant sur l'axe Paris-Lyon par des TGV, qui ont progressivement étendu leurs courses jusqu'à la Méditerranée, via les lignes classiques en attendant des lignes nouvelles. Cette mutation a bousculé les habitudes de restauration à bord, puisque les TGV ne possèdent pas de voiture-restaurant spécialisée. La ligne Paris-Lyon fut bientôt suivie par la ligne Atlantique, vers Le Mans et Tours, puis par la ligne Nord, desservant Lille en 1993. L'ouverture de cet axe annonçait la dimension internationale de la grande vitesse. En effet, à cette époque, le tunnel sous la Manche était creusé et recevait ses équipements ferroviaires, tandis que les travaux de la ligne à grande vitesse entre la périphérie bruxelloise et la frontière française, au sud-est de Lille, étaient entamés au cours de la même année.

Des liaisons internationales à grande vitesse allaient bientôt voir le jour, d'une part *via* une sorte de « Y » inversé, entre Londres et Paris ou Bruxelles et, d'autre part, entre Paris et Bruxelles, avant de futurs prolongements de cette dernière liaison vers l'Allemagne et les Pays-Bas. La question de la restauration à bord de ces trains à grande vitesse internationaux allait être abordée selon une approche complètement nouvelle. À cet égard, il importe de garder à l'esprit que ces nouvelles relations venaient prendre place dans un marché très concurrentiel, où les liaisons aériennes étaient très fréquentées, en tout cas pour le trafic « transmanche ». Or, dans ce mode de transport, toute une partie de la clientèle, principalement celle voyageant en classe « Affaires », avait l'habitude de recevoir un plateau-repas. Par ailleurs, pour l'axe Bruxelles-Paris, on avait constaté que la restauration à bord restait très appréciée par la clientèle, tout particulièrement sur les TEE. Dès lors, il fut décidé de développer des concepts où une restauration à la place serait prévue, en tout cas pour les voyageurs de première classe.

En application de ces options fondamentales, la mise en service de la liaison Eurostar Bruxelles-Londres, parallèlement à la branche Paris-Londres, à partir de novembre 1994 allait introduire la restauration à la place pour les voyageurs de première classe, la prestation étant comprise dans le prix du voyage. Cette restauration est basée sur le principe du plateau-repas où se succèdent entrée, plat principal et dessert, le voyageur disposant de certaines possibilités de choix. Le service est organisé de telle sorte que le plat principal chaud ne soit servi qu'une fois l'entrée consommée. Avec la réservation du voyage, il est possible de commander des plats répondant à certaines particularités de composition (plats végétariens, etc.) Pour les voyageurs de Seconde classe, deux bars (un par demi-rame) leur offrent des possibilités de restauration légère. Lors du lancement, le service était assuré par un nouveau prestataire, créé spécialement pour ce service et présentant un aspect « trinational » lui correspondant : CCCC ou Cross Channel Catering Company, issue de Wagons-Lits France, la SABENA (compagnie aérienne nationale belge) et ICOBS (Intercity On Board Services, filiale des chemins de fer britanniques pour la restauration dans les trains Intercity en Grande-Bretagne[38].

[38] Dossier de presse Eurostar, 17 octobre 1994, SNCB, Service des Archives.

En fait, Eurostar reprenait une formule déjà élaborée pour les TGV français tout en l'adaptant substantiellement, puisque le service à bord sur ces derniers était assez simplifié. Pour Eurostar, qui prévoyait des repas complets avec des plats chauds, il s'agissait de marier une évolution déjà vécue en partie par la branche restauration de la CIWL pour les TGV, avec l'organisation appliquée à l'aviation, où presque plus rien n'était préparé à bord, quasiment tout étant traité en « précuisine » au sol. Les plats préparés étaient alors acheminés vers les avions – et maintenant les trains – par des trolleys spécialisés, garantissant entre autres le respect absolu de l'hygiène et la chaîne du froid, autre hantise bien compréhensible des responsables de la restauration. Des équipements à bord permettaient la mise en température des plats devant être servis chauds. Pour les équipements au sol, des installations spécialement conçues avaient été réalisées à proximité immédiate des trois gares-têtes des liaisons.

La formule du service à bord a évolué avec les années, entre autres en fonction des modulations de catégories tarifaires. Actuellement, dans la catégorie « Business Premier », le repas est inclus dans le prix (540 euros). Aujourd'hui, il est « signé » Raymond Blanc. Sur la liaison Bruxelles – Londres, il est préparé par « Fonteyne The Kitchen » à Bruxelles.

Quant à Thalys, lancé en 1996, le même principe de restauration à la place en « Confort 1 » a été appliqué. Les personnes voyageant dans cette classe tarifaire reçoivent un plateau-repas comportant un repas complet ou une collation en fonction des heures de départ des trains. Pour les personnes voyageant en « Confort 2 », un bar situé au milieu de la rame offre des possibilités de restauration légère. En « Confort 1 », l'exécution du service représentait – et représente toujours – une performance, puisque l'ensemble du service (la mise en place des plateaux, le service des boissons et la reprise des plateaux) doit être réalisé en moins d'une heure, pour tenir compte de la brièveté du parcours (1 h 23 à peine) ainsi que des mouvements des voyageurs juste après le départ et avant l'arrivée. Service à grande vitesse ! Initialement, le service a été assuré par Railmasters, un consortium formé par le Belge Restobel, le Gourmet (Swissair) et la Française Servair[39]. Manifestement, comme pour Eurostar, les chemins de fer responsables des services Thalys s'étaient aussi inspirés des pratiques de la restauration aérienne pour les adapter aux voyages ferroviaires. Avec le temps, des adaptations ont été introduites. Des collations sont servies en « Confort 1 » en dehors des heures de repas, et ces derniers ont été quelque peu allégés, pour optimiser les coûts tout en conservant une offre de haute qualité.

À l'heure de quitter la table…

---

[39] Dossier de presse Thalys 26 mars 1996, SNCB, Service des Archives.

Au terme de ce voyage « à grande vitesse » à travers le temps et l'espace ferroviaires, le moment est venu de mettre l'accent sur les caractéristiques essentielles de la restauration à bord des trains belges. On peut tout d'abord relever que la restauration dans les trains belges se concentre sur les relations internationales, à deux exceptions près. Ensuite, on notera que l'apparition de l'offre ainsi que son développement sont étroitement liés à l'émergence et à la croissance internationale de la Compagnie des Wagons-Lits, fondée par le Belge Georges Nagelmackers. Par ailleurs, on soulignera aussi que cette offre fut toujours marquée par une recherche de qualité, malgré les inconvénients dus au service dans un lieu en mouvement permanent et la préparation dans un espace culinaire particulièrement exigu. Cette recherche se traduisit également dans des menus très élaborés, répondant principalement, pendant une assez longue période, aux attentes d'une clientèle aisée. Une évolution se marqua cependant, en parallèle avec la démocratisation de la vie en société. Mais la recherche de l'excellence dans l'offre et dans l'exécution des prestations n'en cessa pas pour autant, ainsi qu'en témoigna la qualité des services offerts à bord des TEE. Parallèlement, des efforts particuliers visèrent à assurer aussi des prestations de restauration de qualité sur des courses à longue distance, telles que les Trains-Auto-Couchettes ou les trains d'agence lors des vacances d'été et d'hiver. Enfin, il faut constater que la grande vitesse ferroviaire, relevant le défi de la concurrence des autres modes de transport, a complètement transformé les concepts et la mise en œuvre du service de restauration à bord des trains, en y introduisant de toutes nouvelles formules voulant répondre aux attentes d'une clientèle elle-même quelque peu renouvelée.

L'évolution reste cependant un défi permanent. Les contraintes actuelles de notre environnement économique et social ainsi que le développement tous azimuts du « low cost » dans les différents modes de transport posent de redoutables défis pour l'avenir de la restauration à bord des trains. La question de son maintien ou de nouvelles simplifications voire de réductions de services se pose avec une acuité renouvelée. L'avenir dira si la créativité dont ce secteur a toujours su faire preuve au cours de son histoire pourra se renouveler pour ouvrir la voie à des formes nouvelles de restauration à bord des trains.

Sources et bibliographie

Annales parlementaires de Belgique, Chambre des Représentants, e.a. années 1886-1887, séance du 16 mars 1887. Bruxelles, Imprimerie de la Régie du Moniteur belge, 1887.

Coudert, G., Knepper, M., Tisserot, P-Y., *La Compagnie des Wagons-Lits*, Paris, La Vie du Rail. 2009.

Dambly, Ph., *Vapeur en Belgique.* T. 1, Bruxelles, Blanchart & Cie. 1989.

Dambly, Ph., *Vapeur en Belgique.* T. 2, Bruxelles, Blanchart & Cie. 1994.

Delmelle, J., *Histoire des chemins de fer belges.* Bruxelles, Éd. Paul Legrain. 1977.

Guizol, A., *La compagnie internationale des wagons-lits.* Chanac, La Régordane. 1995.

Indicateurs officiels des trains des chemins de fer belges (Chemins de fer de l'État et, à partir de 1926, SNCB).

Lamalle, U., *Histoire des Chemins de fer belges,* Collections Lebègue & Nationale, Bruxelles, Office de Publicité. 1953.

Lichthammer, « Ueber einige Bahnhöfe des westlichen Deutschlands und Belgiens », dans *Allgemeine Bauzeitung,* 1842, 354-363.

Mertens, M., *Les TEE : Trans Europ Express.* Paris, La Vie du Rail. 1985.

Mertens, M. et Malaspina, J.-P., *La légende des Trans-Europ-Express.* LR Presse. 2007.

Perrot, E., *Des chemins de fer belges,* Bruxelles, 1844.

Revue *Chemins de fer* (AFAC, Paris). Numéro spécial 498, juin 2006.

Revue *Le Rail* (SNCB, Bruxelles). Juin 1973.

Richards J. et Mackenzie J., *The Railway Station : A Social History,* Oxford-New York, Oxford University Press, 1986,

SNCB. Rapports annuels et dossiers de presse.

Soulié Cl., Tricoire J., *Le grand livre du TGV.* Paris, La Vie du Rail. 2002.

Van der Herten, B., Van Meerten M. et Verbeurgt, G., *Le temps du train, 175 ans de chemins de fer en Belgique – 75e anniversaire de la SNCB.* Louvain, Presses universitaires de Leuven. 2001.

Van Heesvelde P., « Living Apart Together ? La ville de Malines et l'Arsenal – Atelier Central des Chemins de fer de l'État (1836-1914) », dans *Ateliers et dépôts du matériel ferroviaire : deux siècles d'histoire* (Revue d'histoire des chemins de fer, 28-29), 2003, pp. 420-437.

Van Heesvelde P., « ¿Una ciudad detro de la ciudad ? Malinas y el Arsenal – El Taller Central de los Ferrocarrilles Estatales – entre 1836 y 1914 », in M. Munoz Rubio (ed.), *Organizaciaones obreras y represión en el ferrocarril : una perspective internacional,* Madrid, 2011, pp. 29-50.

Van Heesvelde P., « Inventing the Future. Early Railway Station Planning and Mechelen "Central Station" 1835-1845 », in R. Roth & P. Van Heesvelde, (eds.), *The City and the Railways in the World. 19th to 21st Century* (forthcoming).

Zizza-Lalu, E.-M., *Au bon temps des Wagons-Restaurants.* Paris, La Vie du Rail, 2012.

Figure 1. Le réseau belge en 1843, tel qu'il découle de la loi votée en 1834

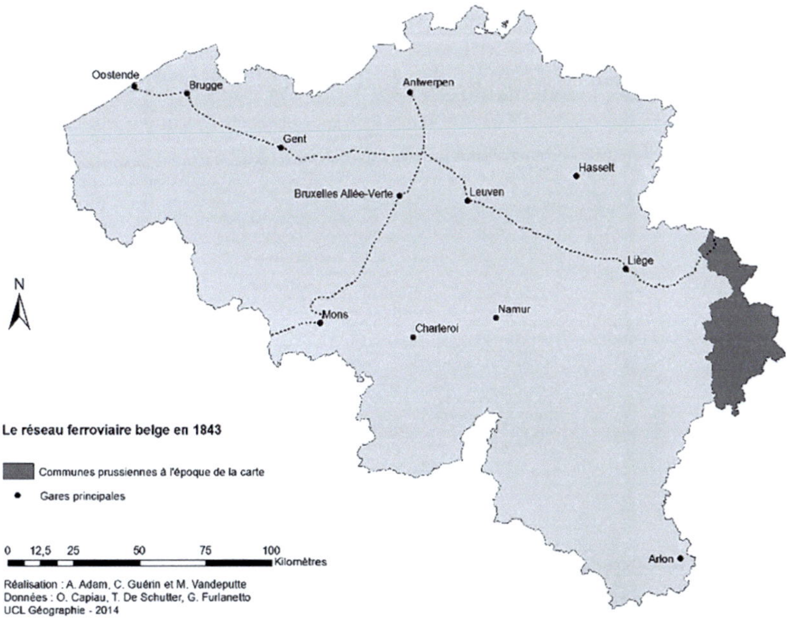

UCL Louvain-la-Neuve, Faculté de Géographie – 2014.

Figure 2. Belgique : services de voitures salons-restaurants. Début du 20e siècle

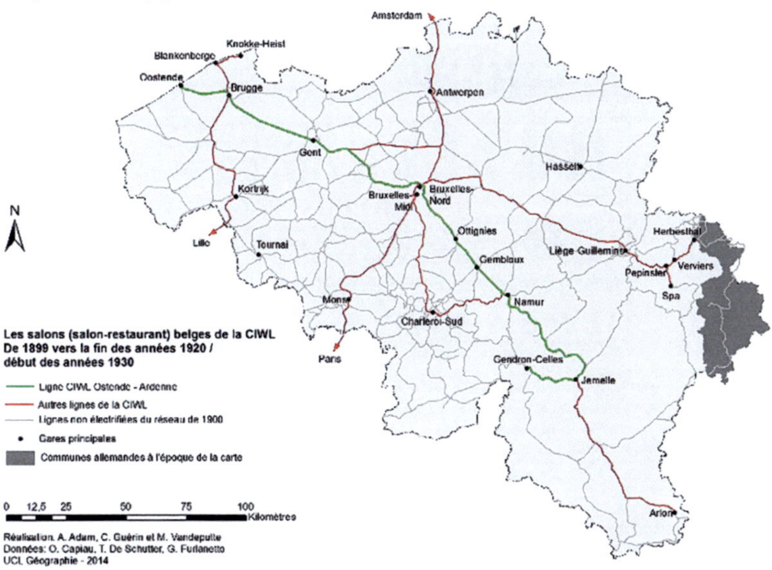

UCL Louvain-la-Neuve, Faculté de Géographie – 2014

Figure 3. Carte de repas proposée dans certains trains Paris-Bruxelles 1935

REPAS MAALTIJDEN } A LA CARTE

Beurre - Boter	2.—	Pain - Brood	1.—
Consommé - Bouillon	3.—	Potage - Soep	3.—
Sandwich	4.—	Fromage - Kaas	4.—
Salade	4.—	Légumes fins - Fijne groent.	5.—
1 Citron - 1 Citroen	2.—	Lait - Melk	2.50
Citronnade ou Orangeade	3.50	Voorgerecht met br. en bot.	7.50
Hors-d'œuvre avec pain et beurre		Gegarneerde Vleeschschotel met brood	14.—
Viande chaude garnie avec pain		Visch met brood van af	15.—
Poisson avec pain . . depuis		1 Gekookt Ei	1.50
1 Œuf à la coque		2 Spiegeleieren of omelette met brood	5.—
2 Œufs sur le plat ou omelette avec pain		Omelette met ham of kaas en brood	7.—
Omelette au jambon ou fromage avec pain		Koud Vleesch met brood	12.50
Viande froide avec pain		Kip (de portie) . id.	20.—
Poulet (la portion) id.		Rumpsteak met aardappelen en brood	16.—
Rumpsteak aux pommes avec pain		Geb. aardap. of wortelen of koolen	3.—
Pommes sautées ou carottes ou choux		Koffie met melk (gr. kop)	3.50
Café au lait, Thé ou Cacao		Linden of Kamillenthee	2.50
Tisane : Tilleul ou Camomille		Cake, Taart	2.—
Cake, gâteaux, Petits beurre A.B.		Konfituur (per kl. pot)	2.50
Confiture (le petit pot)		Honing (id.)	3.50
Miel (id.)		Fruit, prijs volgens kwaliteit en seizoen.	
Fruits, prix suivant qualité et saison		» » »	
» » »			

VISITEZ LA YOUGOSLAVIE

BERNARD-MASSARD
Société Anon. au capital de frs. 4.500.000
Fournisseur de la Cour
GREVENMACHER (Luxembourg)
Vins champagnisés
Vins en bouteilles
Jus de raisin "RAISINOR" (sans alcool)

CASE A LOUER

HOTEL TERMINUS LOBITO
à LOBITO (Angola)
Géré par la Compagnie Internationale des Wagons-Lits
20 CHAMBRES TOUTES AVEC SALLE DE BAIN
DERNIER CONFORT - RESTAURANT de 1er ORDRE

ABBAZIA
(Italie)
Station climatique et balnéaire à 1 heure de Trieste — 15 minutes de Fiume
100 Hôtels — Tous les Sports
LAURANA

London Via Ostende-Dover
3 Hours Sea Passage
2 sailings Daily

Association du patrimoine de la Compagnie des Wagons-Lits, Paris.

Figure 4. Carte de la voiture-buffet des trains IC Ostende-Cologne. Années 1960-1990

Extrait du Tarif " A la Carte "			**Uittreksel uit de Prijslijst** " A la Carte "		**Auszug aus der Preisliste** " A la Karte "	
	Parcours belge Fb.	Parcours français FF.		Belgisch net Bf		Deutscher Strecke DM
Sandwich	12,—	1,20	Belegd broodje	12,—	Sandwich	1,20
Buffet froid à partir de	30,—	3,—	Koud buffet vanaf	30,—	Kalte Speisen ab	2,80
Plat aux œufs •	20,—	2,—	Eierschotels	20,—	Eierspeisen ab	1,85
* Plats chauds »	50,—	5,-	* Warme schotels vanaf	50,—	* Warme Speisen ab	4,80
Boissons chaudes	10,—	1,—	Warme dranken	10,—	Warme Getränke	0,95
ou			of		oder	
Consommations à partir de	13,—	1,30	Consumpties vanaf	13,—	Kalte Getränke ab	1,15
* Limité à certains services			* Beperkt tot zekere diensten		* Nur für bestimmte Dienste	
Droit de service de 15 % non compris			Bediening 15 % niet inbegrepen		Bedienungsgeld und Mehrwertsteuer inbegriffen	
Les prix sont indiqués sous toute réserve de modifications			Deze prijzen zijn voor wijzigingen vatbaar		Preisveränderungen vorbehalten	

100.000-1-69-Imp.LIF-Brux.

Collection Michel Verlinden, Bruxelles

Figure 5. Belgique : services de voitures-restaurants Trains Auto-Couchettes. Années 1960-1990

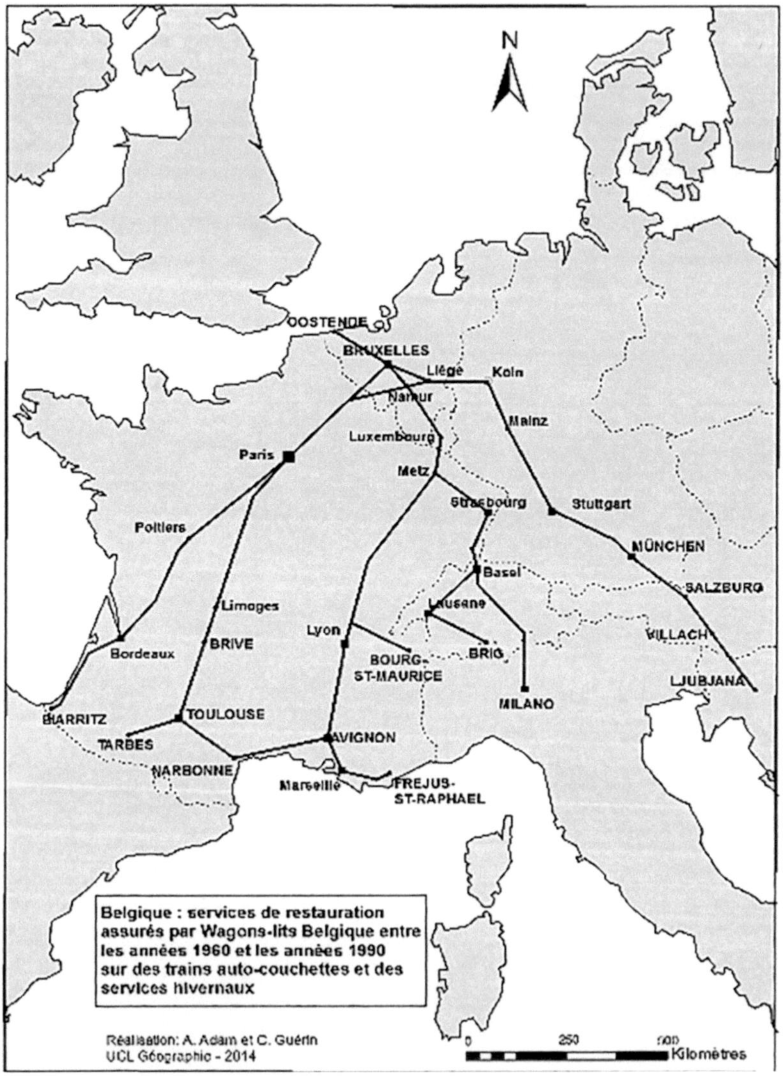

UCL Louvain-la-Neuve, Faculté de Géographie – 2014

Figure 6. Carte présentée en voiture-restaurant sur les Trains Auto Couchettes CIWL. 2001-4

CARTE / *KAART*

	BEF	FRF	ITL	€
Assiette de Saumon Fumé, toast *Gerookte Zalm, toast*	480	79,00	23.300	11,90
Assiette Froide Garnie (Dindonneau Fumé, Jambon Cuit, Saucisson de Dinde, Magret de Canard Fumé) *Gegarneerde Koude Schotel* (Gerookt Kalkoengebraad, Gekookte Ham, Kalkoenworst, Gerookte Eendeborst)	550	90,50	26.700	13,63
Filet Pur, Légumes du Jour, Pomme de Terre en Chemise et Beurre aux Fines Herbes *Ossenhaas met Groenten van de Dag Aardappel in de Schil met Kruidenboter*	895	147,50	43.450	22,19
Plat Principal du Menu *Hoofdschotel van de Menu*	650	107,00	31.550	16,11
Penne's, Sauce Tomatée aux Lardons *Deegwaren, Getomateerde Saus met Spekreepjes*	450	74,00	21.900	11,16
Assiette de Fromages *Kaasschotel*	210	35,00	10.200	5,21
Dessert du Jour *Nagerecht van de Dag*	165	27,00	8.000	4,09

SERVICE ET TVA INCLUS / BEDIENING EN BTW INBEGREPEN
CARTES DE CREDIT EN BEF& EURO/ KREDIETKAARTEN IN BEF & EURO
CARTE01.DOCversion5 - page 3

compagnie des wagons-lits

Collection Michel Verlinden, Bruxelles

Figure 7. Eurostar : le service à la place en 1re classe. 1994

Collection Louis Gillieaux

Se restaurer dans les quartiers de gare du centre de Bruxelles (1835-1952)

Mobilités, typicités et échanges

Gaelle Van Ingelgem

Doctorante – Université de Tours & Vrije Universiteit Brussel

« Le temps de sauter du train, d'avaler une chope et un beefsteack dans le premier restaurant, de pousser une tête dans les temples et les musées, de revenir à la gare pour reprendre le train suivant, et de recommencer à la ville prochaine la même tournée expéditive. On peut, grâce à ce procédé, toucher terre dans cent villes diverses, en moins de deux minutes. Ces voyageurs n'ont qu'une pensée : ne pas manquer le train »[1].

Au-delà de sa vocation à nous exposer les méfaits du chemin de fer sur la pratique touristique – qui n'est pas sans nous rappeler le caractère contrasté de la réception de ce nouveau mode de transport tout au long du XIXe siècle – ce commentaire, déniché au détour d'un annuaire du Touring-Club de Belgique datant de 1896, nous évoque un aspect du voyage en chemin de fer qui n'a jusqu'à présent que timidement retenu l'attention des chercheurs : la restauration du voyageur. Pourtant, dès l'avènement du chemin de fer, la question des possibilités de ravitaillement pour le passager se posa tant du côté des utilisateurs que des compagnies ferroviaires. En Belgique, les infrastructures destinées à accommoder les voyageurs lors de leurs passages en haltes et stations n'étaient pas, dans les premières années de développement du rail, en mesure de jouer le rôle de faire-valoir du réseau le plus dense et précoce du monde. Plutôt modestes, parfois inexistantes, ces installations étaient vraisemblablement considérées comme secondaires. Pour s'assurer un voyage sans (mauvaise) surprise tout en limitant les dépenses, certains passagers étaient contraints d'emporter leurs vivres quand d'autres avaient inévitablement recours à la nourriture et

1 *Guide du Touring-club de Belgique*, 1896, p. 226.

aux boissons distribuées par les vendeurs à quai, tâche dont se chargeaient parfois les employés des chemins de fer eux-mêmes[2].

Ainsi, la problématique de la restauration ferroviaire ne se manifeste pas seulement dans la voiture-restaurant des trains de luxe ou dans le buffet de la gare – dont l'ouverture coïncida rapidement avec celle des stations[3]. En effet, le touriste, voyageur ou navetteur qui n'a pu se sustenter durant son trajet n'a plus que quelques pas à franchir, à son arrivée à quai, pour y remédier. La dimension salutaire du café de la gare est alors perceptible. Pan de l'imaginaire collectif, ce « lieu commun européen »[4] formé par la gare, sa place et son inévitable café n'est pourtant pas banal[5] ! Avec son flot incessant de passagers et usagers multiples, centre névralgique des divers moyens de communication et services proposés par la ville, lieu d'urbanité autant que d'innovation, le quartier de la gare constitue un terrain d'analyse privilégié des pratiques alimentaires.

C'est ce que nous tenterons de mettre en évidence ; en prenant pour point d'ancrage les deux principales gares du centre-ville bruxellois, à savoir la gare du Nord et celle du Midi, cette contribution s'attachera à appréhender d'un point de vue historique ces espaces atypiques au travers de leur offre de restauration. Il s'agira surtout de soulever des questions de recherche et d'en démontrer la pertinence. En effet, cet article s'inscrit dans le cadre d'une thèse de doctorat en devenir. Nous avons donc choisi de le structurer en nous rapprochant du cheminement de réflexion et des questionnements ayant mené à la construction progressive du projet de recherche. Les quartiers de gare s'insèrent dans des réalités urbaines particulières dont l'évolution conditionne leur rôle dans la ville. Les choix opérés en matière de planification des stations, tributaires de considérations politiques, économiques, sociales, urbanistiques et techniques, ont des conséquences directes sur les dynamiques urbaines générées par ces quartiers qui demeurent encore aujourd'hui des portes d'entrée incontournables pour les villes. Il nous faut donc aborder ces espaces, non comme de simples microcosmes urbains aux limites tangibles, mais en regard de leur fonction organique et plurielle s'étalant bien au-delà d'une circonscription définie.

---

2 Voir le chapitre de Paul Van Heesvelde dans le présent ouvrage.

3 Sauget, S., « Un haut lieu du voyage : L'âge d'or du buffet de gare », dans Csergo, J., Lemasson, J.-P. (dir.), *Voyages en gastronomie. L'invention des capitales et des régions gourmandes*, Paris, Autrement, pp. 12-21 (p. 13).

4 Krulic, B. (dir.), *Europe lieux communs. Cafés, gares, jardins publics…*, « coll. Mutations », Paris, Autrement, 2004.

5 Propos énoncés par Laurent Tissot en clôture du *Colloque international Histoire de la restauration ferroviaire* (…), *op. cit.*, [En ligne] <http://lea.univ-tours.fr/videos/Lettres/2014/histrestauration/conclusiontissot.html> (consulté le 20 avril 2015).

Le choix de Bruxelles dans le cadre d'une étude sur les échanges alimentaires dans les quartiers de gare nous paraît pertinent pour trois raisons. Tout d'abord parce que la ville a entretenu, au fil du temps, une relation forte et chaotique avec son rail. En effet, depuis sa précoce implantation, le chemin de fer a profondément bouleversé les structures urbanistique, économique et sociale de la capitale belge[6]. En étudier les gares et leur quartier constitue donc une plongée dans une réalité historique riche, complexe et encore largement inexplorée[7]. Ensuite par le caractère élitiste et multiculturel de la ville, prompt à créer un climat foisonnant en termes de métissages, d'évolution des goûts et des tendances[8]. Finalement, c'est du côté du paysage gastronomique bruxellois que se dessine une entité urbaine – positionnée à l'ombre de sa voisine parisienne[9] – propice à révéler des dynamiques alimentaires variées.

Dans un premier temps, nous reviendrons sur les transformations urbanistiques ayant permis la structuration des quartiers de gare à Bruxelles, en analysant leur impact sur les possibilités d'épanouissement matériel et symbolique de ces espaces. Ensuite, nous soulèverons la question des pratiques de l'urbanité dans une société bruxelloise bousculée par la nouveauté que constituait l'arrivée massive de voyageurs étrangers en son sein. Comment ? En nous focalisant sur les établissements de restauration, les débits de boissons et autres cafés qui se concentrèrent progressivement aux alentours de stations de chemin de fer à Bruxelles. Ces espaces publics urbains, nous les envisagerons comme des lieux de rencontres multiculturelles, de confrontation avec l'altérité et d'échanges. Le cosmopolitisme en plein développement se retrouve notamment dans les discours émanant de nombreux écrivains et journalistes dès le milieu du XIXe siècle[10]. Au travers de ces textes, des quelques menus en notre possession et de sources iconographiques, nous verrons que les quartiers de gare constituent un observatoire privilégié des pratiques nouvelles émanant de ces mobilités

---

6 Dessouroux, Ch., *Espaces partagés, espaces disputés : Bruxelles, une capitale et ses habitants*, Bruxelles, Université libre de Bruxelles (CIRHIBRU) & ministère de la Région de Bruxelles-Capitale, p. 95.

7 Citons toutefois le numéro spécial des *Cahiers de la fonderie* consacré aux gares bruxelloises « Bruxelles entre en gare », Cahier 24, octobre 1998 ; Thierry Demey, *Les gares bruxelloises, un patrimoine méconnu*, Région de Bruxelles-Capitale. Service des Monuments et Sites, 1994.

8 Scholliers, P., Van Den Berghe, S., « Esquisse sur l'identité d'une ville : Bruxelles et sa cuisine aux XIXe et XXe siècles », dans Campanini, A., Scholliers, P., Williot, J.-P., *op. cit.*, p. 189.

9 Scholliers, P., *Food Culture in Belgium*, coll. « Food Culture around the World », Westport, Greenwood Press, 2009, pp. 143-146.

10 Debroux, T., « Bruxelles à la page. Une approche littéraire de l'espace bruxellois au XIXe siècle », *Textyles*, vol. 47, 2015, pp. 13-29 (p. 18).

croissantes et mettrons en évidence les possibilités d'hybridations culturelles que ces espaces sont en mesure de créer.

Avant de nous plonger dans l'analyse de leur présence dans les quartiers de gare, une précision s'impose. En effet, qu'entendons-nous par « quartier de gare » ? Et pourquoi ne pas lui préférer l'expression, plus neutre, de « quartier de la gare » ? Alors que la première fait volontiers référence à un espace dont l'ensemble est structuré par la présence de la gare, la seconde renvoie à un lieu plus anodin, en partie vidé de ses anciennes fonctions et dans lequel la station aurait moins d'impact sur son quartier[11]. Au contraire, la gare sera considérée dans sa fonction dynamique et son quartier défini comme « un espace situé autour de la gare dont l'activité alimentaire est structurée par la présence de la gare elle-même ». Grâce à cette variable alimentaire, nous pourrons délimiter un espace des usages plutôt qu'administratif, aux limites flexibles qui varieront en fonction de la période étudiée[12].

1. Gares et urbanisation

Forte de sa bourgeoisie cosmopolite au poids considérable dans la conduite des affaires urbaines, Bruxelles est rentrée dans une phase de modernité et de croissance dès l'indépendance du pays en 1830. L'arrivée du chemin de fer intensifia ce phénomène : en libérant les industries de la proximité des gisements charbonniers, jusqu'alors nécessaire, il stimula l'urbanisation et l'industrialisation de la capitale qui resta jusque dans les années 1970 la première ville industrielle du pays[13]. Les gares y jouèrent un rôle de premier choix. Dans leur giron, usines et main-d'œuvre s'implantèrent. Ce fut le cas autour des deux premières stations de chemins de fer bruxellois : l'Allée verte, établie en 1835, au nord ; la station des Bogards, en 1840, au sud[14].

Les politiques actuelles visant au (ré)aménagement des quartiers de gare à Bruxelles ont tendance à ne pas considérer les premières stations ferroviaires comme des précurseurs de ces espaces multimodaux que celles-ci

---

[11] Aubertel, P., « Les gares : deux ou trois choses que les chercheurs m'ont apprises », in *Flux*, n° 38, 1999, pp. 39-46 (p. 45).

[12] Cette définition sera utilisée dans le cadre de ma thèse afin d'éviter une délimitation des quartiers *a priori* afin de les laisser progressivement apparaître, en fonction des données recueillies.

[13] Vandermotten, Ch., *Bruxelles, une lecture de la ville*, Bruxelles, Éditions de l'Université libre de Bruxelles, 2014, p. 41 et 147.

[14] Meyfroid, C., « La gare du Midi à Bruxelles (1840-1952). Un enjeu urbanistique et économique », *Bulletin du patrimoine industriel Wallonie-Bruxelles*, n° 67-68, octobre 2006-mars 2007, pp. 10-18 (p. 10).

cherchent à implanter. Le manque d'études historiques entreprises sur le sujet ne facilite sans doute pas ce type de considération. Il serait pourtant dommageable d'oublier que ces gares du XIXe étaient déjà des lieux de vie, fournisseurs de services, des espaces de sociabilité reliés aux différents moyens de locomotion[15].

La gare bruxelloise de l'Allée verte, cette rudimentaire construction en bois, fut érigée en 1835 dans la précipitation de l'arrivée du chemin de fer sur le territoire belge. Dès 1846, elle fut remplacée par une gare monumentale, déplacée à l'extérieur de la ville. À la même époque fut inaugurée la gare des Bogards qui allait enclencher la disparition des nombreuses blanchisseries et prairies caractérisant jusque-là son environnement. À sa place – la place Rouppe – et à sa rue – la rue des chemins de fer, actuelle rue du Midi – s'adjoignirent de nombreux commerces, des petites usines spécialisées dans la confection, la construction ou l'alimentation, mais aussi des structures d'accueil destinées à sustenter une nouvelle clientèle potentielle[16].

Rapidement, ces installations de fortune furent remplacées par des constructions monumentales, vitrines de la modernité, à l'image de Londres ou Paris. Les nouvelles gares du Nord et du Midi, inaugurées respectivement en 1846 et 1869, participèrent activement à l'urbanisation et à l'assainissement des faubourgs qui s'étendirent, non pas autour de leur noyau historique, mais bien depuis les abords du centre-ville[17]. De nouveaux quartiers surgirent, animés par la foule de « navetteurs » y transitant quotidiennement. Car en permettant le développement des faubourgs, les nombreuses haltes et stations ponctuant les lignes de chemins de fer belges retinrent les ouvriers en province. L'instauration des trains ouvriers et abonnements au tarif préférentiel dès 1866 endigua ainsi les phénomènes d'exode rural et d'enclavement ouvrier autour des usines, si caractéristiques des autres capitales industrielles. Cette préférence pour la navette vers son lieu de travail plutôt que pour la résidence urbaine se perpétua et s'intensifia tout au long du XXe siècle[18].

---

15 Dessouroux, Ch., *Espaces partagés, espaces disputés (…), op. cit.*, p. 95 ; Radermecker, V., « L'allée verte. Le premier train, la première gare », *Cahiers de la fonderie*, n° 24, octobre 1998, p. 48.

16 Meyfroid, C., « La gare du Midi à Bruxelles (1840-1952). Un enjeu urbanistique et économique », *op. cit.*, p. 12.

17 Vandermotten, Ch., *Bruxelles, une lecture de la ville*, Bruxelles, Éditions de l'Université libre de Bruxelles, 2014, p. 141.

18 Polasky, J., « Un phénomène typiquement belge : les trains ouvriers et leur impact socio-économique », Van der Herten, B., Van Meerten, M., Verbreugt, G. (dir.), *Le temps du train. 175 de chemins de fer. 75e année de la SNCB*, Louvain, 2002, pp. 322-334.

Ainsi, le réseau ferré belge, dense et sophistiqué, stimula une affluence continue vers la capitale : de travailleurs, en nombre, mais aussi de diplomates, voyageurs, artistes ou encore hauts fonctionnaires. En effet, en tant que centre économique et industriel florissant, siège du gouvernement, de la cour et des institutions culturelles, la ville regroupait des milieux hétérogènes, actifs sur le plan intellectuel, politique et économique[19]. Ce brassage de populations variées, de passage ou définitivement installées, fut facilité par la création des lignes de chemin de fer internationales privilégiant la capitale[20]. Elles permirent aux étrangers d'affluer : exilés politiques, attirés par son climat de relative tolérance, mais aussi financiers, investisseurs ou artisans et ouvriers à la recherche d'opportunités d'emplois[21]. Ces mouvements intensifs attisèrent immanquablement le développement de nombreuses structures d'accueil aux alentours des gares bruxelloises[22].

Cependant, et malgré cet impact dynamisant de l'implantation du chemin de fer, la ville craignit que l'effet inverse ne tardât à se produire, à savoir une dispersion de son potentiel économique vers ses faubourgs, conséquence directe de l'étendue de sa desserte vers ses provinces. Dès lors, elle engagea une politique de grands travaux afin de faciliter l'accès vers son centre par ses deux principales entrées, la gare du Nord et celle du Midi[23]. La création des boulevards centraux, facilitée par le voûtement de la Senne – datant des années 1860 –, ainsi que la percée de la jonction Nord-Midi en sont les principaux représentants. Cette dernière, aux débats houleux entre partisans et détracteurs, a durablement marqué les esprits bruxellois. Car si les premiers projets de jonction furent évoqués dès 1855, ce n'est qu'en 1903 que fut officialisé l'accord entre l'État et la ville pour sa construction[24]. Finalement, les travaux n'aboutirent qu'en 1952, soit un demi-siècle après les premières démolitions[25]. Les anciennes gares, détruites dans la foulée, furent remplacées par des bâtiments modernistes, fonctionnels et, contrairement aux précédents, détachés de leur tissu

---

19 Lelarge, A., *Bruxelles, l'émergence de la ville contemporaine* : *la démolition du rempart et des fortifications aux XVIIIe et XIXe siècles*, Bruxelles, CIVA, 2001, p. 169.

20 La première ligne reliant Paris à Bruxelles date de 1847.

21 Scholliers, P., Van Den Berghe, S., *op. cit.*, pp. 188-189.

22 Jourdain, V., « L'hôtellerie bruxelloise 1880-1940. Acteurs, structures et logiques spatiales d'un secteur multiforme », Thèse de doctorat présentée sous la direction de Messieurs Serge Jaumain et Laurent Tissot, Faculté de philosophie et lettres, Université libre de Bruxelles, Année académique 2011-2012, p. 323.

23 Demey, T., « Une ville modelée par le rail, Bruxelles entre en gare », *Cahiers de la fonderie*, n° 24, octobre 1998, pp. 11-22 (p. 12).

24 « La jonction Nord-Midi : un nouveau chantier de recherche », dans Jaumain, S. (ed.), *Bruxelles et la Jonction Nord-Midi. Histoire, architecture et mobilité urbaine*, Bruxelles, 2004, pp. 19-29 (p. 22).

25 Jaumain, S. (ed.), *La région de Bruxelles-Capitale*, Coll. Histoire & patrimoine des communes de Belgique, Bruxelles, Dexia-Racine-Lannoo, p. 114.

urbain[26]. Tous ces bouleversements influencèrent de manière drastique le bouillonnement économique du quartier et les commerces de bouche l'alimentant au quotidien.

2. Des lieux de restauration hétérogènes dans des quartiers atypiques

Loin d'être anecdotique, la diffusion de la culture de restauration bruxelloise s'était déjà, au milieu du XIXe siècle, largement calquée sur celle de sa voisine parisienne. En effet, animée par une élite locale et internationale à la recherche de plaisirs mondains, prête à étaler sa richesse et son luxe aux yeux de tous et surtout à être relayée par les milieux intellectuels et journalistiques, la ville avait alors toutes les cartes en main pour que s'y développe une offre de restauration variée[27]. Son poids gastronomique sur la scène européenne était reconnu à l'international. Henri de Conty nous le signale dans son guide de 1885 : « Bruxelles est comme Paris inondé de tavernes et restaurants de toute espèce, où l'on peut déjeuner et dîner dans d'excellentes conditions ; sous les rapports des prix et de la cuisine qui ne laisse rien à désirer »[28].

Cette prégnance de l'influence parisienne sur la scène de restauration bruxelloise – qui s'est perpétuée jusqu'à nos jours – est évidente. Cependant, elle ne fut pas la seule ; de nombreux lieux de mangeaille et de beuverie proposaient à Bruxelles une ambiance d'inspiration allemande, anglaise, ou encore italienne[29]. De plus, à côté des restaurants, ces lieux visant un public aisé, une multitude de petites adresses venaient rythmer les rues du centre-ville qui, en 1892, comptait déjà près de 4 000 débits de boissons. Leur dénomination témoigne de leur hétérogénéité : aux estaminets, cabarets, « cavitjes », « caberdouches », brasseries, cafés-concerts, cafés-restaurants, cafés-chantants, cafés-distilleries, devaient correspondre des réalités bien différentes[30]. Tous offraient toutefois un accueil, des rafraîchissements, parfois même de la nourriture et rentrent donc bien dans le cadre de notre étude. Il s'agira ici d'esquisser la multiplication de ces lieux

---

26 Rouyet, Y., Heughebaert, C., « Le développement du quartier Midi. Exposé école urbaine de l'ARAU », 27 mars 2012, p. 11 [En ligne] <http://www.adt-ato.brussels/sites/default/files/documents/ARAU_ADT_expose_QuartieMidi_mars2012.pdf> (consulté le 20 avril 2015).

27 Scholliers, P., Van Den Berghe, S., *op. cit.*, p. 192.

28 de Conty, H., *La Belgique circulaire. Guide Conty*, 5e édition, 1885, p. 2.

29 Scholliers, P., *Food Culture in Belgium* (…), *op. cit.*, p. 146.

30 Ankaert, R., « Les cabaretiers-cafetiers à la fin du XIXe siècle », dans Kurgan-van Hentenryk, G. et Jaumain, S. (ed.), *Aux frontières des classes moyennes. La petite bourgeoisie belge avant 1914*, Éditions de l'Université de Bruxelles, 1992, p. 29.

de restauration dans les quartiers de gare, démontrant ainsi l'intérêt de se pencher sur ce phénomène comme observatoire privilégié d'une diversification de l'offre de restauration et de création des typicités alimentaires.

Le temps des premières gares

Même s'il est difficile de brandir la notion de « quartier de gare » pour décrire les environs de la première station bruxelloise de l'Allée Verte, les rares iconographies en notre possession nous indiquent que des vendeurs ambulants avaient déjà la possibilité de stationner à l'avant immédiat de cette gare animée[31]. Car la clientèle ne manquait pas ; de nombreux ouvriers transitaient quotidiennement par cette station à proximité du canal et des usines. Elle engagea l'urbanisation rapide d'un nouveau quartier, le « faubourg de Cologne », phénomène que la construction de la nouvelle gare du Nord ne fit qu'accentuer[32].

Du côté de la station des Bogards, la première construite à l'intérieur de l'ancienne enceinte, les débits de boissons et cabarets ainsi que les petits hôtels à la réputation douteuse y étaient nombreux et visaient principalement les ouvriers et employés des chemins de fer[33]. L'installation de la gare, en amorçant un processus d'urbanisation, ne manqua pas d'entraîner une augmentation du nombre de commerçants, ouvriers et artisans dans le quartier. L'offre de restauration de ses environs s'en est trouvée sensiblement élargie : cabaretiers, hôteliers, cafetiers et autres débitants de boissons se concentrèrent aux sorties immédiates de la gare, sur sa place et dans sa rue principale[34]. Le nombre de cabarets est particulièrement révélateur : le quartier en comptait 12 en 1865 alors qu'ils n'étaient que 2 vingt ans plus tôt[35]. Si la station des Bogards eut une durée de vie relativement courte – elle fut remplacée en 1869 par la nouvelle gare du Midi et déplacée vers le sud, sur des terrains vierges de la commune de Saint-Gilles –, elle occasionna toutefois un bouleversement profond du lieu qui conserve, encore aujourd'hui, des marques de son passif ferroviaire. Les nombreux hôtels qui habillent les environs immédiats de la place Rouppe en témoignent.

---

31 « Allée Verte », Archives de la Ville de Bruxelles (AVB), Fonds iconographique, Photo n° 79481.

32 Demey, T., « Une ville modelée par le rail, Bruxelles entre en gare », *Cahiers de la fonderie*, n° 24, octobre 1998, pp. 11-22 (p. 14).

33 Meyfroid, C., *La gare du Midi à Bruxelles (1840-1952). Histoire et influences*, Mémoire de licence en Histoire présenté sous la direction de M. le professeur Serge Jaumain, Faculté de philosophie et lettres, Université libre de Bruxelles, 2004, p. 53.

34 *Ibid.*, p. 46.

35 *Ibid.*, p. 47.

Évolution du tracé du chemin de fer à Bruxelles (centre-ville)

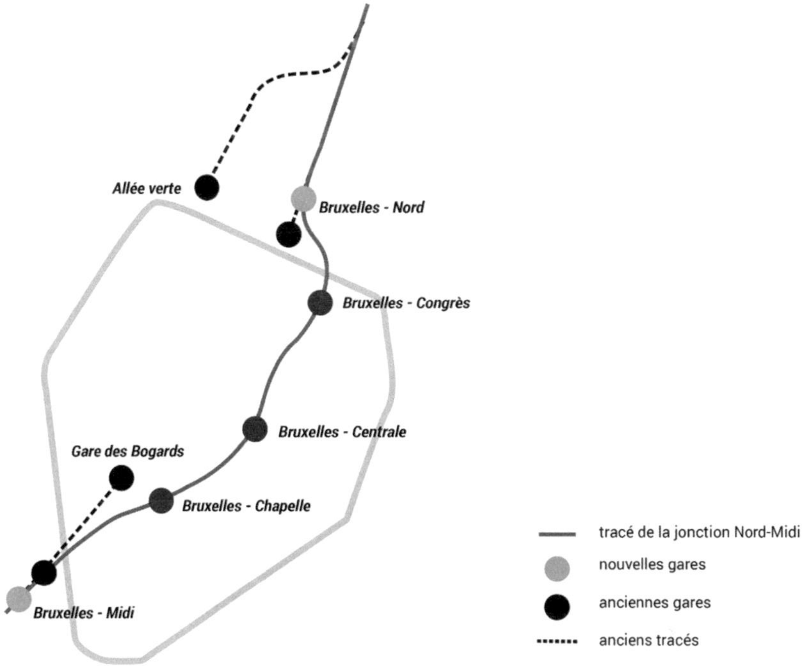

La monumentale gare du Nord

Afin de remplacer l'Allée Verte, dont l'étroitesse contrastait avec la vocation du réseau, la nouvelle gare internationale du Nord fut construite. S'ouvrant sur une majestueuse « place des Nations » – rebaptisée place Rogier en 1885[36] – bordée par des rues créées pour l'occasion, elle allait très vite devenir le centre nodal tant du réseau ferré que de la ville. L'animation débordante du quartier – qui bénéficiait de la proximité des grands boulevards bordés de cinémas et théâtres, du regroupement des divers moyens de communication en son sein, de sa proximité avec le centre de la ville et notamment la Grand-Place, ainsi que des nombreux services proposés par la station – allait fortement augmenter la présence des établissements de restauration aux alentours de la gare. Ainsi les guides ne manquent pas de vanter les mérites d'un quartier hospitalier, « centre du mouvement des plaisirs et des affaires »[37]. De plus, pour les visiteurs, se loger au nord

---

[36] Deligne, C., « Saint-Josse », in *La région de Bruxelles-Capitale*, Bruxelles, Dexia Banque – Éditions Racine, 2008, p. 139.

[37] *Guides Muquardt, Bruxelles : guide illustré*, 5e édition, Bruxelles, Merzbach et Falk (ed.), 1883, p. 17.

facilitait l'accès à tous les lieux attractifs de la ville et de ses faubourgs grâce à un réseau de transport local développé et transitant par la gare, qui donnait aussi accès aux attractions nationales que des trains desservaient en un temps limité étant donné la petitesse du pays[38]. La ligue de propagande belge est assez explicite quant aux avantages pour le touriste de se loger dans les environs de la station Nord :

> Dans son désir de rendre les voyages en Belgique accessibles au plus grand nombre par la réduction des frais et l'augmentation du confort, l'administration des chemins de fer belges a mis à la disposition des touristes des abonnements de cinq et de quinze jours accordant la libre circulation sur tout le réseau ferré de l'État ou des Compagnies, soit près de 5 000 kilomètres. (…) On comprend aisément tous les avantages de ce système d'abonnement. Grâce à la proximité des grands centres (Anvers n'est qu'à une demi-heure de trajet de Bruxelles ; Gand, Mons et Namur, une heure ; Ostende ou Liège, deux heures, etc.) on peut voyager à son gré, pendant cinq ou quinze jours, visitant plusieurs villes par jour, se promenant le matin par les dunes ou le long de la digue d'Ostende et goûtant l'après-midi, le charme d'un joli coin des Ardennes. On peut également combiner ces déplacements à travers le pays de façon à garder Bruxelles comme quartier général, y passant toutes les soirées pour y repartir le lendemain. En somme ces abonnements donnent au voyageur tous les avantages du carnet de voyage circulaire sans lui imposer l'obligation de l'itinéraire fixe, puisque tous les trains et toutes les directions lui sont accessibles. Enfin la vie d'hôtel, peu coûteuse en province, ne dépasse guère 10 ou 12 francs à Bruxelles même qui pullule d'ailleurs de restaurants excellents et à bon compte[39].

Flanquée d'une large place accueillante et aérée, au style néo-classique homogène, la configuration de la station, parfaitement lisible pour les voyageurs, lui donnait un caractère hospitalier. Cette caractéristique participa à l'épanouissement de dynamiques relationnelles fortes dans le quartier, ce qui ne manqua pas d'influer sur son tissu économique et social en le stabilisant[40]. L'analyse diachronique du bâti de la place témoigne de l'intensification de son activité. En effet, les établissements de restauration, les cafés, mais surtout les hôtels se parèrent d'infrastructures de plus en plus volumineuses suite aux agrandissements, reconstructions, rachats et concentrations immobilières successives[41]. Dès les années 1900, la gare n'est d'ailleurs plus en mesure de surplomber l'ensemble architectural de

38 Jourdain, V., « L'hôtellerie bruxelloise 1880-1940. (…) », *op. cit.*, p. 324.

39 *La ligue belge de propagande pour attirer les touristes étrangers*, Livret non daté. Archives de la ville de Bruxelles, Fonds Fauconniers, n° 78 – boîte 1.

40 Sur le lien entre dynamiques relationnelles d'un lieu et épanouissement de son secteur économique, voir Raffestein, C., « Réinventer l'hospitalité », *Communications*, vol. 65, 1997, pp. 165-177.

41 Jourdain, V., « L'hôtellerie bruxelloise 1880-1940. (…) », *op. cit.*, pp. 328-335.

sa place. Le caractère clinquant et aguicheur de la place Rogier faisait cependant figure d'exception dans le paysage ferroviaire urbain. Un bref passage par les rues avoisinant la station devait suffire à s'en rendre compte. Les hôtels y étaient plus modestes, visant une clientèle composée tant de navetteurs et d'ouvriers, que de touristes et voyageurs moins fortunés ou installés à Bruxelles pour une plus longue durée[42]. Dans les deux rues bordant la gare, cafés, cabarets et maisons de prostitution jouissaient allègrement des mouvements de population que toute station est en mesure de susciter dans son voisinage[43]. Régulièrement déconseillés aux voyageurs, leur réputation laissait vraisemblablement à désirer :

> Une louche animation gravitait autour des hôtels borgnes de la rue de Brabant et du Progrès ou des couples s'engouffraient dans des portes, les uns timides et subreptices, d'autres avec une naïveté triomphale (autour de la gare, des boîtes ; bière et goutte devant, champagne derrière ; des boutiques de cigares où les cigares ne sont que le prétexte[44].

Une analyse fine de l'évolution du quartier au travers de ses établissements de restauration n'a pas encore été entreprise. Cela dit, des tendances peuvent déjà être décelées. La juxtaposition d'iconographies représentant la place Rogier durant la première moitié du XXe siècle révèle son délaissement progressif. Certes, la gare monumentale du Nord était toujours, à la veille de sa démolition en 1952, la plus fréquentée de la ville. Cependant, avec ses terrasses recroquevillées sur elles-mêmes, son quartier semble avoir perdu de sa grandeur. Jadis lieu de vie, créateur de sociabilités, le quartier de la gare du Nord n'apparaît plus, au milieu du XXe siècle, comme une vitrine de l'animation noctambule bruxelloise. Il ressemble plutôt à un simple lieu de passage.

De la station des Bogards à la gare du Midi

À côté de ce double profil de la gare du Nord, le quartier du Midi dévoilait une réalité plus homogène et surtout plus modeste. Sa « place de la Constitution », aménagée juste après l'inauguration de la station, était ouverte vers la ville, arborée, hospitalière. Mais son charme travaillé ne suffisait pas à égayer un quartier lourdement artisanal et industriel dont les activités participèrent activement à l'urbanisation des faubourgs de

---

42 Jourdain, V., « L'hôtellerie bruxelloise 1880-1940. (…) », *op. cit.*, p. 343.

43 Breës, G., *Bruxelles-Midi. L'urbanisme du sacrifice et des bouts de ficelle*, Bruxelles, Aden, 2009, p. 58.

44 Saey, M., *Les dessous de Bruxelles*, Bruxelles, Dujardin, 1908, pp. 24-25.

Saint-Gilles et d'Anderlecht bordant la station[45]. Les nombreux établissements de bouche[46] étaient largement fréquentés par des ouvriers d'usines et de petites industries installées dans les environs du canal de Charleroi et de l'abattoir d'Anderlecht, mais aussi par des employés de chemins de fer, commis, facteurs, chefs gardes, sans oublier par des garçons de café, servantes et demoiselles de comptoir travaillant comme serveuses au restaurant de la gare du Midi[47]. Ces lieux devaient ressembler à d'autres quartiers populaires du centre-ville de Bruxelles.

Les guides incitent ardemment leur lectorat à ne pas s'attarder dans le quartier à la descente du train. Le conseil est clair : s'engouffrer rapidement dans un des nombreux fiacres et omnibus mis à leur disposition devant la station afin de gagner la gare du Nord en un temps record[48]. Si du point de vue de son offre de restauration, le quartier devait être assez comparable à d'autres lieux de concentrations d'établissements de bouche du centre-ville, la proximité de la gare devait immanquablement influencer l'offre, l'ambiance et la clientèle de ces établissements :

> Des amis me guident, et tout de suite, comme il convient, nous entrons à l'estaminet. Comme il convient, dis-je, car, on me l'affirme, un verre de lambic ou de faro m'en dira plus long sur la psychologie de Bruxelles que ne pourraient le faire en vingt leçons les professeurs de deux universités. Je crois que ce qu'on m'en dit, et je fais mes dévotions au Gambrinus belge, en déplorant que le lieu – trop près de la gare – soit bien cosmopolite où nous sommes assis (…). Mêlés, autour de nous, les types de buveurs. Un, là-bas, près de la porte jaune où est écrit le mot, encore majestueux pour moi, COUR, un Flamand, tranquille, en compagnie de son verre de bière et de sa pipe, regarde, sans étonnement, les étrangers dont je suis, jetés là par le train de Paris… Nous sortons[49].

Ce commentaire est éminemment éloquent quant à la pluralité des expériences vécues dans les petits cafés populaires des quartiers de gare. De plus, il nous confirme le caractère hétérogène du public fréquentant les bars des environs de la gare du Midi, et ce malgré les conseils professés par de nombreux guides. Si l'état actuel de cette recherche ne permet pas encore d'y répondre, ces considérations soulèvent déjà des questionnements intéressants relatifs aux modalités de ces rencontres, aux métissages et échanges alimentaires en découlant ainsi qu'à leur influence sur

---

45 Breës, G., *op. cit.*, p. 53.

46 Libert, M., « Saint-Gilles », in *La Région de Bruxelles-Capitale*, *op. cit.*, p. 234.

47 Meyfroid, C., *La gare du Midi à Bruxelles (1840-1952). Histoire et influences (…)*, *op. cit.*, p. 90.

48 Joanne, A., *Itinéraire descriptif et historique de l'Allemagne : l'Allemagne du Nord*, Paris, Hachette, 1854, p. 208.

49 Morice, C., Lemonnier, C., *L'esprit belge*, Bruxelles, Balat, 1899, p. 18.

la construction des identités se façonnant de manière privilégiée au travers du regard de l'Autre.

Suite aux travaux de la jonction, la monumentale gare du Midi subit le même destin que sa consœur. Sa démolition brutale fut le prélude à la construction d'une nouvelle gare inaugurée en 1949, à l'architecture purement utilitariste et dont la configuration donne le sentiment profond d'une absence de bâtiment[50]. Avec l'arrivée en 1992 du train à grande vitesse, une nouvelle page de cette relation amour-haine entretenue entre la gare et son environnement urbain fut tournée : spéculations immobilières, expropriations et immobilisme décisionnel mirent ce quartier en friche pendant plusieurs décennies[51]. Ces événements ont fini par frapper l'imaginaire collectif, marquer les consciences, voire à traumatiser certaines populations bruxelloises. Il n'est donc pas étonnant de constater l'intérêt concerné que suscite le projet de réhabilitation du quartier Midi, désormais pensé comme nœud multimodal, à l'approche de l'arrivée du RER en gare.

Surtout, les premières ébauches de jonction suffirent à éventrer le quartier et influencer sa structure commerciale, cela malgré la volonté toujours affichée des décideurs politiques d'en préserver son activité. En effet, c'est dès 1910 que le premier tronçon du viaduc ferroviaire découpa la place de la Constitution en deux parties distinctes. Ainsi on assiste à la première phase de déstructuration du quartier qui perdit définitivement son rôle de plaque tournante après le parachèvement des travaux et la construction du tram souterrain. En effet, les usagers n'avaient plus de raison particulière de jouir des infrastructures commerciales d'une gare imperceptible qu'ils ne faisaient que vaguement croiser[52]. Les lieux de sociabilité formés par les établissements de restauration tombèrent progressivement en désuétude. Certains furent alors récupérés par les communautés immigrées dont l'implantation dans les quartiers de gare est rendue particulièrement visible par le développement d'une vaste offre de restauration exotique[53], phénomène encore très peu exploré dans les recherches historiques.

---

50 Meyfroid, C., « La gare du Midi à Bruxelles (1840-1952). Un enjeu urbanistique et économique », *op. cit.*, pp. 14-16.

51 Van Criekingen, M., « Du vieux vin dans de vieilles bouteilles ? Une comparaison des opérations de réaménagement des quartiers Nord et Midi à Bruxelles », *Belgeo*, n° 1-2, 2010, pp. 49-64 (p. 58).

52 Sleebus, J., « Le terminal TGV à Bruxelles-Midi. Un train de Troie », *Cahiers de la fonderie*, n° 24, octobre 1998, pp. 51-60 (p. 53).

53 *Ibid.*

3. Une offre de restauration spécifique

Tentons désormais d'esquisser les tendances de cette offre alimentaire hors foyer et d'en déceler des marqueurs spécifiques. Même si cette recherche n'en est encore qu'au stade des préliminaires, il est déjà intéressant de constater une certaine conciliation entre d'une part, une offre locale représentative de ce que d'autres établissements populaires bruxellois devaient proposer en matière de plats et de boissons et d'autre part, la volonté de vendre des produits à résonnance internationale. Certes, l'analyse devra être peaufinée en fonction des époques concernées. Nous remarquons déjà que la fin du XIXe siècle est plus marquée par une internationalisation de l'offre gastronomique tandis que la période enchaînant l'exposition universelle de 1910 reflète un goût plus prononcé pour la valorisation de plats locaux et nationaux, phénomène déjà mis en évidence à l'échelle du pays par les historiens[54].

À ce titre, le cas de la bière est emblématique. Utilisée à foison dans les arguments publicitaires, ce sont essentiellement les bières étrangères – en particulier les bières allemandes – qui sont mises en évidence par les tenanciers d'établissements[55]. Lambic, gueuze, faro et autres « jus amers ou aigrelets »[56], ces bières locales consommées dans la plupart des cabarets et bistrots bruxellois n'étaient pas, du moins au XIXe siècle, particulièrement apparentes sur les devantures aux alentours des stations ou dans les encadrés publicitaires. Elles étaient pourtant très certainement proposées dans ces lieux.

Cette obsession pour la bière, on la retrouve également dans le parcours d'exilés français établis pour un temps dans la capitale. Un épisode de la vie du dramaturge Georges Courteline est évocateur. Alors que, vers 1895, il triomphait sur les scènes parisiennes, il se trouva un soir d'été avec Georges Feydeau et un autre compère dans un café proche de la gare du Nord, à Paris. La bière y étant particulièrement détestable, Courteline s'excuse auprès de ses acolytes et promit de leur rapporter de la « vraie bière ». Cinq minutes plus tard, il était de retour avec trois billets de chemin de fer. Sans attendre, et dans la fièvre que l'on devine, le trio s'embarqua pour Bruxelles où, le temps d'une nuit, ils refirent le monde et rebâtirent leur

[54] Geyzen, A., Scholliers, P., « Upgrading the Local. Belgian Cuisine in Global Waves », *Gastronomica*, vol. 10, n° 2, pp. 49-54 (p. 51).

[55] Dubreucq, J., *Bruxelles 1000. Une histoire capitale*, Bruxelles, J. Dubreucq, 1996, vol. 6, p. 123.

[56] Guislain, A., Kessels, W., Stons, L., *Découverte de Bruxelles*, Bruxelles, L'Églantine, 1930, p. 45.

vie. Bruxelles une fois encore, avait su jouer de l'hospitalité de son âme[57]. Le lieu exact de leur festoiement n'est pas mentionné. Nous pouvons cependant imaginer que nos acolytes ne se seraient pas lancés dans ce type d'aventure s'ils n'avaient pas eu la certitude de pouvoir aisément étancher leur soif dès leur arrivée sur le sol bruxellois.

Les menus de ces établissements sont rares. Certaines publicités nous en donnent cependant un avant-goût. Un encadré publicitaire du Grand Hôtel National, situé Place des Nations – ancien nom de la place Rogier –, donne à son établissement de restauration le nom de « Taverne anglaise » et vante les mérites de leur « gigot à la bretonne », « pigeonneau à l'anglaise », « pâté de Strasbourg » ou encore de leur « sauce hollandaise »[58]. Ces références aux nations étrangères, évidentes dans cette publicité de 1861 n'ont, à la veille de la Première Guerre mondiale, plus aucune résonnance. Ce bond dans le temps nous plonge dans une ambiance bien différente où la ferveur nationale est à son comble[59]. Dans une publicité datant de 1914 pour l'établissement Van Bree, situé dans le quartier de la gare du Midi, c'est une cuisine locale bruxelloise qui est mise à l'honneur : les entrecôtes et les poulets sont précisés « de Bruxelles » et tous les jeudis soirs sont proposés les « choesels au Madère », un mélange composé de pancréas, de rognons et de pieds de mouton[60], plat phare du lieu. Ce n'est donc pas encore une cuisine aux accents de belgitude qui est brandie comme faire-valoir de ces établissements, mais bien une cuisine ancrée localement, faisant référence à des plats et des produits bruxellois.

Un met en particulier semble attirer l'attention des touristes fréquentant les établissements bruxellois :

> Je termine par une confidence : si un garçon de restaurant venait vous proposer des pistolets, ne craignez rien, il ne s'agit pas d'armes meurtrières, mais tout simplement de petits pains. En Belgique, on ne sort jamais le matin de chez soi sans pistolets… dans le ventre, bien entendu[61].

Ces petits pains ronds étaient également proposés dans les quartiers de gare. D'ailleurs, certains guides ne manquent pas de préciser lorsque les

---

57 Aventure relatée par René Maurice dans *La fugue à Bruxelles. Proscrits, exilés, réfugiés et autres voyageurs*, Bruxelles, Luc Pire, 2003, p. 10.

58 Dubreucq, J., *Bruxelles 1000. Une histoire capitale*, Bruxelles, J. Dubreucq, 1996, vol. 6, p. 118.

59 Geyzen, A., Scholliers, P., *op. cit.*, p. 51.

60 Publicité parue dans un fascicule touristique « L'été en Belgique », 1914. Source : Archives de la ville de Bruxelles, Fonds Fauconnier, n° 78, boîte 2.

61 de Conty, H., *La Belgique circulaire*, 1885, (5e éd.), pp. 22-23.

établissements préféraient accompagner leurs repas de pain « français », argument distinctif de taille[62].

Pour finir, nous ne pouvons quitter ces quartiers de gare sans passer par leurs nourritures. Simples coupes faims, moyen d'étancher rapidement sa soif, l'offre des vendeurs ambulants constituait une option plus modeste, mais aussi complémentaire à toute une série de voyageurs fraîchement débarqués de la gare, aux habitants du quartier et à tous ceux brassés quotidiennement dans ces lieux. Ces pratiques sont difficiles à appréhender par manque de sources. Toutefois, un certain nombre d'iconographies nous en donnent déjà un aperçu en nous faisant voyager dans cet environnement vivant, riche de liens sociaux, dans ce « lieu-mouvement »[63] que constitue le quartier de gare et que l'approche alimentaire permet de saisir de manière privilégiée.

Ainsi, au nord comme au midi, les vendeurs de beignets – mieux connus en Belgique sous le nom de *smoutebollen* – côtoyaient les vendeurs de coco, une boisson rafraîchissante à base d'eau et de réglisse, aromatisée au caramel et à l'essence d'amande[64]. La foire du Midi qui se tient annuellement devant la gare, et ce depuis 1880[65], devait également constituer une aubaine, tant pour les voyageurs que pour les vendeurs de rues jouissant durant cet événement d'une clientèle avide de nourritures festives. L'impression laissée par cette kermesse aux étrangers de passage à Bruxelles mériterait une attention toute particulière.

En guise de conclusion

Dans un contexte où la gare n'est plus uniquement envisagée comme un objet, mais comme un sujet de la ville[66], comme un lieu de vie générateur de sociabilités dont l'intérêt ne se limite pas à ses fonctions utilitaristes, mais s'étend à ses usages[67], son analyse historique dans une perspective alimentaire apparaît comme un moyen original de comprendre les dynamiques en jeu dans l'élaboration d'un véritable « quartier de gare ».

---

62 *Ibid.*, p. 22.

63 Joseph, I., « Les compétences de rassemblement. Une ethnographie des lieux publics », *La ville des sciences sociales*, n° 4, 1996, pp. 107-22.

64 Abeels, G., *Métiers de la rue 1906-1914*, Zatbommel, Europese Bibliotheek, 1979.

65 d'Osta, J., *Dictionnaire historique et anecdotique des rues de Bruxelles*, Le Livre, 1995, p. 202.

66 Lepetit, B., « La ville : cadre, objet, sujet. Vingt ans de recherches françaises en histoire urbaine », *La ville des sciences sociales*, n° 4, 1996, pp. 1-16 (p. 7) ; Joseph, I., « Les compétences de rassemblement (…) », *op. cit.*, p. 2.

67 Sauget, S., « Pour une histoire des usages détournés des gares parisiennes ou l'envers des grandes gares de voyageurs », *Revue d'histoire des chemins de fer*, n° 38, 2008, pp. 18-26.

Nous l'avons vu, l'univers alimentaire des quartiers de gare est tributaire des dynamiques urbanistiques propres à la ville. De gares bruxelloises monumentales insérées dans leur tissu urbain et dont l'exceptionnalité devait témoigner de la modernité de la ville aux yeux des étrangers[68], nous sommes passés à des espaces illisibles et peu hospitaliers. C'est donc la symbolique de la ville qui fut privilégiée par les élus bruxellois et nationaux et non sa viabilité pour les habitants[69]. Cette évolution ne manqua pas d'influencer l'offre alimentaire des environs immédiats des gares du Nord et du Midi, en coupant les liens relationnels forts qui pouvaient auparavant s'y tisser. Les conséquences de cette déshumanisation de l'espace sur la sphère économique mériteraient d'être mesurées[70].

Plus que strictement ferroviaire ou urbaine, cette réflexion autour de l'implantation des commerces de restauration dans les espaces urbains attenants aux stations de chemin de fer s'inscrit dans le cadre d'une histoire des cultures matérielles, particulièrement touchées par la globalisation et l'internationalisation avec l'arrivée du chemin de fer. Cette recherche d'histoire globale ancrée dans un espace urbain cosmopolite, dans un lieu d'échanges et hétérogène n'en est qu'à ses prémices. Nous avons toutefois déjà pu montrer que l'analyse matérielle de cette offre de restauration – que ce soit celle des cafés, hôtels et restaurants, mais aussi celle des vendeurs ambulants – constitue un moyen privilégié d'appréhender la réception des cultures alimentaires étrangères, mais aussi la mise en valeur de spécialités locales. La construction des identités alimentaires se manifeste tout particulièrement en situation de mobilité et de rencontre[71]. La première confrontation avec la culture de l'Autre pour le voyageur fraîchement débarqué en gare se produit volontiers au travers de cette vitrine alimentaire qui lui est proposée. Le restaurant constitue, en lui même, une forme de voyage, une manière de se frotter à un univers différent et mystérieux, mais aussi de témoignage d'une certaine identité nationale[72]. Dès lors, en étudier les modalités nous permettra de comprendre les mécanismes à l'œuvre dans le façonnement des identités alimentaires, mais aussi de déconstruire les concepts d'« authenticité », de « tradition » et de cuisine « locale », particulièrement visibles dans les quartiers de gare.

---

68 Jaumain, S., « Un autre regard, les guides de voyage et la jonction Nord-Midi », dans Jaumain, S. (ed.), *Bruxelles et la Jonction (…), op. cit.*, pp. 81-98.

69 Deligne, C., « La ville vue du train. Vision de Bruxelles dans les débats relatifs à la Jonction (1900-1960) », dans Jaumain, S. (ed.), *Bruxelles et la Jonction (…), op. cit.*, pp. 69-80.

70 Raffestein, C., *op. cit.*, p. 176.

71 Williot, J.-P., « les mobilités contemporaines (…) », *op. cit.*, p. 179.

72 L. Spang, R., *The Invention of the Restaurant : Paris and Modern Gastronomic Culture*, Cambridge, Harvard University Press, 2000, p. 197.

On the Dining Car, in the Station Restaurant and from the Platform Peddler

Tea on Railways in the United States and Japan, 1860-1960

Robert Hellyer

Associate Professor of History – Wake forest University – USA

Although often characterized as overwhelmingly preferring coffee, Americans have been inveterate tea drinkers since the founding of their nation. In the nineteenth and early twentieth centuries, they would take tea with meals and pause daily for "tea time," usually at around four or five pm. During roughly the first century of the republic, Americans consumed primarily green teas produced in mainland China, which held a monopoly over the world market. When new producer states and regions emerged after 1860, Americans came to also enjoy oolong teas from Taiwan, Japanese green teas, and later black teas grown in India, Ceylon, and the Dutch East Indies.

Drawing on contemporary newspaper accounts and menus, this chapter will trace the consumption of tea on US trains and in station restaurants in the late nineteenth and early twentieth centuries. It will outline how some on-board and station services offered a non-descript choice of "tea or "coffee" but others gave customers the option of green, black, and oolong teas. In the 1920s and 1930s, Americans came to consume more black teas sold as national brands. Yet on trains and in station restaurants, customers could choose brands of coffee and coffee substitutes but not specific brands of tea. Into the 1960s, dining cars and station restaurants serving those traveling from Chicago to points in the Southwest and West Coast provided green, oolong, and black teas, suggesting that onboard dining retained a vestige of previously dominant consumption practices.

The chapter will also examine tea on trains in Japan, which by contrast was a major tea exporting state. During the late nineteenth century, the leaders of Japan's central government pushed for the development of a national rail network as part of a larger goal to create a modern nation-state. The chapter will outline the growth of consumer amenities on Japanese railroads, as well as some of the unique aspects of consumption, such as the teapots made exclusively for railroad passengers, and the sale of tea, along with boxed lunches, by platform vendors.

As its larger comparative themes, this chapter will consider how US and Japanese railways initially gave little consideration to the food and beverage needs of riders, although US railways moved more quickly to develop amenities than their counterparts in Japan. In addition, it will stress the differing dining practices that saw the prominence of station restaurants in the United States, but the more widespread role of platform vendors in Japan. Finally it will outline the contrasting patterns of tea consumption on dining cars: black tea in Japan, and a variety of green, oolong, and black teas on US trains into the 1960s.

1. Tea in an Expanding US Passenger Railway Network

Even with the upheaval of the Civil War (1861-1865), US railways grew from just over 30,000 miles in 1860 to nearly 53,000 miles in 1870.[1] Chicago emerged as a major rail hub and guests at hotel restaurants near the city's rail stations could order tea with their meals. The Metropolitan Hotel, located a few blocks from the Great Central Depot (also known as Great Central Station) and close to depots of other rail lines, apparently served many rail travelers as evidenced by the inclusion of rail departure times on the back page of its menu. The hotel's dinner menu from 1866 lists a handsome array of food selections including: mock turtle soup, baked white fish, twenty-six varieties of meat served roasted, cold, boiled, and as "hot relieves." Diners could also sample sixteen different entrees, such as "Beef brains, a la Turke," thirteen kinds of vegetables, and select various relishes and pastries. For dessert, the Metropolitan prepared tea and French coffee along with watermelon, brandy jelly, and twelve other items.[2]

The first dining car on a US train appeared in 1863, and in March 1868, a Pullman dining car, dubbed the "Delmonico" after the famous New York restaurant, debuted on a Chicago-based line.[3] In an article

---

1 Association of American Railroads, *American Railroads: Their Growth and Development.* Washington, D.C., Association of American Railroads, 1948, p. 12.

2 Metropolitan Hotel, Chicago, Dinner Menu, August 12, 1866. "Commercial menus, mostly from hotels and restaurants, 1853-[ongoing]" Chicago History Museum, Chicago, Illinois. Hereafter CHM.

3 Robertson, D., *Encyclopedia of Western Railroad History, Volume III: Oregon and Washington.* Caldwell, Idaho, Caxton Printers, 1995, p. 31.

about the car's inaugural run, a Chicago newspaper explained that George Pullman "whose name is now so inextricably connected with all that is pleasant and comfortable in sleeping cars," accompanied a group of dignitaries on a short, round-trip excursion to a city near Chicago, a journey that marked "a new era in railroad travel." The group sat down to a multi-course dinner that included soups, various meats, fish, and fowl, as well as mashed potatoes, onions, and cabbage. After desserts of Delmonico pound cake, puddings, and fruit pies, the riders were served coffee or tea. The newspaper reported that "so smoothly did the 'Delmonico' glide over the rails, that no inconvenience was experienced in eating or drinking; not a drop of soup, coffee or water on the tables was spilled."[4] The Pullman Company also operated "hotel-cars," on which a British traveler described taking a meal at a table brought to his cabin. His choices included a lamb chop for 75 cents and fresh mackerel for 50 cents, both of which were served with an "ample choice" of vegetables, fruits, and relishes. He also had the option of coffee, tea, or chocolate for fifteen cents each.[5]

As the US railway system expanded in the 1870s and 1880s, more railways began to offer dining car and on-board food and beverage services which invariably included tea. In 1879 a Chicago newspaper noted that passengers were receptive to the new dining cars given the harrying experiences involved in obtaining food as well as tea and coffee at platform eateries. "During the too brief stoppage of the train, they [passengers] have been forced by craving stomachs to join the general throng in arduous struggle for some means of which to satisfy that craving, and, just as they had secured a bowl of scalding-hot soup, or a cup of equally hot tea or coffee, the bell 'gave note of dreadful warning' that they must regain their seats." The newspaper proclaimed that with the introduction of dining and sleeping cars, as well as individual instead of double, bench seats, "it might be said with truth that the hardships of travel had been reduced to a minimum, and the comparative comforts of home secured."[6]

Other railways soon added dining-car services on lines connecting Chicago with major Midwest cities.[7] For example the Chicago, St. Paul, Milwaukee, & Omaha Railway included dining cars on trains traveling

---

4 "The Delmonico: Excursion on Board Mr. Pullman's New Dining Room Car," *Chicago Daily Tribune* March 30, 1868, p. 4.

5 Macaulay J., *Across the Ferry: First Impressions of America and Its People*, London, Hodder and Stoughton, 1871, p. 138.

6 "Portable Palaces, Which Offer Home Comforts While Moving at a Rate of Thirty Miles an Hour," *Chicago Daily Tribune*, November 22, 1879, p. 5.

7 "The Pennsylvania Inaugurates Its New Dining-Car Line in a Happy Manner – The Finest and Most Beautiful Cars of the Kind in Existence," *Chicago Daily Tribune*, May 8, 1882, p. 7; "Inauguration of New Dining-Cars on Michigan Central," *Chicago Daily Tribune*, May 6, 1883, p. 12.

the "Royal Route" between Chicago and the "Twin Cities" of Minneapolis and St. Paul. The railway courted potential riders by touting not only its dining cars but also by stressing that "passengers not desiring a regular meal will be furnished from the dining car with a lunch of tea, coffee, or chocolate, with sandwiches, at reasonable prices."[8] Railways offered dining car meals ranging from 75 cents to one dollar – at that time about the price for a pound of high-grade tea (as detailed below). They therefore usually lost money on dining services, seeing them instead as a form of advertisement to increase ridership.[9]

Meanwhile, Midwest grocers were selling a variety of teas commensurate with the expanding world market. In 1882 C.H. Slack, a Chicago grocer, advertised that his shop offered Formosa [Taiwan] oolong, three green teas (Japan, gunpowder, and Young Hyson) and two black teas, English Breakfast and Congou. Slack sold five grades of most of those teas, with the better grades of black tea labeled as produced in the Dutch East Indies. Most of the oolong grades were listed as grown in Taiwan. As India and Ceylon teas were not yet available on the US market, the lower grade black teas were probably from China. A customer at Slack's grocery could purchase the lowest grade of any available tea for 40 cents per pound, and a pound of the highest for 80 cents.[10]

Although many continued to list simply "tea" on menus, some hotel restaurants located near major rail depots began to provide teas to match selections available at US grocers. The Leland Hotel, four blocks from the Great Central Depot, gave a choice of oolong, green, and black tea on its lunch menu, and green and black tea on its supper menu.[11] In addition, the Rock Island Railway, which had lines extending throughout the Midwest and into the lower Mississippi region, listed a choice of green, oolong, and black tea on its on-board breakfast menu.[12]

---

8 "The Royal Route Dining Cars," *The Worthington Advance*, Worthington, Minnesota, July 26, 1883, p. 1.

9 "A Magnificent Dining-Car," *Chicago Daily Tribune*, May 30, 1880, 10; "New Dining-Cars," *Chicago Daily Tribune*, November 18, 1876, 8; John H. White, Jr. explains, with several examples, that railways made little or no money on dining-car and on-board food and beverage services because of food, labor and equipment costs. White, J.H. Jr., *The American Railroad Passenger Car*, Baltimore, Johns Hopkins University Press, 1978, pp. 320-321.

10 "Tea Drinkers!" Classified Advertisement, *Chicago Daily Tribune*, August 5, 1882, p. 11.

11 "Leland Hotel Lunch," May 13, 1885; "Leland Hotel Supper," 1885? "Commercial menus, mostly from hotels and restaurants, 1853-[ongoing]" CHM.

12 Rock Island Pullman Palace Dining Car Menu, Circa 1885. Digital copy of the menu is available at the homepage of railroad enthusiast organization, the Rock Island Technical Society http://www.rits.org/www/histories/menu/menu.html, accessed June 15, 2015.

As long-distance rail travel became well established in the decades around 1900, rail companies developed variations on the dining car to accommodate a range of passenger choices. A railway running between Chicago and Detroit added a buffet parlor car which provided meals and other refreshments à la carte.[13] Another line attached a "library-buffet-smoking car" to its trains serving Omaha.[14] Passengers on shorter journeys or those intimidated by the cost and display of a full meal service could purchase select items at the buffet and later, at dining bars added on some routes. The range of tea service also appears to have expanded to include the choice of iced tea. The Baltimore and Ohio Railway offered iced tea along with green and black tea served hot, while riders of the Pennsylvania Railroad, which connected much of the US Northeast, could wash down a lunch of pickled tongue, Boston baked beans, and huckleberry pie with either hot or iced tea.[15]

Operators of rail lines extending from Chicago and other Midwest cities to West Coast destinations faced challenges in providing food and beverages to passengers because of the vast rural expanses covered by their lines. Early station eateries, often in poorly provisioned mining or cattle towns, served greasy meat, hard biscuits, and tea, which "tasted as though it was made from the leaves of sagebrush."[16] A British traveler riding from Omaha to Salt Lake City stressed that the "eating-stations, all along the route, call for great improvement." He dismayed that "everybody has heard and too many have partaken of the dry chops, the gutta-percha steaks, the bean-coffee and the currant-leaf tea to be found at railway eating-places. There are desperate skirmishes with the waiter who persists in bringing tea when you want coffee and who tells you, 'It's all the same sir.'"[17]

A restaurateur from England, Fred Harvey, realized the business opportunity presented by such sub-standard dining options. He approached a superintendent of the rapidly expanding Atchison, Topeka and Santa Fe Railway (later commonly referred to as the Santa Fe) with a proposal to

13 "New Buffet Parlor Cars," *Chicago Daily Tribune*, November 21, 1896, p. 14.

14 "Library-Buffet Car: of Illinois Central's Omaha Line," *Chicago Daily Tribune*, April 8, 1900, p. 5.

15 B&O Blue Line Dining Car Service (Supper), May 1, 1900; The Pennsylvania Limited, The Pullman Company, September 5, 1901. The New York Public Library offers an online portal with an extensive collection of restaurant and dining-car menus. http://menus.nypl.org/ accessed June 16, 2015. Hereafter, NYPL.

16 Brown, D., *Hear That Lonesome Whistle Blow.* New York, Holt, Rinehart and Winston, 1977, p. 142 quoted in Poling-Kempes, L., *The Harvey Girls: Women Who Opened the West*, New York, Paragon House, 1989, p. 31.

17 Boddam-Whetham, J.W., *Western Wanderings: A Record of Travel in the Evening Land*, London, Richard Bentley and Son, 1874, p. 57.

establish a station restaurant, associated with the railway, which would serve meals of consistent quality. The superintendent and the railroad's president saw promise in the venture and gave support for Harvey to open an eatery in the Santa Fe's depot in Topeka, Kansas. Harvey supplied the necessary equipment and managed the venture, while the railway agreed to transport the restaurant's supplies free of charge and to direct passengers to the establishment. Opened in 1876, the depot restaurant proved an immediate success, largely because of its high level of service and food and beverage quality. Over subsequent decades, Harvey opened a series of lunchrooms, dining rooms, and hotels along Santa Fe lines. As with dining cars, Harvey's restaurants failed to make significant profits for the railroad but proved an excellent means of advertising, prompting the Santa Fe to tout that its passengers could enjoy "Meals by Fred Harvey."[18] Rival railroads running to the West Coast began to add dining cars, and the Santa Fe soon followed suit, leading to a lawsuit with Harvey, who claimed the competition from the dining cars equated to a breach of contract. In the early 1890s, Harvey and the railroad reached an agreement whereby his company would run both dining-car services and station restaurants along the line.[19]

Harvey also took the novel step of employing young women, recruited from throughout the United States, to serve as waitresses at his establishments.[20] The "Harvey Girls" became well-known, and were even portrayed in a Hollywood feature film starring Judy Garland.[21] Yet while creating new opportunities for white women, Harvey upheld the racial prejudice of the day and refused to allow his black male employees to serve as chefs, the top kitchen position in his company.[22]

Because of the company's extensive presence in railway dining, Fred Harvey menus present a valuable window on tea on board trains and in station eateries from the 1880s into the 1950s. An 1888 Fred Harvey menu for westbound trains offers a complete meal for 75 cents for which as the accompanying hot beverage, the customer could choose only French coffee. By contrast, a Santa Fe dining-car breakfast menu from 1899 pro-

---

18 White, *The American Railroad Passenger Car*, p. 320.

19 Poling-Kempes, *The Harvey Girls*, pp. 34-38.

20 Historians have explored in detail Harvey's businesses and particularly the Harvey Girls, a remarkable female labor force in a late nineteenth- and early twentieth-century United States where women enjoyed few independent employment opportunities. Poling-Kempes, *The Harvey Girls*; Henderson, J.D., *Meals by Fred Harvey: A Phenomenon of the American West*, Fort Worth, Texas, Texas Christian University Press, 1969; Fried, S., *Appetite for America: How Visionary Businessman Fred Harvey Built a Railroad Hospitality Empire that Civilized the Wild West*, New York: Bantam Books, 2010.

21 Sidney, G. director, *The Harvey Girls*, feature film, 1946.

22 Kornweibel, T., *Railroads in the African-American Experience*, Baltimore, Johns Hopkins University Press, 2010, p. 141.

vides a choice of tea, coffee, or hot chocolate.[23] An October 1927 dinner menu from the Fred Harvey restaurant in Chicago's Union Station gives an extensive range of teas: Formosa (oolong), Young Hyson, and two types of black tea: English Breakfast and Orange Pekoe. Yet interestingly the same restaurant lists only tea, coffee, and Postum (a roasted grain beverage drank as an alternative to coffee) as choices for its table d'hôte luncheon.[24] In 1938, the same establishment extended breakfast diners the option of tea, cocoa, or Postum as well as regular coffee and a decaffeinated coffee brand, Kaffe Hag.[25]

Accounts from Harvey Girls also give insights on how tea was served during the short meal time allotted to railway passengers dining at station restaurants. To save time at the Topeka Harvey House, "the first course was on the table and as soon as the diner was seated, the waitress went down the table asking, 'tea, iced tea, coffee, or milk,' and at the same time positioning the coffee cup at each place accordingly, so that the girl coming behind to pour the drinks knew just what to pour."[26] Irene Armstrong, who worked as Harvey Girl in the 1930s, recalled that patrons would learn to signal their beverage choices by positioning their cups. If a customer wanted coffee, he or she would leave the cup up. For hot tea, he or she would turn the cup down, and position the cup handle in particular ways to receive either milk or cocoa.[27]

Menus from other railroad companies show an array of options, the first being the simple choice of tea or coffee.[28] The Pioneer Dining Car, a concession operating on railways based in Chicago, provided a wider selection: cups and pots of English Breakfast, green, and mixed teas (probably a blend of green and black) on its dinner menu in 1900.[29] The Pennsylvania Railroad afforded breakfast diners the chance to enjoy green or English Breakfast tea and provided a dinner service with oolong, Young Hyson,

---

23 An image of the 1888 menu is posted on Kansapedia, a homepage hosted by the Kansas Historical Society, https://www.kshs.org/kansapedia/historic-recipes-and-menus-from-kansas/18185. Accessed June 14, 2015; Santa Fe Route Dining Car Service, Breakfast, November 9, 1899, NYPL.

24 Poling-Kempes, *The Harvey Girls*, pp. 238-239.

25 Fred Harvey Union Station, Chicago, Breakfast à la Carte, 1938, NYPL.

26 Millbrook, M.D., "Fred Harvey and the Santa Fe," The Santa Fe in Topeka, *Shawnee County Historical Society Bulletin* 56 (1979) quoted in "Cool Things – Harvey House Gong," Kansapedia, Kansas Historical Society https://www.kshs.org/kansapedia/cool-things-harvey-house-gong/10213.

27 Parks, K., Fried, S. and Hébert, L., *The Harvey Girls: Opportunity Bound*, documentary film, Los Angeles, Assertion Films LLC, 2013.

28 Erie Railroad (?) Dinner Menu, 1901, NYPL; Queen & Crescent Route, Southern Railway, Dining Car Cincinnati, Dinner Menu, October 18, 1901, NYPL.

29 Pioneer Dining Car Line Menu (Dinner), March 31, 1900, NYPL.

and two types of black tea: English Breakfast and Orange Pekoe Ceylon. Riders taking dinner onboard in 1930 could complement their meal with tea, cocoa, or regular coffee, or the decaffeinated coffee brands of Kaffe Hag and Sanka.[30]

As the above demonstrates, beyond confirming the widespread availability of tea, one is challenged to find consistent nationwide trends in tea consumption in onboard venues and station restaurants. Nonetheless many railroads clearly offered a wide variety of teas and we should consider that railways listing only a choice of "tea" on a menu kept a supply of various teas to brew upon request. For a harried dining-car employee, preparing tea became a little easier as tea bags replaced loose tea on trains by the 1930s.[31] A Pennsylvania Railroad guide published in the late 1940s instructed dining-car employees to use one tea bag for each pot of hot tea. It also directed that lemon should be brought only if requested, presented in three, thin slices on a separate plate. The guide stressed that "care must be exercised that the patron is served with the kind of tea ordered," suggesting that a variety of teas was available. It also explained that iced tea should be served hot in a tea pot along with an "iced tea glass ¾ full of cracked ice underlined with a pudding dish; quarter lemon at the side; iced tea spoon." To meet all tea requests, the guide stressed, in bold letters, that "a pot of boiling water must be kept on the range during each meal for the making of tea." This was crucial because "the most important thing in brewing tea is briskly boiling water."[32]

Americans also began to consume more black teas in the 1920s, a trend that would extend beyond the Second World War. By 1933, black teas, most produced in British-controlled India and Ceylon, represented sixty-eight percent of all teas imported into the United States, with green teas making up twenty-four percent followed by smaller percentages of oolong and mixed teas.[33] In addition, more brand-name teas appeared in US shops, usually sold loose in tins or in teabags.[34] Nonetheless, to date I have found no references to brand-name teas served on board trains or

30 Pennsylvania Railroad Dining Cars Menu (Breakfast) May 8, 1900, NYPL; Pennsylvania Railroad Dinner Menu, November 3, 1930, NYPL.

31 Ukers, W.H., *All About Tea*, volume 2, Westport, Connecticut, Hyperion Press, 1994, [reprint, originally published 1935, all references to reprint edition], p. 425.

32 Pennsylvania Railroad, *Pennsylvania Railroad Cooking and Service Instructions* (Place of publication not identified), Pennsylvania Railroad Dining Car Department, 1947, pp. 14, 178.

33 Ukers, *All About Tea*, Vol. 2, p. 352.

34 Ukers provides a photograph of tea packages produced by thirty-five well-known US tea brands circa 1935, most for black Orange Pekoe tea, then gaining popularity in the United States. Ukers, *All About Tea*, Vol. 2, p. 312.

in station restaurants, in contrast to the inclusion of Postum and some brand-name decaffeinated coffees on menus as detailed above.

What is more, on-board services and station restaurants offered options that seemed to defy the nationwide move toward black teas. In 1939 the Empire State Express, running between New York and Chicago, provided an à la carte service with pots of green tea, oolong, and three kinds of black tea – Orange Pekoe, India, and English Breakfast – all for twenty-five cents each.[35] Two years later, the Lehigh Valley Railway, which carried passengers throughout Pennsylvania and New York State, gave dining-car customers the choice of Orange Pekoe, English Breakfast, Formosa Oolong, or green tea on its à la carte service.[36] In the 1950s, La Fonda, a Fred Harvey hotel and restaurant located in Santa Fe, New Mexico, sported an extensive tea menu that included Orange Pekoe, Ceylon (a black tea), English Breakfast, Young Hyson, and oolong teas for 25 cents a pot.[37] The City of Portland express connecting Chicago with Portland, Oregon, had an à la carte breakfast menu with Orange Pekoe, English Breakfast and green tea by the pot, while the Rock Island Railway gave on-board diners the choice of Orange Pekoe or green tea.[38] In 1962, the Empire Builder, the flagship express of the Great Northern Railway plying between Chicago and Seattle, provided breakfast diners with both green and black tea.[39]

Although an area for further research, we can conclude that the preferences of wealthy Americans, a large clientele of dining cars, prompted railway companies to offer a variety of teas. Writing in 1935, William H. Ukers, a tea expert, stated that "society folk frequent the restaurants of the leading hotels for afternoon tea. Nearly all these places serve black, green, and oolong teas."[40] It is also noteworthy that many of the trains noted above served Chicago, where as in other Midwest cities, consumers maintained a preference for green tea longer than tea drinkers in other parts of the United States.

---

35 Menu, Empire State Express, New York Central Railroad, August 23, 1939, CHM.

36 Lehigh Valley Railroad à la carte menu, July 1941. Streamliner Memories, Memorabilia from the Silver Age of Passenger Trains. This website is maintained by Gary Garth McCann, a rail enthusiast, and provides digital copies of this and other dining-car menus. http://streamlinermemories.info/?p=7560. Accessed June 15, 2015. Hereafter SM.

37 Fred Harvey La Fonda: the Inn at the End of the Trial, July 11, 1954, menu printed in Poling-Kempes, *The Harvey Girls*, p. 244.

38 Streamliner "City of Portland" Breakfast Menu, January 1954, SM http://streamlinermemories.info/?p=846; Rocket Island Jet Rocket Luncheon, October 10, 1956, CHM.

39 Empire Builder Breakfast Menu, July 10, 1962, CHM.

40 Ukers, *All About Tea*, Vol. 2, p. 424.

2. Tea on Japanese Railways

Beginning in the 1850s, Japan experienced major political, social, and cultural upheavals that culminated in the Meiji Restoration of 1868 when a coalition of feudal domains, led by Satsuma (in southern Kyushu) and Chōshū (in western Honshu), overthrew the Tokugawa shogunate (bakufu), the central authority that had dominated Japan for over 250 years. Leaders from Satsuma and Chōshū thereafter established a new central government (dubbed the Meiji government by historians), and set about reshaping Japan along Western models with the goal of establishing a modern nation-state.

Meiji government leaders viewed railroads as integral infrastructure and Japan's first rail line, from Tokyo to the nearby port city of Yokohama, opened in 1872. Soon after the service commenced, a British newspaper publisher, John Black, submitted perhaps the first recorded rider request: that newspapers be on sale at station kiosks. At the time, Japanese publishers were beginning to produce Western-style print newspapers and magazines, a departure from the established practice of disseminating news through woodblock prints. The government railway chief acted on Black's suggestion when in 1873 he allowed kiosks to begin selling newspapers and other sundries at Yokohama Station.[41]

In subsequent decades, the Meiji government's state railway and new private railways expanded Japan's total rail miles. The number of rail passengers also grew, with the decade from 1890 to 1900 witnessing a dramatic increase: from 23 to 114 million per year. Yet the railway minister who had addressed Black's suggestion did not establish a commitment to customer service among later railway executives. In general, government railway officials and the heads of private railways paid little heed to the needs of riders, despite the fact that passengers brought in more revenue than freight. Passengers had to sit on wooden benches inside compartments that would often be locked from the outside by a train employee. Moreover train cars had only poor oil lamps and no toilets, forcing passengers to make quick visits to station lavatories during brief stops.[42]

The Sanyō Railway, a private railroad running trains between the major port of Kobe and cities in western Japan, led in introducing more amenities, in part to compete with steamship companies plying parallel routes on the Inland Sea. In 1899 the railway introduced Japan's first dining car, which

41 Sorimachi S., *Tetsudō no Nihonshi* [Japan's History through Railroads], Tokyo, Bunken Shuppan, 1982, pp. 406-408.

42 Ericson, S.J., "Kinoshita Yoshio: Revolutionizing Service on Japan's National Railroads," in Walthall, A. (ed.), *The Human Tradition in Modern Japan*, Wilmington, Delaware, Scholarly Resources, 2002, pp. 118-119. I thank Steven Ericson for bringing to my attention this and a number of other sources used in this chapter.

sported not only a dining space with room for eight, but also a first-class sleeping area that could accommodate sixteen guests. The railroad contracted a prominent restaurant to prepare and serve meals on a large table that seated four guests on either side. First-class passengers could enjoy a full-course meal of Western foods as well as beer, Japanese rice wine (sake), and whiskey. Yet for hot non-alcoholic beverages, diners could select only coffee.[43]

Historian Steven Ericson identifies a government railway official, Kinoshita Yoshio, as instrumental in pushing Japanese government railroads to follow suit and adopt a more passenger-centric approach. Fresh from an inspection tour of US and European railroads, in 1901 Kinoshita convinced his superiors to add dining cars to express trains on government-run lines.[44] In 1906, the state-run Tokaidō line connecting Tokyo and major cities in central Japan, caused a sensation by making a dining car available to third-class passengers. The dining car had long tables positioned in front of both windows to allow passengers to take in the scenery while enjoying primarily Japanese-style dishes.[45]

Thereafter dining cars were introduced on most Japanese rail lines. A dining car receipt from 1910 shows that passengers had a choice of primarily Western-style dishes – beef steak, stew, omelets, and chicken cutlets – but also one Japanese-style dish: curry and rice. As was the case on many US trains, a diner could choose between coffee and cocoa, but only black tea was available.[46] Some dining cars did later offer Japanese-style dishes accompanied with green tea, which was then more widely consumed in Japan and usually paired with Japanese cuisine.[47]

As the national economy surged during the First World War, the general public took more to the rails and salon cars on special express trains as well as variations of dining cars appeared. In the 1930s, some trains offered buffet cars with fixed bar stools and counter tables.[48] A 1928 menu from a government railway dining car includes a number of Western-style foods and a choice of coffee and tea, again with only black tea available. Dining

---

43 Katsumasa, H., *Tetsudō to bunka* [Railroads and Culture], Tokyo, Nihon Keizai Hyōronsha, 1986, pp. 109-110; Tenri University Sankōkan Museum (ed.), *Tetsudō ryokō no ajiwai: shokudōsha menyū to ekiben raberu ni miru tabi no shokubunka* [The Taste of Railway Cuisine: Travel Food Culture as Presented Through Station Boxed Lunch (*ekiben*) Labels and Dining-Car Menus], Tokyo, Tenri Gallery, 2010, p. 1.

44 Ericson, "Kinoshita Yoshio," p. 117.

45 Harada, *Tetsudō to bunka*, pp. 109-110.

46 Tenri University Sankōkan Museum (ed.), *Tetsudō ryokō no ajiwai*, p. 3. The receipt lists "tea" in English but only black tea (*kōcha*) in Japanese.

47 Kawaguchi, T., *Shokudō-sha no Meiji, Taishō, Shōwa* [Railway Dining Cars in the Meiji, Taishō, and Shōwa Periods] Tokyo, Guranpuri Shuppan, 2002, p. 90.

48 Harada, *Tetsudō to bunka*, pp. 109-110.

cars operating in 1949, 1951, and 1952 also offered only black tea, even when the menu included some Japanese-style dishes.[49]

Overall, operators of Japanese dining cars presumably viewed black tea as a more appropriate beverage accompaniment given the preponderance of Western-style food offerings. Some riders may have also felt that black tea added a splash of Western dining elegance, given that it was far less widely consumed than green tea in Japan at the time. In this way, dining-car services paralleled those found in elite hotels and restaurants as well as steamship lines, all venues where India and Ceylon black teas were commonly served.[50]

3. Tea and Station Boxed Menus

Academic and popular studies alike speculate about the origins and development of boxed lunches (*bentō*) sold at station kiosks and on platforms, a portable yet complete meal that remains a fixture of Japanese rail travel today. According to one account, in 1885 an innkeeper running a Japanese-style inn near the rail station of Utsunomiya City (just north of Tokyo) created the first boxed lunch tailored for sale at a railroad station (*ekiben*). Other accounts suggest that workers made redundant by the completion of the Tokaidō line in 1889 found new employment selling rail passengers boxed lunches and other packaged meals and snacks, often made from well-known local foods.[51]

At the same time, Japan was expanding not only its railways but also developing export industries, chiefly silk, coal, and tea. Shizuoka, a prefecture south of Tokyo, emerged as the largest tea-producing region, shipping large volumes of green tea to the United States. It is therefore not surprising that the first sale of tea to rail passengers is said to have originated at a kiosk in a Shizuoka station in 1885.[52]

Thereafter vendors began to regularly sell tea in small earthenware pots, which held roughly a half liter of liquid. The pots often had rudimentary wire handles and came replete with a small cup. Shizuoka tea vendors initially used pots from two regions in central Japan famous for their pottery, Shigaraki and Mashiko. Within a few years, other regions produced pots expressly for use

---

49 Tenri University Sankōkan Museum (ed.), *Tetsudō ryokō no ajiwai*, pp. 6-10.

50 Ukers, *All About Tea*, Vol. 2, p. 431.

51 Sorimachi, *Tetsudō no Nihonshi*, pp. 431-437.

52 Institute of Food Behavior Science Japan, "Tetsudō no tabi ni kakasenai sonzai: ekiben" [An Essential for Railroad Travel: the Station Boxed Lunch (*ekiben*)] posted May 26, 2013, http://ifbs.or.jp/cha/2013/05/26/ accessed June 16, 2015. Vendors would have sold green tea, as it was far more widely consumed in Japan at the time.

on railroads, often adorned with the name of the station at which they were sold. Some travelers saved pots as souvenirs of their rail journeys.[53]

In 1921, the Railway Ministry moved to limit the use of earthenware teapots following complaints that they damaged easily in shipment, and that a consumer could not readily determine the amount of tea inside until after a purchase.[54] The ministry urged that tea instead be sold in glass bottles. Ukers explains that the bottles sold for four cents and contained "about a pint of hot tea and are provided with a glass-cup top from which the beverage can be drunk or sucked, which is the popular but noisy way of drinking tea in Japan." Yet the ministry's call to curtail the use of earthenware teapots apparently had a limited impact as Ukers chronicled the sale of "little brown teapots of ready-brewed Ceylon and India [black] tea" at about twice the price of green tea.[55]

A British railway magazine, also from the mid-1930s, describes not only the sale of green tea (again in pots) but also alludes to the popularity of boxed lunches over dining-car meals.

> The dining-cars, however, are less patronized than in other countries, owing to the popularity of what is known as *o bento*. At most stations in Japan the traveller hears the sing-song cry of the bento-boy and of the vendors of *o cha* ("honourable tea"), *o chici* ("honourable milk"), and other food and beverages. Of these, the *o bento* purveyor is in most demand. His specialty consists of neat wooden boxes of food, and so popular are these among all classes of railway travellers that it is a wonder the restaurant cars are patronized at all. Each box contains a complete meal, a paper serviette, a pair of chop-sticks, and a toothpick, ingeniously embedded. One compartment, much the largest, is tightly packed with hot, boiled rice; in a smaller is contained a varying assortment of morsels – perhaps half a hard-boiled egg or omelet, a piece of fish, a vegetable or two, soya beans, and tough, indigestible pickles. Along every line various stations are noted for the excellence of their *o bento*, especially when some esteemed local product is procurable. In one of these boxes, costing forty sen (approximately tenpence), there is enough food to satisfy any man's hunger. After

---

53 Fukuhaku Printing Company, Ltd., "Tabi de ocha o ippuku: kisha chabin, kisha dobin" [A Cup of Tea during Travel: Train Teapots and Train Earthenware Teapots], http://www.umakato.jp/archive/coll/03_02.html, section of website, Za korekushon: seikatsu no naka no yakimonotachi [The Collection: Pottery in Our Daily Lives] umakato.jp [Internet Ceramic Festival Website]. Accessed June 16, 2015. The train tea pots displayed on the website are from the Yōgyōshi Hakubutsukan [Museum of the Ceramic Industry History] in Utsunomiya City, Japan.

54 Fukuhaku Printing Company, Ltd., "Tabi de ocha o ippuku" http://www.umakato.jp/archive/coll/03_03.html.

55 Ukers, *All About Tea*, Vol. 2, p. 431.

o bento the next best value for the native passenger is *o cha*. Five sen (about a penny) buys tea, teapot, and cup.

The magazine notes that first and second-class passengers, the more likely patrons of dining cars, made up only seven percent of the total ridership of Japanese trains, thereby offering another explanation for the prevalence of platform and station vendors over dining-car services.[56]

Within a few years, the practice of selling tea in glass bottles petered out. Consumers worried that broken bottles would lead to injuries, and some complained that when full of brewed green tea, the bottles resembled those used by physicians for urine specimens. As a result in the decade after the Second World War, teapots again became common on trains, although they were eventually replaced by plastic bottles and cups by the 1980s.[57]

Conclusions

By surveying tea on US and Japanese railways across roughly a century, we can develop several larger conclusions. First, US and Japanese railroad executives were initially slow to consider the food and beverage needs of riders, although those in charge of US railways realized more quickly the benefits of a high level of service, particularly as a means of advertising. Second, in both countries dining cars served particular types of tea as marks of sophistication. Japanese elites no doubt expected a dining-car menu to match the Western-style selection of dishes found in prominent hotels and on steamship lines, a selection accompanied by black tea produced not in Japan, but in the British colonies of India and Ceylon. Many elite US railway passengers also probably sought the same variety of black, green, and oolong teas they drank at upscale hotel restaurants. In addition the US Midwest, with Chicago as its main rail hub, retained a preference for green tea longer than other parts of the United States, contributing to the availability of green teas on Chicago-based rail lines even as Americans in general came prefer black teas, a trend that extends to today. For their part, Japanese rail passengers still hold an affinity for the station boxed lunch accompanied by green tea, which today is served hot and cold in cans and in plastic, recyclable bottles.[58]

---

56 "Railroads of Japan," *Railway Wonders of the World*, Vol. I, part 7 (March 1935), pp. 206-214. Digital version of the issue is available at http://www.railwaywonders oftheworld.com/railways-japan.html. Accessed June 15, 2015.

57 Fukuhaku Printing Company, Ltd., "Tabi de ocha o ippuku: kisha chabin, kisha dobin" http://www.umakato.jp/archive/coll/03_03.html.

58 In Japan today, bottles containing tea and other beverages consumed on trains are made from a thin plastic which has the international recycling code, PET. As result, consumers often refer to them as "PET bottles."

Bibliography

Association of American Railroads. *American Railroads: Their Growth and Development* Washington, D.C.: Association of American Railroads, 1948.

Boddam-Whetham, J.W. *Western Wanderings: A Record of Travel in the Evening Land.* London: Richard Bentley and Son, 1874.

Chicago Daily Tribune. "The Delmonico: Excursion on Board Mr. Pullman's New Dining Room Car." March 30, 1868. p. 4.

____. "New Dining-Cars." November 18, 1876. p. 8.

____. "Portable Palaces, Which Offer Home Comforts While Moving at a Rate of Thirty Miles an Hour." November 22, 1879. p. 5.

____. "A Magnificent Dining-Car." May 30, 1880. p. 10.

____. "The Pennsylvania Inaugurates Its New Dining-Car Line in a Happy Manner – The Finest and Most Beautiful Cars of the Kind in Existence." May 8, 1882. p. 7.

____. "Tea Drinkers!" Classified Advertisement. August 5, 1882. p. 11.

____. "Inauguration of New Dining-Cars on Michigan Central," May 6, 1883. p. 12.

____. "New Buffet Parlor Cars." November 21, 1896. p. 14.

____. "Library-Buffet Car: of Illinois Central's Omaha Line." April 8, 1900. p. 5.

"Commercial menus, mostly from hotels and restaurants, 1853-[ongoing]." Unpublished document collection, Chicago History Museum, Chicago, IL, USA.

Ericson, Steven J. "Kinoshita Yoshio: Revolutionizing Service on Japan's National Railroads." In *The Human Tradition in Modern Japan*, ed. Anne Walthall, 115-133. Wilmington, DE: Scholarly Resources, 2002.

Fried, Stephen. *Appetite for America: How Visionary Businessman Fred Harvey Built a Railroad Hospitality Empire that Civilized the Wild West.* New York: Bantam Books, 2010.

Fukuhaku Printing Company, Ltd. "Tabi de ocha o ippuku: kisha chabin, kisha dobin" [A Cup of Tea During Travel: Train Teapots and Train Earthenware Teapots] http://www.umakato.jp/archive/coll/03_02.html. Section of website, Za korekushon: seikatsu no naka no yakimonotachi [The Collection: Pottery in Our Daily Lives] umakato.jp [Internet Ceramic Festival Website].

Harada Katsumasa. *Tetsudō to bunka* [Railroads and Culture]. Tokyo: Nihon Keizai Hyōronsha, 1986.

Henderson, James David. *"Meals by Fred Harvey:" A Phenomenon of the American West.* Fort Worth, TX: Texas Christian University Press, 1969.

Institute of Food Behavior Science Japan. "Tetsudō no tabi ni kakasenai sonzai: ekiben" [An Essential for Railroad Travel: the Station Boxed Lunch (*ekiben*)] http://ifbs.or.jp/cha/2013/05/26/.

Kansas Historical Society. "Cool Things – Harvey House Gong," Kansapedia. https://www.kshs.org/kansapedia/historic-recipes-and-menus-from-kansas/18185.

Kawaguchi, Tsutomu. *Shokudō-sha no Meiji, Taishō, Shōwa* [Railway Dining Cars in the Meiji, Taishō, and Shōwa Periods] Tokyo, Guranpuri Shuppan, 2002.

Kornweibel, Theodore Jr. *Railroads in the African-American Experience.* Baltimore: Johns Hopkins University Press, 2010.

Macaulay, James. *Across the Ferry: First Impressions of America and Its People.* London: Hodder and Stoughton, 1871.

McCann, Gary Garth. Streamliner Memories, Memorabilia from the Silver Age of Passenger Trains. Website includes unpublished collection of dining car menus. http://streamlinermemories.info/?p=7560.

Parks, Katrina, Stephen Fried, and Lori Hébert. *The Harvey Girls: Opportunity Bound.* Documentary Film. Los Angeles: Assertion Films LLC, 2013.

Pennsylvania Railroad. *Pennsylvania Railroad Cooking and Service Instructions.* Place of publication not identified: Pennsylvania Railroad Dining Car Department, 1947.

Poling-Kempes, Lesley. *The Harvey Girls: Women Who Opened the West.* New York: Paragon House, 1989.

"Railroads of Japan," *Railway Wonders of the World*, Vol. I, part 7 (March 1935): 206-214. Digital version http://www.railwaywondersoftheworld.com/railways-japan.html.

Robertson, Donald B. *Encyclopedia of Western Railroad History, Volume III: Oregon and Washington.* Caldwell, Idaho: Caxton Printers, 1995.

Rock Island Technical Society, unpublished collection of US railway dining car menus. http://www.rits.org/www/histories/menu/menu.html.

Sidney, George (director). *The Harvey Girls*, feature film, 1946.

Sorimachi Shōji. *Tetsudō no Nihonshi* [Japan's History through Railroads]. Tokyo: Bunken Shuppan, 1982.

Tenri University Sankōkan Museum (ed.), *Tetsudō ryokō no ajiwai: shokudōsha menyū to ekiben raberu ni miru tabi no shokubunka* [The Taste of Railway Cuisine: Travel Food Culture as Presented Through Station Boxed Lunch (*ekiben*) Labels and Dining-Car Menus]. Tokyo: Tenri Gallery, 2010.

Ukers, William H. *All About Tea.* 2 volumes. New York: Tea and Coffee Trade Journal Company, 1935; reprint, Westport, CT: Hyperion Press, 1994.

"What's on the Menu?" unpublished online collection of digitized menus. New York Public Library. http://menus.nypl.org/.

White, John H. Jr. *The American Railroad Passenger Car.* Baltimore: Johns Hopkins University Press, 1978.

Worthington Advance (Worthington, Minnesota). "The Royal Route Dining Cars," July 26, 1883, p. 1.

From Caviar to Mystery Meat

History of Dining on the Trans-Siberian Railroad

Sharon HUDGINS

Former professor and administrator for University of Maryland University College programs at Far Eastern National University, Vladivostok, and Irkutsk State University, Irkutsk, Russian Federation

The year 2016 marks the 100th anniversary of the completion of Russia's "Great Siberian Railway," the rail line crossing two continents and linking Moscow, Russia's largest city, and Vladivostok, its major port on the Pacific Ocean. Built during a 25-year period from 1891 to 1916, the major part of the railroad was completed by 1904 and the remainder, in the Russian Far East, by 1916.

Nikolai Aleksandrovich Romanov (soon to become Tsar Nikolai II of Russia) initiated the construction in May of 1891, in a ceremony in Vladivostok where he tipped a wheelbarrow of dirt onto an embankment near the site of the present-day railroad station (which dates from 1910-1911) and laid the foundation stone of the original station, which became the eastern terminus of the Trans-Siberian route. The railroad was constructed simultaneously in six sections, in six different geographical areas of Asian Russia (Greater Siberia), from Yekaterinburg in the Ural Mountains to Vladivostok. These were finally connected into one continuous line in 1916 when a 22-span, 2.4-kilometer (1.5-mile) bridge was completed over the Amur River at Khabarovsk in Russia's Far East. At the time of its completion, the Trans-Siberian Railroad, as it is now known in many languages,[1] was one of the greatest engineering feats of its time – the

---

1 In Russian, "Transsibirskaya Zheleznodorozhnaya Magistral'" (Trans-Siberian Mainline). When the project was originally proposed, the term "Great Siberian Railway" applied to the new single-track railroad to be constructed between the Urals and the Pacific coast of the Russian Far East, connecting with existing Russian railroad lines on the European side of Russia. The term "Trans-Siberian Mainline" or "Trans-Siberian Railroad [or Railway]" later came to be applied to the entire route between Moscow and Vladivostok (which also connects with the Moscow-St. Petersburg rail lines, making it possible to traverse the entire length of Russia by train).

longest railroad in the world, traversing nearly 10,000 kilometers (6,000 miles) across two continents.

Trans-Siberian Routes

The official length of the Trans-Siberian Railroad between Moscow and Vladivostok is 9,288 kilometers (5,771 miles). Major lines that branch from the main route are :

- The Trans-Manchurian Line (formerly the Chinese Eastern Railway, constructed 1897-1903), originally branching off the Trans-Siberian tracks and going through northern China to Vladivostok, today branching from the tracks at Tarskaya, east of Chita in Russia, to Beijing, China.
- The Trans-Mongolian Line (built 1947-1960) from Zaudinsky, east of Ulan-Ude, Russia, to Ulaan Baatar, Mongolia, and onward to Beijing.\
- The Turkistan-Siberian Line (Turk-Sib, built in the 1930s) from Novosibirsk, Russia, to Almaty, Kazakhstan.
- The Baikal-Amur Mainline (BAM, begun in the 1930s and completed in 1991) from Tayshet in eastern Siberia to Sovyetskaya Gavan' on the coast of the Russian Far East.

1. Dining on the Trans-Siberian Railroad: From the Beginning to the First World War

During the 1890s there was passenger service on only some parts of the Trans-Siberian line, because not all sections of the tracks were connected. In 1900 passenger service began on a continuous route from Moscow to Irkutsk (the capital of Eastern Siberia), which is approximately the halfway point on the line. At that time it took 6 to 8 days to travel from Moscow to Irkutsk – and a minimum of 14 to 16 days to travel the entire route between Moscow and the Pacific Ocean, since the full train line was not yet completed and part of the journey from Irkutsk to Vladivostok had to be made by boat and on horse-drawn carriages, or on sleighs over the snow and the "ice roads" of frozen rivers in winter. Today express trains between Moscow and Vladivostok traverse the entire route in 6 to 7 days.

From the beginning, the Russian railroad was a government-owned enterprise, although sometimes with private companies as investors or concessionaires. Depending on the time period (Tsarist, Soviet, post-Soviet), food service in dining cars, railroad station restaurants, and station buffets was provided by the government and/or by concessionaires. A distinction could be made between railroad station restaurants and buffets, because some of the station facilities were (and still are) full-service restaurants, with *à la carte* dishes cooked (or re-heated) to order and served at the table, whereas others were (and still are) buffets offering pre-cooked foods, served cafeteria-style, for passengers who did not have time for a more leisurely meal. As in the past, full-service restaurants are usually more expensive than buffets. However, some stations identify their restaurant as a "bufet," and many writers use the two terms interchangeably.

Accounts by passengers on the Trans-Siberian Railroad throughout its history provide detailed descriptions of the dining facilities, foods, and food service along the Trans-Siberian route, while also illustrating those travelers' own culinary preferences (and prejudices) as well as the perspectives from which they judged their experiences on the trains. Some were intrepid travelers who approached new experiences with enthusiasm and a spirit of adventure; others were the sort of people who find fault wherever they go. In addition, difficulties in communication because of the language barrier surely made some of the foreign travelers' dining experiences different from those of passengers who spoke Russian. However, looking at these travelers' tales together, as a whole – especially since many of them had similar experiences on the train (positive or negative) – probably provides a reasonably accurate picture of dining on the Trans-Siberian Railroad during different periods in its history.

Even before construction started on the railroad in 1891, there were already a few rail lines that extended for a short distance over the Ural Mountains from the European side of Russia into the Asian side – and in some places on those lines food service was available at railroad station restaurants and buffets. In his book, *Siberia and the Exile System* (1891), the American author George Kennan described the railroad station restaurant where he dined at Nizhniy Tagil, on the Asian side of the Ural Mountains, in 1885:

> The dining room of the station had a floor of polished oak inlaid in geometrical patterns, a high dado of dark carved wood, walls covered with oak-grain paper, and a stucco cornice in relief. Down the center of the room ran a long dining table, beautifully set with tasteful china, snowy napkins, high glass epergnes and crystal candelabra, and ornamented with potted plants, little cedar trees in green tubs, bouquets of cut flowers, artistic pyramids of polished wine-bottles, druggists' jars of colored water, and an aquarium full of fish, plants, and artificial rock work. The chairs around the table were of dark hard wood, elaborately turned and carved... The waiters were all in evening dress, with low-cut waistcoats, spotless shirt-fronts, and white ties ; and the cooks, who filled the waiters' orders as in an English grill-room, were dressed from head to foot in white linen and wore square white caps. It is not an exaggeration to say that this was one of the neatest, most tastefully furnished, and most attractive public dining-rooms that I ever entered in any

> part of the world ; and as I sat there eating a well-cooked and well-served dinner of four courses, I found it utterly impossible to realize that I was in the unheard-of mining settlement of Nizhni Tagil, on the Asiatic side of the mountains of the Ural.[2]

But this was not typical of most public eating places in Siberia in the 1880s, when travel in Russia was still often very difficult. During the first four years of passenger service on the Trans-Siberian Railroad, there were no dining cars on the trains. Passengers had to bring their own food in picnic baskets, or eat at railroad station buffets (at the larger stations only), or buy food from freelance vendors on the platform when the train stopped at a station (as many people still do today).

Dining cars were introduced on a few trains around 1900. Some of the dining cars and station buffets had separate sections for different classes of passengers, depending on the level of ticket they were traveling on (usually first- or second-class only, since third-class travelers seldom could afford to eat restaurant or dining-car food). Foreign travelers were much more likely to eat in the station restaurants and dining cars than Russian passengers, because foreigners usually had more money than the majority of Russian travelers. Another factor was that many Russians preferred their own foods brought from home, or those purchased from platform vendors, instead of the foods served in the dining cars, which could be limited in variety, poor in quality and preparation, and usually more expensive than other options.

When the Trans-Siberian's Krasnoyarsk-to-Irkutsk section opened to traffic in August 1898, an English traveler, Arnot Reid, reported in his book, *From Peking to Petersburg* (1899), that "Excellent refreshment rooms and buffets are placed at convenient intervals, while for the poorer passengers the country people have been allowed to establish stalls beside the stations, where coarse black bread, meat, cooked chickens, and other such provisions are sold at cheap rates."[3] And John W. Bookwalter, an American industrialist who also traveled through part of Siberia in 1898, noted in his book, *Siberia and Central Asia* (1899):

> It is a delight to take a meal in the station restaurants. On entering the dining-room, you will find at one end an immense sideboard literally groaning under a load of newly prepared Russian dishes, always piping hot, and of such a bewildering variety as to range through the whole gamut of human fancy and tastes. You are given a plate, with a knife and fork. Making your own selection, you retire to any of the neatly spread tables to enjoy your meal at your

2 Kennan, G., *Siberia and the Exile System*, Vol. I, New York, The Century Co., 1891, p. 34.

3 Reid, A., *From Peking to Petersburg*, 2nd ed., London, Edward Arnold, 1899, p. 194.

leisure, and, I might add, with infinite zest, for travel in this country, besides pleasing the eye, quickens the appetite. The price, too, is a surprise to one accustomed to metropolitan charges. You can get soup, as fine a beefsteak as you ever ate, a splendid roast chicken whole, cooked in Russian style, most toothsome and juicy, potatoes and other vegetables, a bottle of beer, splendid and brewed in this country, for one ruble – about fifty cents.[4]

Englishman Robert L. Jefferson, author of *Roughing It in Siberia* (1897), described the railroad station buffets very vividly:

> In we squeeze, and find ourselves in a long, white-washed apartment, heated to a suffocating degree. Down the centre of the apartment runs a long table covered with glasses, plate, and cutlery. Over on one side is a long bar, covered with smaller glasses and large bottles, mostly containing vodki [*sic*], as well as at least half a hundred dishes of the *hors d'oeuvre* style – sardines, bits of sausage, sprats, caviare, sliced cucumber, pickled mushrooms, artful dabs of cheese, raw radishes, smoked herring, and such like… [and] a kitchen-like arrangement in the corner where steams a heterogeneous mass of cutlets and 'Russian' beef-steaks… Vodki [*sic*] is the lodestone of the arrived passengers. Each man gulps down a small glass of the fiery fluid, seizes a piece of fish, or sausage, or cheese, or whatever he may fancy or may be handy, and subsides to the big table, chewing vigorously. Energetic waiters pounce upon him, lay before him a big plate of the universal "stche," or cabbage soup, over which our Russian hangs his head and commences ladling away, apparently oblivious to its boiling heat or the feelings of people around him. The tables fill up. Great slabs of brown meat, floating in fat, are distributed with rapidity, and which with equal rapidity are demolished.[5]

Harmon Tupper, in his book *To the Great Ocean: The Taming of Siberia and the Building of the Trans-Siberian Railway* (1965), draws upon many previous accounts of traveling and dining on the railroad line. Describing the dining situation between 1898 and 1900, Tupper wrote:

> In the absence of dining cars and station buffets on newly opened sections of the railway, passengers without the foresight to bring provisions subsisted on whatever peasant women sold at wayside stops. In some districts where the inhabitants had barely enough for themselves, such food was meager, as two English ladies discovered on the Transbaikal Line in 1900, when they lived for three days and four nights on a diet of milk, tea, and sour, half-baked bread.

---

4 Bookwalter, J.W., *Siberia and Central Asia*, Springfield, Ohio: Privately published, 1899; posted online as "A Ride on the Trans-Siberian Railroad in 1899" (*Ainslee's Magazine*, May 1899), Digital History Project, accessed 20 October 2014, http://www.digitalhistoryproject.com/2012/10/a-ride-on-trans-siberian-railroad-in.html.

5 Jefferson, R.L., *Roughing It in Siberia*, London, Sampson Low, Marston, & Co., 1897, pp. 8-10.

> In the more developed western sections between Chelyabinsk and Irkutsk, however, dining cars and station buffets were making their appearance. Stations serving sizable cities were spacious, handsome stone and brick buildings lighted by electricity. Those in the vicinity of small towns were of wood, with quaint gables in the style of Swiss chalets, but with never enough space in the waiting room and buffet, the last the scene of such jostling and uproar that most foreigners hesitated before squeezing through its narrow doors.[6]

Referencing Robert L. Jefferson, Tupper adds:

> Besides such eating places, there were rough board counters on station platforms where, in normal times, local women sold black bread, eggs, cooked chickens and game, meat pies, fried fish, milk, and kvass [a slightly alcoholic drink usually brewed from rye bread]. While [the] relatively affluent passengers crowded into restaurant or buffet, the hoi polloi from third-class cars swept like a voracious Mongol horde upon the outdoor vendors, then rushed to the hot-water tap on every platform to fill kettles for tea-drinking on the train.[7]

When continuous passenger service began between Moscow and Irkutsk in 1900, the Russian government published a 520-page book, *Guide to the Great Siberian Railway* (1900), with complete editions in Russian, French, German, and English. This massive guidebook contained detailed information about the history, geography, agriculture, industry, economy, ethnic groups, cities, cultural landmarks, railroad stations, and rolling stock of the whole Trans-Siberian line between Moscow and Vladivostok, with more than 350 photographs and illustrations from that period. Despite its hyping of the railroad and the route, the book is a treasure trove of information for historians.[8]

Guide to the Great Siberian Railway was designed to attract foreign passengers to travel on the new railroad line. To promote the Moscow to Beijing line that was being constructed as a branch of the main Trans-Siberian route, several luxury train carriages were displayed in the Pavillion de l'Asie russe et de la Sibérie (Pavilion of Asian Russia and Siberia) at the Universal Exposition in Paris in 1900 – passenger cars that were to be operated on the Russian railroad line by the Belgian Compagnie Internationale des Wagons-Lits et des Grands Express Européens (or International

6 Tupper, H., *To the Great Ocean: Siberia and the Trans-Siberian Railway*, Boston, Little, Brown, 1965, p. 259.

7 *Ibid.*, pp. 262-263.

8 Dmitriev-Mamonov, A. I., and Zdziarski, A. F. (eds.), *Guide to the Great Siberian Railway*, St. Petersburg, Russian Ministry of Ways and Communication, 1900, English translation by L. Kukol-Yasnopolsky, revised by John Marshall.

Sleeping Car Company, similar to the Pullman railroad-car company in the United States). These included two railway carriages each with four sleeping compartments, marble bathrooms between the cabins, a lounge, and a smoking room – one car decorated in neo-Louis XVI-style, the other in French Empire-style with a Chinese-decor smoking room. In addition there were two (some sources say only one) dining cars where visitors to the Exposition could dine on foods supposedly featured on the menu for the train trip.

The Wagons-Lits wing of the Russian pavilion also housed two "station restaurants," one "Russian" and one "Chinese," representing the two ends of the railroad line, Moscow and Beijing. These restaurants offered multi-course meals of French, Russian, or Chinese dishes – although, according to some contemporary accounts, the meals served inside the dining cars on exhibit were much simpler, consisting of only a soup and entrée, followed by fruit and coffee, priced at the French franc equivalent of $1.30 per person.[9]

The luxury carriages were a stationary display, indoors, on a section of steel railroad track inside the pavilion. To create the illusion of a moving railway journey across Russia to China, the Wagons-Lits Company commissioned two French theatrical scene painters to produce a large panorama of the landscapes and landmarks along the route, and even sent them to Russia to make sketches for the project. The scrolling panorama was installed outside the railway cars, along with three separate sections of cutout figures moving on rotating belts at different speeds in the foreground. This spectacle gave visitors inside the carriages the illusion that the train was rolling across the steppes of Russia, past towns with log houses and onion-dome churches, through forests and mountains, and finally into the exotic land of China. Diners in the restaurant car could sip wine and enjoy a meal while imagining making that real journey themselves in the near future. The scrolling canvas panorama was a clever way to advertise the thrill of a railroad journey across two continents, although it was soon to be superseded by motion-picture films as an advertising and entertainment medium.

9 Tupper, *op. cit.*, pp. 274-275; Zizza-Lalu, E.-M., *Au bon temps des wagons-restaurants*, Paris: La Vie du Rail, 2012, p. 103; Klein, J., *Die Grandhotels der Internationalen Schlafwagengesellschaft*, Mönchengladbach, Germany, Kühlen-Verlag, 2012, pp. 161, 217, 218.

Trans-Siberian Painted Panoramas

The large scrolling panorama for the 1900 Paris Exposition was created by the French painters, Marcel Jambon and Alexandre Bailly. It has sometimes been confused with a smaller moving panorama painted in delicate watercolors by a famous Russian doctor, traveler, and artist, Pavel Yakovlevich Pyasetsky, which was displayed in another section of the Russian pavilion at the same time. Jambon and Bailly's panorama reportedly was 7.6 meters (25 feet) tall and 106.7 meters (350 feet long), whereas Pyasetsky's original panorama was between 850 and 942 meters long (2,789 to 3,091 feet long, sources differ on the length), but only 48.5 centimeters (1.6 feet) tall, of which 9 scrolls are still preserved in the collection of the State Hermitage Museum in St. Petersburg. Although Pyatsetsky's miniature scroll, "Great Siberian Railway [or Great Siberian Track] Panorama" was begun in 1897, it was not completed until 1903. His partial panorama won a Grand Prix (Gold Medal) at the Paris Exposition, and he was awarded the Légion d'honneur (Legion of Honor) for his work. Unlike the much larger French panorama, Pyasetsky's depicts the (still unfinished) Trans-Siberian route from Syzran on the Volga River to Vladivostok in the Russian Far East.

However, as so often happens in Russia, reality was very different from the propaganda. In the early 1900s, there were indeed a couple of trains that were more luxurious than standard Russian trains. These were the so-called "International Trains" operated in Russia by the Belgian company, designed to attract foreign passengers on the Trans-Siberian route. But they were not of the same high quality as the Wagons-Lits cars displayed at the Paris Exposition. Since the Belgians were not certain that the Trans-Siberian route would be profitable, they initially did not run their best cars on the line.[10]

In addition, the Russians operated their own relatively upscale "Russian State Express" trains on the new Trans-Siberian line. The dining cars on these trains were divided into a dining area at one end and a salon at the other end, the latter furnished with a piano, lounge chairs, tables for writing or playing cards and board games, and a library of books and magazines.[11] Despite these amenities, many foreign travelers found the Russian State Express trains to be inferior to their counterparts in the United States and Europe. Most Russians, as well as many foreigners,

10 Tupper, *op. cit.*, pp. 275-276, 281-282, 347.

11 *Ibid.*, p. 267.

rode the regular, less expensive Trans-Siberian trains that had much lower standards of comfort, cleanliness, and food service.[12]

In 1901, E. Burton Holmes, an American travel writer, photographer, filmmaker, and lecturer, crossed Russia on the Trans-Siberian Railroad – presumably on one of the better Russian State Express trains. In one volume of his popular *The Burton Holmes Lectures* (1901), he noted that the dining car was "a stuffy little affair" where the meals were "badly served, but surprisingly well-cooked and appetizing: good bread, excellent veal, and hearty soups, sometimes *frappés* with a clinking cake of ice floating on their chill depths, sometimes seething hot, with a hunk of steaming beef rising from them like a volcanic island."[13] But another American traveler at that time was less enthusiastic, saying that "one must get used to greasy Siberian soup and to the chunks of stewed meat, which may be beef, mutton, or pork, one is never certain which."[14]

The American travel writer Michael Myers Shoemaker recorded his journey on a Russian State Express train in 1902 in his book, *The Great Siberian Railway: From Moscow to Pekin* (1903). He, too, was not very pleased with the dining experience: "The restaurant car is just like all those on the trains of Europe. There is a piano, generally used to hold dirty dishes. There are three very stupid waiters, who speak nothing save Russian. The food is very poor…" When Shoemaker asked the conductor about the difference between dining cars on the luxury International Trains operated by the Belgians and those on the Russian State Express trains, the conductor told him the food was no better on the Belgian-run trains, but they did have waiters who spoke French.[15]

Farther along on his trip, Shoemaker was equally critical of a station buffet meal at Chita, in southern Siberia: "We reach Chita at 2 p.m., and have a wretched luncheon at the buffet, bad soup and steak that never was part of any beef. I think it was dog."[16]

E. Burton Holmes wrote that on his Russian-operated, so-called "deluxe" train:

> […] the napkins are rarely washed; the patrons carelessly throw them down; the waiters pick them up from floor and chair and table, spread them out as

---

12 *Ibid.*, pp. 275-276, 281-282.

13 Burton Holmes, E., *The Burton Holmes Lectures*, Vol. VIII, New York, McClure Co., 1905, p. 246. Originally published in Vol. VIII of ten volumes in *The Burton Holmes Lectures*, Battle Creek, Michigan, The Little-Preston Company, Limited, 1901.

14 Tupper, *op. cit.*, p. 280.

15 Shoemaker, M.M., *The Great Siberian Railway from St Petersburg to Pekin*, New York & London, G. P. Putman's Sons, 1903, p. 26.

16 *Ibid.*, p. 116.

> flat as possible, spray them as the Chinese washerman sprays his washed linen [with water sprayed from his mouth], fold them very carefully, and then put them in presses, so that at next meal-time they may be again produced with neat new creases that deceive those who have never chanced to look behind the scenes. Take plenty of Japanese paper napkins with you when you go to Russia. Take also a big empty bottle, for the little milkmaids are very loath to part with the precious vodka-bottles in which they bring fresh milk to the railway-station.[17]

In his book, *The Real Siberia* (1902), John Foster Fraser also described traveling on the Trans-Siberian Railroad in 1901, noting that locals did a good business on the platforms selling "very hot dumplings with hashed meat and seasonings inside...huge loaves of new made bread, bottles of beer, pats of excellent butter, pails of milk, apples and grapes and fifty other things. Passengers loaded themselves with provender at the stall, and ate picnic fashion in the carriages until the next station was reached. There it began all over again."[18] (Travelers on the Trans-Siberian trains do the same today.)

After the Russo-Japanese War of 1904-1905, the Russians operated two so-called "fast trains" between Moscow and Vladivostok via the Chinese Eastern Railway, which branched southeastward from the main Siberian route and ran across northern China to Vladivostok near the Russian-Chinese border. These state-owned Russian "deluxe" trains were apparently as good, bad, or indifferent as various travelers had described them in the earlier 1900s. The Belgian Wagons-Lits Company, which could never justify using the magnificent cars that it had displayed at the Paris Exposition, did divert some of its second-best cars to the Siberian line and upgraded its service. These Belgian cars were reportedly staffed with courteous attendants speaking Russian, French, German, and English, and the dining cars were provided with good food and wines.[19] A traveler who crossed Siberia several times on the Belgian-run train wrote that "The food in the dining car was superb – an abundance of game, unlimited caviar which came from Lake Baikal en route, thick Siberian cream, rich sauces, brandy, good cigars."[20]

So there was apparently a great variation in dining experiences on the Trans-Siberian Railroad during the early years of its operation, depending on which trains the passengers traveled, as well as their own personal finances and their culinary expectations and preferences.

---

17 Holmes, *op. cit.*, pp. 246, 249.

18 Foster Fraser, J., *The Real Siberia*, New York, D. Appleton & Co., 1902, p. 28.

19 Tupper, *op. cit.*, p. 347.

20 *Ibid.*, pp. 354-355.

2. The Soviet Period: 1917-1991

The First World War, the Bolshevik Revolution in 1917, and the Russian civil war that followed put an end to whatever luxury train travel had existed during the tsarist era in Russia. In that chaotic period between the start of the First World War in 1914 and end of the civil war in 1922, "more than 60% of the railway network, 90% of the locomotives and 80% of the carriages were destroyed. Not until 1928 did traffic volume recover to the pre-war levels of 1913."[21] After the Revolution, the Bolshevik government also confiscated the Belgian Wagons-Lits Company's railroad cars in Russia, including the dining cars, without compensating the owners.[22] In rebuilding the railroad system, the new Soviet government focused primarily on the military and industrial uses of the railroad, at the expense of "bourgeois" passenger service.

Crossing Siberia by train in 1926, Junius B. Wood, European correspondent for the *Chicago Daily News* and author of *Incredible Siberia* (1928), observed that the previously well-maintained passenger cars were now very dilapidated, with cracked windows and torn carpets. The dining car food was also bad:

> At 3:30 a plate of soup appeared – greasy hot water poured over cold pieces of fish which had been cooked earlier in bulk. The next course was precooked cauliflower warmed with a sauce of unknown texture. Roast veal, cooked weeks earlier and now dry and hard, smothered in warm brown gravy, without vegetables, was the main course. A compote of fruit completed the hurried meal. The price was 1.75 rubles. Drinking water, butter, or a napkin cost extra.[23]

Wood went on to describe a "Tomato Surprise" that was served to one of his fellow diners:

> In the dim light, a beautiful confection of tomatoes and lettuce appeared. He deftly speared a tomato with a fork, but it did not connect. On top was a hard thick slice of pink soap. The diners roared [with laughter]. The waiter

21 "The Company/History," Russian Railways, accessed 21 October 2014, http://eng.rzd.ru/statice/public/en?STRUCTURE_ID=30. However, after the railroad recovered from this devastation, the major Communist Party figures and top government officials had their own private railway cars, which were much better than those available to ordinary travelers. High Soviet officials even rode on private trains with the best accommodations and food service in the country – mimicking their tsarist predecessors and predating the same practices by important government officials in the Russian Federation today.

22 Tupper, *op. cit.*, p. 408.

23 Wood, J.B., quoted in Tupper, *op. cit.*, p. 408.

> shouted that an enemy was trying to ruin him. The fat Georgian concessionaire dashed down the aisle from his counter, envisioning a protocol and the loss of his concession, offering 100 rubles reward for the perpetrator. The soap was returned to the kitchen, the salad eaten. A Soviet dining car furnishes much that is not on the menu.[24]

During this period, travelers continued the practical tradition of buying food from private vendors on the station platforms. Traveling by Russian train across China and Russia in the early 1920s, Sven Hedin, author of *Von Peking nach Moskau* [*From Peking to Moscow*] (1924), noted:

> Buffets had been set up on the platforms of all the major stations, booths that were either open or covered with sackcloth or a few planks of wood. Farmers, both women and men, warmly wrapped up in furs, sold very fatty milk in bottles, cheese, butter, fresh bread, roasted duck, goose and partridge, eggs, and other assorted victuals. Several of the fellow travelers in my coach preferred the goods on offer at these booths to those available in the dining car.[25]

Under the Soviets some trains – or at least certain train carriages – were better than most, especially the trains that foreign tourists were booked on, or the railroad cars reserved only for government officials, Communist VIPS, and other dignitaries. In 1937, two American school teachers from Oregon traveled together through Russia on a six-day railroad trip from Moscow to Beijing, on the Trans-Manchurian Railroad (formerly the Chinese Eastern Railway) that branches off from the Trans-Siberian route. One of them later wrote a book about that journey in which she described the dining-car food very positively (in contrast to the reported experiences of many other travelers on Soviet trains at that time):

> Breakfast in the dining car was a real treat – one of the best ham omelettes ever, with toast and a fruit compote. Since there was only the one dining car on the train, I doubted that the first-class passengers got any better food than we. All diners were given the same menus. There was always 'chai' (tea) at every meal, served with lemon… For lunch we chose the cabbage soup – very good – and a turkey, onion, cucumber, and tomato salad with sour cream dressing. At another time we had breaded mutton chops for lunch, which were also very good. For dinner the first night we ordered half a fried chicken, and the next night […] 'biffsteak.' That was so delicious that we ordered it every night after that.[26]

---

[24] *Ibid.*, pp. 408-409.

[25] Hedin, S., quoted in Meinhardt, A. & O., *The Trans-Siberian Railway: From Moscow to the Pacific Ocean*, Munich, C. J. Bucher Verlag, GmbH, 2008, p. 100.

[26] Widmer Marshall, M., *Two Oregon Schoolma'ams, Around the World, 1937 – Via Trans-Siberian Railroad*, Woodburn, Oregon, Widdy Publishing, 1985, p. 87.

Former American railroader, Ray Ehrensberger – who later became Chancellor of University of Maryland University College – recalled traveling on the Trans-Siberian and Chinese Eastern routes from Moscow to Beijing in 1935, where he enjoyed showing the Russian train crew that an American professor knew how to stoke a steam engine with coal. He also remembered the dining car as "dismal," and said that he survived on vodka and apples bought from the vendors on the station platforms.[27]

In the mid-20th century the Second World War greatly disrupted much of the civilian passenger rail service in the Soviet Union. Enemy bombers, invading troops, and saboteurs destroyed tracks and rolling stock, with 50% of the locomotives and 40% of the carriages lost during the war. Many of the surviving trains were used for transporting soldiers, food, and military supplies to the front, as well as moving entire factories eastward beyond the Ural Mountains into Siberia, to protect them from attack.[28] One can also assume that food service, if any, on the trains was very poor because of the food shortages during the war.

At the Western Siberian Railroad Museum near Novosibirsk one of the trains on display is a World War II Russian hospital train, with a doctor's office, a surgery room, and a kitchen car (galley) where all the meals were cooked for the wounded soldiers on the train. The kitchen has four large, insulated-metal vats bolted to the floor, which look like giant pressure cookers each about 3-feet wide and 4-feet tall, with heavy lids attached, for making soups, stews, and porridges. The vats were heated by steam generated from burning coal. The galley includes a small preparation area, a sink, and a large black cast-iron stove, much like an early AGA. It's a very poignant exhibit of a kitchen for wounded soldiers, especially considering the Soviets' great losses of human life in that war.[29]

Between the end of the Second World War in 1945 and the end of the Soviet Union in 1991, dining cars on almost all Soviet trains had a generally bad reputation. During the early postwar era, many of the dining cars were made in East Germany. Later they were manufactured in Russia and Ukraine and outfitted with Russian appliances, but still based on East German designs. However, the design and manufacture of the dining cars was not the problem: It was the Soviet attitude toward food service (and the quality of the food itself) that made most Soviet dining cars so unappealing to travelers.

---

27 Author's interview with University of Maryland University College Chancellor Emeritus, Ray Ehrensberger, College Park, Maryland, Spring 1996.

28 "The Company/History," Russian Railways, accessed 21 October 2014, http://eng.rzd.ru/statice/public/en?STRUCTURE_ID=30.

29 Observed by the author on four visits to the Western Siberian Railway Museum, Novosibirsk, 2006-2008.

Those dining cars seated 48 people, with a tiny galley located at one end of the car, in the same train carriage as the dining room. There was usually a staff of three or four people: a cook, one or two waiters or waitresses, and a busboy who also washed dishes. (Compare that to an American dining car in the 1920s, which seated 36 to 42 people, had a fully equipped kitchen at the end of the car, and a staff of 4 cooks, 6 waiters, and a steward. Each American dining car served a total of nearly 400 meals a day, at 3 sittings for each meal – breakfast, lunch, and dinner – and each car was stocked with 1,000 porcelain dishes of different sizes, 300 pieces of glassware, 700 pieces of silverware, 900 white linen tablecloths, and 1,500 matching napkins, all of which had to be washed by hand every day.)[30]

On most Soviet trains, however, few people ate in the dining car because the food was usually poor, the staff was surly, and the prices were relatively high for the average Russian. Most travelers brought their own food to the train, or bought food from vendors on the train platforms along the way – as travelers had done ever since passenger service began on the Trans-Siberian Railroad.

Standard dining car menus during the post-World War II period were up to 10 pages long and listed a wide range of dishes – appetizers, soups, main dishes, side dishes, and desserts – although usually only two or three of those items were actually available on the train. Meals commonly consisted of a piece of unspecified meat, often dubbed "mystery meat" by the diners, accompanied by potatoes or another starch, maybe a sauerkraut salad, and perhaps canned peas (if you were lucky) – a situation that lent itself to many jokes during the Soviet era. In addition, the dining-car staff often ran a lucrative (and illegal) side business selling the train's food supplies to locals at the stations where the train stopped; hence less food was left for serving in the dining car.[31]

In the early 1960s the American writer Harmon Tupper traveled across Siberia on the Soviet equivalent of a tsarist-era Russian State Express train (the best of the Russian trains in the 1960s) and commented on his own dining-car experiences:

> As in tsarist times, the diner is partitioned, but the old lounge section with its piano and library has vanished as irrevocably as the menus in French and the male waiters. Now as you sit at one of the cloth-covered tables for four, you are served by a white-bloused-and-aproned woman, two to a car and each crowned with a white paper-lace tiara. Near the cash register and the time-honored abacus with which the waitresses calculate the diners' bills, a

---

30 Porterfield, J.D., *Dining by Rail: The History and the Recipes of America's Golden Age of Railroad Cuisine*, New York, St. Martin's Press, 1993, p. 103.

31 Goldstein, D., "Train Fare," *Russian Life*, July/August 2005, p. 61.

> glass cabinet displays Russian cigarettes, candies in paper wrappers, preserves and relishes in jars, bottles of Georgian champagne and brandy, but none of vodka, the most popular hard drink in the nation. Rather reluctantly, the dining-car supervisor told [me] …that the sale of vodka, much less expensive than champagne and brandy, and within the means of most passengers, might lead to 'uncultured' behavior on their part… Except for the usually excellent fish or meat soups, the food reminded us of Junius Woods' descriptions when he crossed Siberia years before [in 1926].[32]

In the 1960s Tupper also described the kinds of foods sold on train platforms:

> Probably like their mothers, grandmothers, and great-grandmothers before them, kerchiefed peasant women stand behind board counters laden with bread, bottles of milk, roasted chickens, and such. Others walk past car windows with buckets of meat pies and plates of baked potatoes while small girls trail behind with pails of red currants or baskets of raspberries and wild strawberries in paper cones. Essentially, the scene at most wayside stops has changed very little from the descriptions by early rail travelers.[33]

British writer Eric Newby chronicled his 1977 Trans-Siberian journey across Russia in *The Big Red Train Ride* (1978). Shortly after he boarded the train in Moscow, a woman working in the galley brought to his cabin "cream in bottles, borsch, rice, and meat the colour of the weather outside swimming in a sort of greasy bouillon, all of which she carried in nestling aluminum containers…" Although Newby declined to purchase any of the "off-putting" food, he was pleased when the conductress brought to his cabin glasses of steaming-hot tea – free of charge, except for sugar (4 kopecks extra) – in shiny metal holders decorated with Soviet-era motifs (Sputnik, cosmonauts, ships, skyscrapers). To accompany their tea his companions bought small cakes and chocolate bars, which the conductress was selling for prices that Newby considered exorbitant.[34]

Having heard from previous travelers that the food on Russian trains was both poor in quality and high in price, Newby had brought several boxes of his own food supplies with him. And his expectations of Russian railroad cuisine were confirmed on his first foray to the dining car: "The food was as unappetizing as that being hawked up and down the train, and the kitchen was equally so… There was no beer or vodka on board, and the only wines on offer were Russian champagne at 5.40 rubles per

32 Tupper, *op. cit.*, pp. 458-459.

33 *Ibid.*, p. 440.

34 Newby, E., *The Big Red Train Ride*, New York: St. Martin's Press, 1978, p. 26.

bottle and what appeared to be some sort of dessert wine of a sinister brown color which cost 5.25 rubles."[35]

3. The Post-Soviet Period: 1992-2015

Despite the Soviet Union's decline in GDP in the late 1980s, the Soviet railroad system reached its peak year of passenger travel in 1988, transporting nearly 4.4 million passengers that year. Three years later the collapse of the Soviet Union greatly affected all segments of the economy, including the state-owned railroad network, which was thrown into disarray by the breakup of the Soviet rail system into separate segments within the newly established individual countries that formerly were Soviet republics. Throughout the 1990s, the Russian railroad system continued to deteriorate, due to lack of funds for investment in infrastructure, while passenger fares were kept low through subsidies with from the more profitable freight sector.[36]

My own initial experiences on Trans-Siberian trains in the mid-1990s were similar to those of previous travelers because dining on Russian trains had not changed very much since the recent Soviet era. In my book, *The Other Side of Russia: A Slice of Life in Siberia and the Russian Far East* (2003), I described my first Russian dining-car meal on a rail journey from Vladivostok to Irkutsk in January 1994:

> The *Sibir*'s dining car looked like an American roadside diner from the 1950s. A row of red leatherette booths with white Formica-topped tables lined the car on either side of a center aisle. Fake wood paneling, chrome fixtures, and fluorescent lighting completed the 1950s retro scene. At the farthest end of the car was a cramped, dimly lighted kitchen. The two booths nearest the kitchen were reserved for the staff, all of whom were remarkably friendly and good-natured for Russian restaurant personnel : a large, middle-aged female cook, with a dirty apron and dyed bright-yellow hair ; a wiry young busboy-dishwasher in a grimy white cotton coat ; and an attractive waitress in her mid-30s, wearing a black straight skirt, crisp white blouse, and a flashy black leather blouson jacket. One of the tables displayed the choice of drinks for sale : cans of Miller Draft beer and bottles of Russian champagne, Italian fizzy white wine, Rasputin vodka, and Fiesta orange soda. On the same table, a Michael Jackson tape wound its way through a big Korean boom box.

---

35 *Ibid.*, pp. 34-35. Like Tupper more than a decade earlier, Newby was told by the conductress that vodka was no longer served on that train, the *Rossiya*, in one of the Soviet government's many attempts to curb drunkenness in Russia. Mikhail Gorbachev tried to ban the sale of vodka again in the 1980s, also unsuccessfully.

36 "The Company/History," Russian Railways, accessed 21 October 2014, http://eng.rzd.ru/statice/public/en?STRUCTURE_ID=30.

I sat alone in a booth near the kitchen. On her way to deliver food to the other customers, the waitress stopped by to say that goulash was the meal for that evening. Given no other choices, I agreed to take the goulash, then waited a long time before the waitress finally came back with a small white cotton cloth to spread on my table. As she unfolded it, we both noticed that it was smeared with big black blotches that looked like axle grease. She grinned, shrugged, and flipped it over so the grease was on the bottom. For some reason I felt strangely honored – perhaps because the waitress had singled me out as the only person in the dining car who rated a tablecloth, even a soiled one.

A few minutes later she returned with several slices of stale Russian bread and a plate of 'goulash,' which was nothing more than chunks of tough meat smothered with a tasteless, pasty brown gravy. On the same plate were a few brownish noodles, half a large pickled tomato, and a surprisingly tasty cabbage-and-carrot salad garnished with canned green peas. All the customers shared around the dining car's single, faceted-glass saltshaker (missing its lid) and the substitute for a pepper shaker, an old canning jar half full of very hot paprika, which I sprinkled liberally over the bland meat.

When I finished eating, the waitress brought me a large glass of hot, sweet, chicory-flavored coffee… As soon as the train stopped, two well-dressed women, in fur coats and fur hats, entered the dining car and asked the cook, 'What do you have ?' 'Butter,' replied the cook. 'How much ?' asked the women. 'Four,' answered the cook, meaning 4,000 rubles ($3.25) for a kilogram. 'What else ?' inquired the women, apparently in a hurry to make a transaction. 'Oranges, chocolate, cookies,' said the cook, although I couldn't hear the prices because obnoxious rap music was now blaring out of the boom box on the drinks table.

The cook led the women to the opposite end of the dining car where several cardboard boxes were stacked, full of butter slabs, oranges, small individually wrapped chocolates, and two kinds of sugar cookies. The ladies' order was quickly placed into plastic bags, and money changed hands just as swiftly. Already the narrow aisle of the dining car was beginning to fill up, as other locals boarded the train to purchase whatever the restaurant staff had to offer…[37]

In the mid-1990s, my husband and I always carried food with us on Russian train trips: cheese, bread, boiled eggs, smoked sausages, canned fish, packages of instant ramen noodles. At the end of each sleeping car there was a big coal-fired water boiler, which the conductress used for

[37] Hudgins, S., *The Other Side of Russia: A Slice of Life in Siberia and the Russian Far East*, College Station, Texas, Texas A & M University Press, 2003, pp. 56-57.

making hot tea for the passengers and which we tapped for hot water to rehydrate bowls of instant noodles in our sleeping compartment.

We also bought food from vendors at the stations. Some stations had official kiosks where people were licensed to sell certain foods, like alcohol and dairy products. At most stations there were also individual freelance sellers who cooked food at home and brought it to the station on sleds or in baby carriages. The first time I saw a row of elderly women lined up on the platform behind old-fashioned baby carriages in the middle of the Siberian winter, I wondered why so many grandmothers had brought their grandchildren out in the frigid weather to meet the train. But as the train rolled to a stop, I watched these *babushki* quickly unpack their prams and set up an instant outdoor buffet on the snow-packed ground: hot *pirozhki* (little savory pies filled with meat, potatoes, cabbage, or mushrooms), pickled cucumbers and tomatoes, roasted potatoes, sauerkraut salads, marinated mushrooms, salmon caviar, smoked or salted fish, fresh farmers' cheese and sour cream, salted sunflower seeds and Siberian pine nuts, gingerbread cookies, sweet pastries, yeast buns, and jars of fruit preserves – all wrapped in newspapers or served in paper cones made from pages torn out of books and magazines. Buying foods from local vendors was a good way to sample regional specialties along the entire route, and regular travelers on the trains knew which kiosks, or which private vendors, had the best foods on offer.

Travel on Russian railroads changed somewhat after Vladimir Putin came to power in 2000. The early years of his administration coincided with the rising price of oil on the international market, bringing more revenues to the Russian government, which therefore had more funds for investment in railroad infrastructure. After several years of structural reforms, the Russian Railways Public Corporation was established in 2003, with the Russian Federation as the only shareholder.[38] Tracks and roadbeds were repaired, some equipment was upgraded, and new lines were built. Many of the grungy old stations were cleaned up and repainted, their ornate exteriors and elegant pre-World War I interiors restored to their former glory. New station restaurants, buffets, food shops, and platform kiosks were opened. In addition, the dining cars on the trains are now run as private franchises, instead of entirely by the government as they were during much of the 20th century – which also means that the food, the service, and the prices vary widely depending on the rail line and the fran-

[38] "The Company/History," Russian Railways, accessed 21 October 2014, http://eng.rzd.ru/statice/public/en?STRUCTURE_ID=30.

chisee. Some dining cars sell no cooked food at all, just packaged foods and drinks, whereas others offer cooked food of various quality and prices.[39]

Paul Theroux, a best-selling American travel writer who has made a fortune writing about people, places, and journeys that he mostly dislikes, rode the Trans-Siberian rails in the winter of 1973-1974 and described that journey in his book, *The Great Railway Bazaar: By Train through Asia* (1975). Retracing that route again in 2007 for his sequel, *Ghost Train to the Eastern Star* (2008), Theroux was no more impressed with Russian dining cars than he had been in the 1970s:

> I was the only customer. The ornate wood-paneled dining car, with mirrors and lace curtains, was dirty, the tablecloths spattered and stained with food, the floor littered, the woodwork scummy. One end of the car was stacked with beer crates. An unshaven knob-nosed man with wild hair sat at one of the tables, tapping on a computer with black fingernails, a cigarette between his lips. After a while he surprised me by getting up and bringing me a bilingual menu.[40]

With the leasing of franchises to private food-service providers, dining car prices have risen considerably in the 21st century. Bryn Thomas's *Trans-Siberian Handbook* (7th edition, 2006) reported that in 2004 main courses in dining cars on standard Russian trains cost about $2 to $3 – which meant that a diner could easily spend $10 to $12 on a three-course meal with wine or beer – a lot of money for Russians who earned an average of only $200 a month at that time.[41] Another source published in 2006 said that a four-course, fixed-price daily menu in a dining car cost $25 for a cold appetizer of dried sturgeon in aspic, cabbage soup, a bowl of Siberian meat-filled dumplings (*pel'meni*), and ice cream for dessert – and that it was mainly foreigners and business-people who could afford to eat those meals.[42] A more recent source reported paying $80 for two travelers to eat a meal of borscht, pork chop, potatoes, and salad in an oppressively smoky dining car on a standard Russian train. (Although Russian trains are now supposed to be "non-smoking," that rule is not always rigidly enforced.)

Menus are now also determined by the various private food-service providers. In 2012 a Telegraph Travel website series on "Great Train Journeys" described the food on Russian trains as "generally adequate, though

---

39 Bryn T., *Trans-Siberian Handbook*, 7th edition, Hindhead, Surrey, UK, Trailblazer Publications, 2006, p. 121.

40 Theroux, P., *Ghost Train to the Eastern Star: On the Tracks of the Great Railway Bazaar*, Boston & New York, Houghton Mifflin Harcourt, 2008, p. 467.

41 Thomas, *op. cit.*, p. 121.

42 Trutter, M. (ed.), *Culinaria Russia*, Potsdam, H.F. Ullmann, 2007, English edition, p. 103.

the menus are limited, in Russia typically ham and fried eggs for breakfast, schnitzel and potatoes for lunch or dinner, with soups and salads for starters. Beer, Russian champagne, vodka, chocolates and snacks are sold at the bar."[43]

As in past decades on the lines that branch off the Trans-Siberian mainline into Mongolia and China, Russian dining cars serve Russian food on the segment of the route inside Russia. When the trains cross into those other countries, a different dining car (Mongolian or Chinese) replaces the Russian one, and the system is reversed when the trains enter Russia from Mongolia and China.

In the summer of 2014, a bilingual Russian-English menu from the dining car on the Russian segment of a Moscow to Beijing journey listed 13 separate food categories from appetizers to desserts. Twenty-five different hot and cold dishes, including salads, were offered as first-course choices, followed by a selection of six different soups, nine meat-based main dishes, four main-dish "specialties," and two vegetarian options, as well as children's dishes, garnishes, breads, dairy products, and desserts. However, the website on which this menu was posted warned, "Don't expect everything on the menu to be available, they have usually run out of this or that, or have just a selection of the things on the menu."[44]

Given the prices listed on that menu, the total cost of a 4-course meal composed of a cold or hot appetizer, soup, meat main dish garnished with a starch and a vegetable, two slices of bread, and *bliny* or a fresh fruit for dessert would range from RUB 685 ($19.60) to RUB 1,500 ($42.90) – not including drinks – depending on whether the meal was composed of the least expensive or most costly items on the menu.[45] Most Russian passengers would not be willing (or perhaps able) to spend that much money on a main meal several times during a multi-day journey by train. Adding breakfast and another meal each day, every day, would increase the expense considerably.

Some of the better long-distance Russian trains now offer the option of purchasing tickets "with services" or "without services," at different

43 Lambert, A., "Trans-Siberian: Great Train Journeys," Telegraph Travel, 9 November 2012, http://www.telegraph.co.uk/travel/journeysbyrail/9666654/Trans-Siberian-Great-Train-Journeys.html.

44 Smith, M., "Trans-Siberian Railway – Sample restaurant car menus," The Man in Seat 61, accessed 20 October 2014, http://www.seat61.com/Trans-Siberian-menus.htm#.VdwebFe_4uE. Similarly, an American traveling on the Trans-Siberian in 2011 described a 14-page dining car menu on which hardly any of the listed items were available. Greene, D., *Midnight in Siberia: A Train Journey into the Heart of Russia*, New York, W. W. Norton, 2014, pp. 99-100.

45 Prices in dollars were computed at the average rate of RUB 35 = $1.00 in July 2014.

prices depending on the length of the journey and the class of train ticket (1st-class *spal'nyy vagon*, 2-berth deluxe sleeping car; or 2nd-class *kupé*, 4-berth sleeping car). A ticket "with services" means that every day the passenger will be served a light breakfast and a cooked dinner (with beer) in his or her own sleeping compartment (or sometimes in the dining car).[46] The savvy traveler would still probably compare the price of a ticket "with services" to one without, adding in the cost of bringing food for the trip and/or purchasing it along the route at station kiosks and from platform vendors. On the other hand, travelers (both Russians and foreigners) who can afford the convenience of having prepared meals brought to their cabin or served in the dining cars might choose this option.

In 2011, the French Newrest Group, which had acquired the Compagnie Internationale des Wagon-Lits in 2010, announced that it would be the first foreign company (in this century) to expand its public railway catering operations into Russia, in a joint venture with Eurasia Center, one of the largest Russian railway catering companies, which provides food service for about 300 trains daily. The 3-year contract, beginning in 2012, provided for Newrest to manage approximately 50 bar and restaurant cars on Russian Railways, serving both national and international destinations in Europe and Asia. At the time, Newrest conceded that "Major challenges will be how best to organize logistics and Onboard Services, implement European management standards, and significantly improve our quality of service, all while successfully adapting to Russian culture."[47] However, Newrest's corporate website currently does not list any railway catering activities in the Russian Federation.[48]

Between 2006 and 2008 I crossed Russia five times from Vladivostok to Moscow by train and had many opportunities to see how the food sold at railroad station buffets and by platform vendors had changed since the mid-1990s when I first traveled by rail in Russia. At major stations such as Novosibirsk, there were now glitzy delicatessens selling well-prepared foods to take out or eat on site. And some of the larger stations also housed an attractive restaurant or buffet, such as the beautifully restored station restaurant in Vladivostok, dating from 1911, where the food was very good.

---

46 Smith, M., "A Guide to Travel from Europe to China or Japan," The Man in Seat 61, accessed 20 October 2014, http://www.seat61.com/Trans-Siberian.htm. This website also provides a link to the Russian site with current prices for tickets, with or without food "services" included.

47 "Newrest Wagons-Lits in Russia," Newrest, 7 June 2011, accessed 19 October 2014, http://www.newrest.eu/en/news-archives-2011/4256-newrest-wagons-lits-en-russie-en-gb-3.

48 Newrest, accessed 19 October 2014, http://www.newrest.eu/en/activities/rail.

It is still customary for many passengers to bring their own food for the journey, whether homemade or store-bought: cheese, sausages, ham, boiled chicken, small savory pies, boiled eggs, pickled cucumbers, bread, chocolate bars, cookies, fruit and fruit juices, and vodka. Some of the larger stations also have small shops where travelers can buy everything from fancy boxes of candy to fresh breads and pastries, hamburgers and rotisserie chickens, sausages and cheeses. And most stations, even the small ones, have at least a kiosk or two where travelers can by beer, cigarettes, and packaged snack foods.

Traveling from Beijing to Moscow at the turn of the 21st century, John Lee described the culinary scene on station platforms along the Russian segment of the route:

> Chocolate, ice cream, and dark Russian beer are easy to find, but the best food comes from the droves of gnomish old babuskhas who descend on the train as it enters a station. Dressed in head scarves and thick woolen coats, most have red faces, bright blue eyes and strong, scarred hands. Many sell stews and boiled vegetables, cooked in their kitchen and warmed on their car engines for the trip to the station. Others walk the platforms with pale cheeses, curled brown sausages, smoked fish and leather-skinned rye breads. My favorite breakfast of the journey turns up in Omsk: a plastic bag of warm potatoes and onions drowned in butter and herbs.[49]

But on my own Trans-Siberian travels in 2006-2008, I noticed that since the Russians have been importing more foods from other countries, the vendors selling food on the station platforms have fewer home-cooked, regional specialties and instead more commercially processed products like Hungarian sausages, packaged German cakes and cookies, Chinese candies, and Korean moon pies.

After the collapse of the Soviet Union at the end of 1991, opportunities opened up for foreign investors to operate private trains on Russian territory for the first time since before the Bolshevik Revolution in 1917, thus reviving the standards (and nostalgia) of pre-Revolutionary luxury train travel there.[50] Four privately owned charter train companies now offer upscale tours on the Trans-Siberian tracks. These trains, with full-service dining cars, are used almost exclusively by tour groups and are much more expensive to ride than standard Russian Railways trains. All prices quoted

49 Lee, J., "Beijing to Moscow: Six Days on the Trans-Siberian," *Russian Life*, May/June 2001, p. 38.

50 Russian Railways also began the process of upgrading some of its own trains (or at least certain cars on individual trains) to a higher level of service and comfort, such as the Grand Express, Red Arrow, and Tolstoy Train between Moscow and St. Petersburg, and the new high-speed, double-decker Moscow-Sochi trains built for the 2014 Winter Olympics.

above are for 2014 and, in general, include the entire train tour, with all meals on and off the train, most drinks, all group day-tours off the train with professional guides, and all gratuities, but do not include air fare to and from the cities from which the tour departs and ends. All prices quoted below are for 2014 and, in general, include the entire train tour, with all meals on and off the train, most drinks, all group day-tours off the train with professional guides, and all gratuities, but do not include air fare to and from the cities from which the tour departs and ends.

- Golden Eagle Trans-Siberian Express (British owned): The most luxurious private train in Russia and the only train where each cabin has its own private toilet and shower; 15-day tours between Moscow and Vladivostok ($15,895 – $33,995 per person).[51]
- Tsar's Gold (German-owned): 16-day tours on the Trans-Mongolian route between Moscow and Beijing ($5,990 – $18,200 per person).[52]
- Imperial Russia: The newest private train, with two ornate dining cars serving Russian cuisine; 12-day tours between Moscow and Irkutsk/Lake Baikal ($4,950 – $11,400 per person).[53]
- Grand Trans-Siberian Express: The oldest private train on the Trans-Mongolian route; 15-day tours between Moscow and Beijing ($5,857 – $18,025 per person).[54]

My most recent five trips across Russia were on the private chartered trains run by GW Travel Limited (now named Golden Eagle Luxury Trains Limited, headquartered in Altrincham, England), on which I worked as a lecturer for special educational tours organized by National Geographic Expeditions. Founded in 1988, GW Travel began operating private chartered train tours in European Russia in 1992, using several old Soviet/Russian VIP cars, including dining cars, which the company leased from the Russian Federation government. These were higher-standard private cars that had previously been reserved for use only by top government and Communist Party officials and which had never

---

51 Golden Eagle Luxury Trains, accessed 20 October 2014, http://www.goldeneagleluxurytrains.com/.

52 Travel All Russia, accessed 20 October 2014 http://www.travelallrussia.com/tsars-gold-train-details; Trans-Siberian Experience, accessed 20 October 2014 http://www.trans-siberian.co.uk/Tsars-Gold-from-Beijing.html.

53 Travel All Russia, accessed 20 October 2014 http://www.travelallrussia.com/imperial-russia-train-details; Luxury Train Club, accessed 20 October 2014 http://www.luxurytrainclub.com/trains/imperial-russia-train/.

54 Travel All Russia, accessed 20 October 2014, http://www.travelallrussia.com/trans-siberian-express-train-details; Trans-Siberian Experience, accessed 20 October 2014, http://www.trans-siberian.co.uk/Grand-Trans-Siberian-from-Beijin.html.

been used commercially. (Some of the train carriages even dated back to 1914.) GW Travel began offering tours on the Trans-Siberian route in 1996, and later purchased entirely new cars, including dining cars, to add to its existing trains.[55]

The trains operated by this British company are top-class luxury trains that are much more upscale than others operated by the Russian state railroad (except for a few luxury cars on some Russian express trains, like those between Moscow and St. Petersburg). In many ways, Golden Eagle private trains are similar to the Belgian-run, luxury "international trains" that traversed the Trans-Siberian tracks back in the early 1900s.

When I first started working on GW Travel's special Trans-Siberian charter train in 2006, there were two dining cars that seated 40 people each, as well as an ornate lounge/bar car (like on the original Orient Express) featuring live piano or classical guitar music. Each dining car had its own galley at one end – a small kitchen (about the size of an American suburban bathroom) with one chef, two sous chefs, a dishwasher, and two waiters, all of whom worked wonders in that small space. They cooked all the meals on oil-burning stoves that had no temperature controls, just ON and OFF settings, and overnight they baked fresh breads and pastries for the next day.

Both dining cars were very nicely decorated and well appointed, with white linen tablecloths, stemmed wine glasses, porcelain plates emblazoned with the train's Golden Eagle logo, and vases of fresh flowers on all the tables. One dining car resembled a classic American diner from the 1950s, with bright chrome-and-blue-plastic booths and tables. The other was dark and woody, with brocade-upholstered chairs and heavy brocade curtains. Except when the passengers were away from the train for day-tours, the small staff served three full meals a day in those dining cars, accompanied by very good wines.[56]

In the spring of 2007, the British company inaugurated the Golden Eagle Trans-Siberian Express, an entirely new, $25 million train on the route between Moscow and Vladivostok. The Golden Eagle is the first privately owned train in Russia on which each sleeping compartment has its own toilet and shower. The new train has two elegantly decorated dining cars that each hold 64 people, as well as a comfortable lounge car with a fully stocked bar. The tables in the dining cars can also be folded up against the windows to convert the space into a lecture hall

[55] Author's telephone interview with Tim Littler, founder of GW Travel (now Golden Eagle Luxury Trains Limited), 5 May 2006.

[56] All the wines served on the train are selected by the company's founder, Tim Littler, who was previously managing director of Whitwhams, his family's wine business that dates from 1788. Author's telephone interview with Tim Littler, 5 May 2006.

or film theater, equipped with video projection. The *table d'hôte* meals in both dining cars are the same, and passengers can choose to eat in either dining car for any meal. Each meal is served at one sitting, with no reserved seats, at specific times that vary depending on the tour activities scheduled for each day.

Between those two dining cars is a separate modern kitchen car (constructed in Russia, employing some German technology), equipped with a large flat-top iron stove (much like an AGA), which is heated by diesel fuel but can also run on electricity. The Russian food-service staff comprises a kitchen manager/executive chef, 3 additional chefs including a pastry chef, 2 sous chefs, 3 kitchen helpers, 6 waiters, a bartender and bar assistant, and 4 dishwashers, for a total staff of 21 people. In addition to preparing all the meals for 75 to 100 passengers, they also cook 2 meals a day for approximately 50 staff members on the train.

The entire food-service staff works in shifts, some sleeping while others are working – e.g., overnight in the galley some of the cooks bake pastries, peel potatoes, and squeeze fresh orange juice for the next day's meals. The food-service staff eats a late breakfast/brunch after the passengers have finished their morning meal; a late lunch/early dinner between 4 p.m. and 5 p.m.; and after the passengers have eaten the evening meal, the waiters and kitchen workers take food back with them to the staff cars where they sleep when not on duty.

About 30% of the food supplies for the entire trip are bought at the starting point of the tour (either Moscow or Vladivostok) and loaded into a special food-storage car equipped with large refrigerator and freezer compartments. The rest of the food is supplied fresh along the way. Some of it is pre-ordered and delivered to the train at certain stops. Other food supplies are purchased by the chefs at local markets while the train is in the station and the passengers are taking day-tours around the area.[57]

The menus are developed jointly by the Russian train chefs and the management staff in England. The breakfast buffet includes a selection of ham, salami, and cheese, salmon caviar, fresh seasonal fruits and vegetables, fruit juices, hot and cold cereals, toast and jams, fresh savory and sweet pastries, eggs cooked to order, yoghurt, kefir, coffee, tea, and daily specials such as Russian *kasha* (buckwheat, millet, rice, or semolina porridge), *bliny* (crêpes) stuffed with *tvorog* (farmers' cheese), *ol'adiy* (thick pancakes) with jam or sour cream, hash brown potatoes, and *tvorozhniki* (fried curd cheese rounds) with sour cream.

[57] Author's telephone interview with Marina Linke, GW Travel Operations Manager, 27 April 2006.

Lunch and dinner are 3-course meals (sometimes 4-course) with a choice of two appetizers, sometimes also a soup, two main dishes (one of which is always vegetarian), and one (sometimes two) desserts, accompanied by wine, beer, bottled water, soft drinks, coffee, or tea. Traditional Russian appetizers, soups, and main dishes are often among the selections offered on the menu, accompanied by Russian vodka and wines from California, Chile, Australia, New Zealand, South Africa, and Spain. Breads and pastries are baked daily, and special cakes can be ordered to celebrate the passengers' birthdays, wedding anniversaries, and other personal milestones that occur during the trip. Except for the breakfast buffet items, the chefs never serve the same dish twice for the entire 12 days aboard the train.[58] And at the end of the tour, the passengers receive a complete set of menus for all the meals eaten on board.

Since 2007, vegetarian alternatives have been offered at every meal. Initially the Russian chefs resisted this idea because they could not understand why anyone (especially on a luxury train) would want to eat vegetables for a main course. The chefs contended that vegetables were suitable for appetizers, soups, and garnishes, but that meat – served in a large portion – was the only food appropriate for the main course of a fine meal. On the first trip when vegetarian options were offered, only 10% of the passengers selected them, and the chefs felt vindicated. But on the next trip 30% to 40% of the diners opted for vegetarian dishes every day, which finally convinced the chefs that customers did indeed want vegetarian main courses. Now, 50% or more of the passengers select the vegetarian options, at least part of the time.[59]

In 2006, I interviewed one of the Golden Eagle chefs, a Russian-speaking Tadjik who was a "Level 5" (master) chef and had been cooking on trains for nearly 30 years, including on luxury trains in Germany, Switzerland, and France. Kamolov noted that when he began working in this field, aspiring railroad cooks in the Soviet Union had to complete several levels of culinary training at a professional/technical school, then attend a special school to prepare cooks to work on trains – six months studying at that school, followed by six months apprenticing on trains. But

58 From complete set of Golden Eagle Trans-Siberian Express menus, Moscow to Vladivostok, 2014. During day trips off the train, multi-course meals (often featuring regional specialties) are eaten with the tour group at some of the best restaurants in Moscow, Kazan', Yekaterinburg, Novosibirsk, Ulaan Baatar, Irkutsk, and Vladivostok. A home-cooked meal is also served in an Old Believer village outside of Ulan-Ude. Along the route, the train stops for a special picnic on the shore of Lake Baikal, where the kitchen staff offloads charcoal grills from the train and cooks *shashlyk* (skewered meats) outdoors.

59 Author's interview with Tatyana Kolesnikova, Tour Manager, Golden Eagle Luxury Trains, aboard the Golden Eagle Trans-Siberian Express, 21 May 2008.

by 2006 qualified cooks could be hired directly, without going through special railroad training, because there was only one school left in Russia that prepared students specifically for culinary work on trains.

Kamolov emphasized that working on the Golden Eagle private train in Russia was much more difficult than on Western European trains and required more skill: "Everything on European trains is pre-cooked. You just open the package and re-heat it. That's not really cooking. On this train, everything is fresh. All the cooking is done from scratch. Here we do everything ourselves, from peeling potatoes to plating the food."[60]

So, more than a century later, these private Russian dining cars have come full circle – back to the level of service and quality of food that the very best Trans-Siberian trains offered back in the early 1900s.

As the Trans-Siberian Railroad approaches the centennial of its completion, it is apparent from a study of its history that many aspects of food service have remained similar over the past century, although waxing and waning considerably for a number of economic, political, and social reasons. One hundred years ago there were railroad station restaurants, buffets, and dining cars catering to those Russians and foreigners who could afford to eat in them – as there are today. Nearly from the start there were freelance platform vendors selling home-cooked foods at lower prices – as there still are today. A century ago travelers carried food from home in picnic baskets and shared it with other passengers in their open "hard-class" carriages or in their 2- or 4-berth sleeping compartments – as they still do today. Luxury train service, with higher standards of dining, was provided by the Russian government and a foreign company (the Belgian Wagons-Lits Company) – as it is today by other companies operating in Russia. Tsar Nikolai II had his own private trains with elegantly appointed accommodations – and later Soviet government and Communist Party officials had special high-quality train carriages, including dining cars, reserved for their exclusive use.[61] Today special cars (and trains) for high government officials still run on Russian Railway tracks.

Since my first journey on the Trans-Siberian route in 1994, I have spent a total of more than 3 months on Trans-Siberian trains, from local

60 Author's interview with chef Il'khomudin Kamolov aboard the Golden Eagle Trans-Siberian Express, August 2006.

61 Some of Tsar Nikolai II's private railway cars are exhibited at the Western Siberian Railway Museum on the outskirts of Novosibirsk. Late 20th- and early 21st-century travelers on the refurbished railroad cars of Soviet-era officials – now used for upscale tours primarily for foreigners who can afford that level of luxury travel – might be unaware that they are enjoying champagne and caviar in the same carriages as some of the most notorious political figures in 20th-century Russian history.

elektrichki (short-distance suburban trains) to long-distance trains, in sleeping cars of all classes from *platskartny* (third class, "hard-class") to 4-berth *kupé*, 2-berth *spal'nyy vagon*, and Golden Eagle luxury *en suite* carriages. While logging nearly 65,000 kilometers (40,000 miles) on the Trans-Siberian tracks between Moscow and Vladivostok, I have eaten more than 250 meals in dining cars, in sleeping cabins (with food purchased from platform vendors), and at railroad station restaurants and buffets. The changes in Russian train travel during those two decades are noticeable, from the restoration and renovation of many train stations along the Trans-Siberian tracks to the revival of luxury trains (and fine dining) on that legendary line. Since the great majority of Siberia's population lives near the Trans-Siberian route, and since trains are the primary means of public transportation throughout Russia, it is likely that customer demand will result in continuing improvements in railway food service at all levels. But this will happen only if future economic downturns do not push Russia into recession and if endemic corruption does not siphon off funds from projects to upgrade Russian railways, including the Trans-Siberian line and its food-service operations.

In conclusion, we can see that while certain aspects of Trans-Siberian rail travel have remained the same, significant changes have also occurred during the past 125 years of the railway's history: from steam locomotives to diesel and electric engines; from no dining cars on the early trains to dining cars on all long-distance trains today; and from privately operated food service (on a few special trains in the tsarist era), to completely government-owned dining cars and station buffets in the Soviet era, to the government's leasing of railway food services to private companies, as well as the re-introduction of luxury train travel, in the post-Soviet period. And although the presence and function of platform vendors has remained much the same, the licensing of vendors at many stations has restricted the number and variety of private freelance sellers. The foods offered by platform vendors have changed, too, from purely local or regional in the past to more standardized and homogeneous today (even though products now imported from other countries have added some variety to the mix). This is a result not only of improvements in transportation over the past century – and hence the availability of commercial food products across the entire route – but also because of changes in consumer tastes, as well as the convenience and longer "shelf life" of commercially packaged products in comparison to fresh, home-cooked foods. Early travelers on the Trans-Siberian route mainly ate local foods, the only kind available, during their railway journeys. Today's travelers – at any point along the thousands of kilometers of Trans-Siberian tracks – are more likely to consume beers and colas made in western Russia, packaged sweets from South Korea, and instant noodles from China.

Bibliography

Books & Periodicals

Bookwalter, John W. *Siberia and Central Asia*. Springfield, Ohio: Privately published, 1899.

Dmitriev-Mamonov, A. I., and A. F. Zdziarski (eds.). *Guide to the Great Siberian Railway*. English translation by L. Kukol-Yasnopolsky, revised by John Marshal. St. Petersburg: Russian Ministry of Ways and Communication, 1900.

Fraser, John Foster. *The Real Siberia*. New York: D. Appleton & Co., 1902.

Goldstein, Darra. "Train Fare," *Russian Life*, July/August 2005, Vol. 48. No. 4, p. 61.

Greene, David. Midnight in Siberia: *A Train Journey into the Heart of Siberia*. New York: W. W. Norton & Company, 2014.

Hedin, Sven. *Von Peking nachl Moskau* [*From Peking to Moscow*]. Leipzig: F. A. Brockhause, 1924.

Holmes, E. Burton. *The Burton Holmes Lectures, Vol. VIII*. New York: McClure Co., 1905.

Hudgins, Sharon. *The Other Side of Russia: A Slice of Life in Siberia and the Russian Far East*. College Station, Texas: Texas A & M University Press, 2003.

Huhtamo, Erkki. *Illusions in Motion: Media Archeology of the Moving Panorama and Related Spectacles*. Cambridge, Massachusetts: The MIT Press, 2013.

Jefferson, Robert L. *Roughing It in Siberia*. London: Sampson Low, Marston, & Co., 1897.

Kennan, George. *Siberia and the Exile System, Vols. I and II*. New York: The Century Co., 1891.

Klein, Jürgen. *Die Grandhotels der Internationalen Schlafwagengesellschaft*. Mönchengladbach, Germany: Kühlen-Verlag, 2012.

Lee, John. "Beijing to Moscow: Six Days on the Trans-Siberian," *Russian Life*, May/June 2001, Vol. 44, Issue 3, p. 38.

Manley, Deborah (ed.). *The Trans-Siberian Railway: A Traveller's Anthology*. New York: Random House, Vintage/Ebury, 1988.

Marks, Steven G. *Road to Power: The Trans-Siberian Railroad and the Colonization of Asian Russia, 1850-1917*. Ithaca, NY: Cornell University Press, 1991.

Marshall, Mildred Widmer. *Two Oregon Schoolma'ams, Around the World, 1937 – Via Trans-Siberian Railroad*. Woodburn, Oregon: Widdy Publishing, 1985.

Meakin, Annette M. B. *A Ribbon of Iron*. London: Constable & Co., 1901.

Meinhardt, Anne, and Meinhardt, Olaf, *The Trans-Siberian Railway: From Moscow to the Pacific Ocean*. Munich: C. J. Bucher Verlag, GmbH, 2008.

Morris, Mary. *Wall to Wall: From Beijing to Berlin by Rail*. New York: Doubleday, 1991.

Newby, Eric. *The Big Red Train Ride*. New York: St. Martin's Press, 1978.

Pond, Elizabeth. *From the Yaroslavsky Station: Russia Perceived.* New York: Universe Publishing, 1988, 3rd edition.

Porterfield, James D. *Dining by Rail: The History and the Recipes of America's Golden Age of Railroad Cuisine.* New York: St. Martin's Press, 1993.

Reid, Arnot. *From Peking to Petersburg.* London: Edward Arnold, 1899.

Shoemaker, Michael Myers. *The Great Siberian Railway from St Petersburg to Pekin.* New York & London: G. P. Putman's Sons, 1903.

Theroux, Paul. *Ghost Train to the Eastern Star: On the Tracks of the Great Railway Bazaar.* Boston & New York: Houghton Mifflin Harcourt, 2008.

Theroux, Paul. *The Great Railway Bazaar: By Train through Asia.* New York: Houghton Mifflin, 1975.

Thomas, Bryn. *Trans-Siberian Handbook* (7th edition). Hindhead, Surrey, UK: Trailblazer Publications, 2006.

Trutter, Marion, (ed.). *Culinaria Russia* (English edition). Potsdam: H.F. Ullmann, 2007.

Tupper, Harmon. *To the Great Ocean: Siberia and the Trans-Siberian Railway.* Boston: Little, Brown, 1965.

Wolmar, Christian. *To the Edge of the World: The Story of the Trans-Siberian Express, the World's Greatest Railroad.* New York: Public Affairs, 2014.

Wood, Junius B. *Incredible Siberia.* New York: Dial Press, 1928.

Zizza-Lalu, Eve-Marie. *Au bon temps des wagons-restaurants.* Paris: La Vie du Rail, 2012.

Websites

Golden Eagle Luxury Trains. http://www.goldeneagleluxurytrains.com/.

Digital History Project. http://www.digitalhistoryproject.com/.

Luxury Train Club. http://www.luxurytrainclub.com/.

The Man in Seat Sixty-One. http://www.seat61.com/index.html#.VEaqJ2dzNQY.

Newrest. http://www.newrest.eu/en/.

Parovoz: The Site about Railways of Russia, C.I.S., and the Baltics. http://parovoz.com/indexe.php.

Railway Technology.com. http://www.railway-technology.com/.

Retours, Digital Magazine on Railway History, Design and Photography. http://retours.eu/.

Russian Railways. http://eng.rzd.ru/.

Telegraph Travel. http://www.telegraph.co.uk/travel/.

Trans-Siberian Experience. http://www.trans-siberian.co.uk/.

The Trans-Siberian Railway : Web Encyclopedia. http://www.transsib.ru/Eng/.

Illustration 1. Commemorative postage stamp issued in 2002 for the 100th anniversary (in 2003) of the completion of the major portion of the Trans-Siberian route in 1903

Illustration 2. A Russian railroad station restaurant in 1901. (E. Burton Holmes, The Burton Holmes Lectures, Vol. VIII, *1901)*

Source: Michael Ward, www.burtonholmes.org [Public domain].

Illustration 3. Platform vendors selling plates of food to passengers along the Trans-Siberian route in 1900.
(E. Burton Holmes, The Burton Holmes Lectures, Vol. VIII, *1901)*

Source: Michael Ward, www.burtonholmes.org [Public domain].

Illustration 4. Platform vendors with samovars selling tea and fish along the Trans-Siberian route in 1901.
(E. Burton Holmes, The Burton Holmes Lectures, Vol. VIII, *1901)*

Source: Michael Ward, www.burtonholmes.org [Public domain].

Illustration 5. "Exposition Universelle de 1900 – Compagnie Internationale de Wagons-Lits au Trocadéro, Transsibérien," by Rafael de Ochoa y Madrazo (1858-1935) and Lemercier (printer), Paris, France, 1900. Poster advertising the Trans-Siberian Railorad exhibit at the Universal Exposition in Paris in 1900

Source: Digital Magazine of Railway History, Design and Photography, http://retours.eu/en/22-panorama-transsiberien-expo-1900/# Reproduced by permission.

Illustration 6. The Russian pavilion at the Universal Exposition in Paris, by an anonymous photographer, 1900

Collection of Arjan den Boer, Utrecht, Netherlands. Reproduced by permission.

Illustration 7. The interior of a Russian State Express dining car in 1901. (E. Burton Holmes, The Burton Holmes Lectures, Vol. VIII*, 1901)*

Source : Michael Ward, www.burtonholmes.org [Public domain].

Illustration 8. Passengers eating foods sold by vendors at a Trans-Siberian stop, 1901. (E. Burton Holmes, The Burton Holmes Lectures, Vol. VIII*, 1901)*

Source: Michael Ward, www.burtonholmes.org [Public domain].

Illustration 9. The dining car stuff on a Trans-Siberian train, 1901.
(E. Burton Holmes, The Burton Holmes Lectures, Vol. VIII, *1901)*

Source: Michael Ward, www.burtonholmes.org [Public domain].

Illustration 10. 1931 Soviet poster promoting a socialst attitude toward the steam locomotive and the rapid fullfillment of work norms, by Dmitri Anatolyevich Bulanov (1898-1942)

Source: http://sovietart.me/posters/author/Bulanov_D._A./5.

Illustration 11. Interior of the galley (kitchen car) of a World War II Russian hospital train at the Western Siberian Railroad Museum in Novosibirsk, Russian Federation

Illustration 12. Soviet-era locomotive at the Western Siberian Railroad Museum in Novosibirsk, Russian Federation

Illustration 13. Galley (kitchen) at the end of a refurbished Soviet-era dining car, still in use in 2006

Illustration 14. Platform vendor with homemade food brought to the station in a baby carriage, Trans-Siberian route, 1994

Illustration 15. Trans-Siberian tour group eating at the newly restored, early 20th century station restaurant in Vladivostok, 2008

©2008 Sharon Hudgins. Reproduced by permission of the photographer.

Illustration 16. Russian Railways' dining car on the Trans-Siberian route, 2006

©2006 Sharon Hudgins. Reproduced by permission of the photographer.

Illustration 17. Sous-chef with potatoes in the vestibule of a Trans-Siberian dining car

©2007 Tom Hudgins. Reproduced by permission of the photographer.

Illustration 18. Chef in the galley of a Trans-Siberian train, 2012

©2014 Richard Hunt. Reproduced by permission of the photographer.

Illustration 19. Vendors selling food on the platform of a Trans-Siberian station

Illustration 20. The Golden Eagle Trans-Siberian Express

Illustration 21. One of the dining cars on the Golden Eagle Trans-Siberian Express

Golden Eagle Luxury Trains, reproduced by permission.

Illustration 22. Chef Il'khomudin Kamolov in the galley (kitchen car) of the Golden Eagle Trans-Siberian Express

©2008 Sharon Hudgins. Reproduced by permission of the photographer.

Illustration 23. Waiter serving sturgeon in aspic in the dining car of the Golden Eagle Trans-Siberian Express

Illustration 24. Colorful appetizer served aboard the Golden Eagle Trans-Siberian Express

Illustration 25. Siberian pel'meni (stuffed dumplings), one of the regional specialties served in the dining cars on the Golden Eagle Trans-Siberian Express

Restauration dans les grandes gares européennes

Continuités et ruptures des acteurs et des pratiques à l'heure de l'ouverture à la concurrence ferroviaire

Étienne Riot

Responsable de la recherche et de l'innovation d'ArepDesignlab – Chercheur associé au Laboratoire Ville Mobilité Transport

La situation contemporaine du secteur ferroviaire en Europe est celle d'un marché concurrentiel qui se met peu à peu en place depuis la première directive européenne 91/440 publiée en 1991. Après le trafic de marchandises, le trafic international de voyageurs a été ouvert à la concurrence le 1er janvier 2010. Dans ce contexte, la gestion des gares est traversée par des évolutions notables. Leur fonctionnement se singularise progressivement dans le système ferroviaire. Les grandes gares sont des infrastructures essentielles à l'exercice de l'activité ferroviaire, étant le plus souvent des centres névralgiques pour l'organisation du transport ferroviaire international. Ce sont dans ces grandes gares que convergent ainsi principalement les lignes internationales ferroviaires en Europe, lesquelles lignes sont ouvertes à la concurrence désormais. Cette recherche a donc pour objectif de comprendre comment le nouveau cadre concurrentiel européen affecte les stratégies de restauration en prenant trois grandes gares comme terrain d'étude : la gare St Pancras à Londres, les gares de Paris Nord et de Paris Saint-Lazare, enfin les gares italiennes de Milano Centrale et de Roma Termini[1].

---

[1] L'association Rail & Histoire a participé au financement des recherches de terrain par l'intermédiaire de son programme de bourses aux doctorants. Cette recherche fait partie intégrante de la thèse en transport et urbanisme : Riot, É. (2015). *L'agencement des grandes gares historiques pour le marché ferroviaire européen. L'intégration des principes concurrentiels dans l'aménagement et la gestion des gares de London St Pancras, Paris Nord et Milano Centrale.* Thèse de doctorat en aménagement de l'espace et urbanisme, sous la co-direction de Vincent Kaufmann et de Nacima Baron, soutenue le 6 novembre 2015, Champs-sur-Marne : Université Paris Est – École des Ponts ParisTech.

Dans un premier temps, il s'agira de comprendre comment les stratégies de restauration en gare se trouvent modifiées par la mise en œuvre d'une concurrence entre opérateurs ferroviaires. Dans un second temps, une attention particulière sera portée aux acteurs de la restauration, à la fois ceux qui ont une longue expérience en gare mais aussi ceux qui, venus d'autres univers marchands, se sont progressivement intéressés à la question de la restauration dans les lieux de transit. Enfin, dans un dernier temps, nous poserons la question des conséquences de ces évolutions sur la nature des offres restauration proposées. La contractualisation entre gestionnaires de gares et acteurs de la restauration conduit à des offres qui véhiculent des atmosphères contradictoires dans l'espace des gares. Une tension symbolique émerge ainsi, entre réinterprétation des imaginaires du voyage ferroviaire et développement d'une identité plus urbaine des grandes gares.

1. La restauration en gare à l'heure de la concurrence ferroviaire : principes et applications concrètes

Les principes concernant la gestion des gares dans un cadre concurrentiel ont pour but de garantir à plusieurs entreprises ferroviaires un accès équitable à une même infrastructure. Ces principes reprennent la stricte séparation édictée dans les directives entre gestion de l'infrastructure et organisation de l'activité de transport. Les gares sont à la fois une infrastructure de transport et un espace de services. Cette ambivalence nécessite une régulation de leurs modes de gestion pour clarifier les coûts et recettes strictement imputables à la gare en tant qu'infrastructure de transport et ceux qui sont propres à d'autres activités. Les revenus dits régulés sont ainsi ceux liés au transport ferroviaire, par exemple les redevances d'accès aux gares payées par les opérateurs ferroviaires. Ils sont calculés à partir de charges d'exploitation dont le décompte doit être suffisamment précis pour chacune des parties prenantes de la gare pour éviter tout traitement inéquitable. Les produits des ventes de biens et de services n'ayant pas trait à l'activité ferroviaire en gare forment quant à eux l'autre catégorie de revenus, dits non régulés. Avec ces revenus non régulés, les gestionnaires de gares peuvent constituer des marges de financement pour renforcer leurs capacités d'investissement. Ces revenus non régulés sont de trois ordres : les loyers payés dans le cadre de la valorisation immobilière des gares, les recettes liées aux concessions commerciales en gare, enfin, la part sur les recettes commerciales générées dans les différents espaces commerciaux de la gare. Ces principes sont appliqués dans des contextes particuliers parmi les trois grandes gares étudiées.

À Londres St Pancras, la gare est une exception par rapport au reste du système ferroviaire britannique. Située sur la ligne à grande vitesse n° 1 (*High Speed One* ou *HS1*) ouverte en 2007, la gare est incluse dans la concession d'exploitation de l'infrastructure qui a été signée en 2010 entre le gouvernement britannique et un fonds d'investissement canadien. En conséquence, la gare St Pancras est gérée par HS1 Ltd, entreprise possédée par le fonds d'investissement et dédiée à l'exploitation de la concession. Pour l'entretien quotidien de la gare, HS1 Ltd a passé un accord de sous-traitance avec le gestionnaire national de l'infrastructure ferroviaire, Network Rail. De même, pour la valorisation commerciale des espaces de la gare, HS1 Ltd s'est acquis les services de la division commerciale du gestionnaire d'infrastructure national, Network Rail Property. En conséquence, HS1 Ltd est le concessionnaire exclusif des quatre gares situées sur la ligne à grande vitesse n° 1 (Ashford, Ebbslfeet, Stratford et St Pancras). La gare St Pancras est la plus importante de la ligne ferroviaire. Elle est composée d'une grande halle historique, d'un immeuble-hôtel en façade, et d'une extension de l'ancienne halle pour pouvoir accueillir les trains Eurostar. HS1 Ltd n'y est pas le gestionnaire de l'ensemble des espaces. Un autre acteur, le promoteur immobilier Manahattan Loft Corporation, gère la partie hôtelière du bâtiment où un hôtel de luxe et des appartements de haut standing ont été installés.

Dans le cas de St Pancras, les offres de restauration peuvent donc s'implanter dans l'espace de la gare en fonction de la stratégie définie par le concessionnaire de la ligne, HS1 Ltd, et en fonction d'un système d'enchères négocié directement au nom de HS1 Ltd par Network Rail Property. Ces offres de restauration peuvent aussi se développer comme des services complémentaires à l'offre hôtelière, ce qu'autorise le bail emphytéotique signé entre le gouvernement britannique et le promoteur-investisseur Manhattan Loft Corporation.

À Paris, la situation des gares parisiennes est reliée au groupe public SNCF. SNCF est désormais composée de deux sous-entités, l'une étant dédiée à la gestion de l'infrastructure du réseau ferré français, SNCF Réseau, l'autre étant concentrée sur les activités de transport, SNCF Mobilités. Au sein de SNCF Mobilités, Gares & Connexions, créée en 2009, est chargée de la gestion et du développement des gares françaises. Plusieurs sociétés filiales y sont rattachées : le groupe AREP – pour la maîtrise d'œuvre et l'assistance à maîtrise d'ouvrage de l'aménagement des gares – et Retail & Connexions, société de gestion des commerces et des concessions. Cette dernière est spécialisée dans le développement commercial des espaces en gare, dont font partie les espaces de restauration. Dans le cas français, Gares & Connexions est donc le gestionnaire de l'ensemble des gares françaises. Dans l'exemple de Paris Nord, au niveau du bâtiment historique[2], l'implantation d'une offre de restauration nécessite de répondre à un appel d'offres de Retail & Connexions, filiale de Gares & Connexions, afin de remporter une autorisation d'occupation temporaire du domaine public ferroviaire. Cette autorisation peut porter sur un lot d'espaces répartis dans différentes gares, ou sur différents espaces d'une même gare.

En Italie, l'ancien monopole historique Ferrovie dello Stato Italiane est devenu progressivement une holding publique dont les différentes activités ont été transformées en sociétés filiales. Les gares italiennes sont la propriété de la filiale en charge de l'infrastructure du réseau ferré, Rete Ferroviaria Italiana (RFI). RFI passe contrat avec une autre filiale de la holding, Grandi Stazioni, qui est chargée du développement commercial des treize plus grandes gares italiennes, dont la gare de Milano Centrale. Ainsi, pour s'implanter en gare, une offre de restauration pourra bénéficier d'une logique de « portefeuille de gare » et être multipliée sur les différents sites des gares de Grandi Stazioni.

Cette première approche comparée des cas britannique, français et italien montre que la gestion des gares peut varier d'un pays à l'autre malgré l'application des principes concurrentiels. Elle montre en outre combien les formes d'organisation des gestionnaires de gare peuvent faciliter l'implantation d'offres commerciales à l'échelle de la gare uniquement ou sur un nombre plus important de gares.

2. Anciens acteurs, nouveaux acteurs : la restauration comme levier de la compétition pour l'espace

L'offre de restauration dans les grandes gares est historiquement liée à leur fonctionnement. L'ancienneté des buffets de gare, parmi lesquels se trouvent les plus emblématiques comme *le Train Bleu* en gare de Lyon à Paris, le prouve. Pourtant, l'évolution de la gestion des gares vers des principes plus concurrentiels s'accompagne aussi d'une mutation des acteurs traditionnels de la restauration et de l'émergence de nouveaux partenaires commerciaux dans ce domaine.

Les ensembliers sont des entreprises qui étaient à l'origine des restaurateurs spécialisés. Leur développement les a conduits ensuite à prendre en compte des multitudes de contraintes et de spécificités de lieux et de besoins. On les qualifie d'ensemblier à cause de leur aptitude à développer des concepts de restauration différents, à structurer des équipes, à veiller à

[2] Contrairement aux espaces du bâtiment historique, la gestion des espaces commerciaux situés dans la zone d'échange des lignes RER fait l'objet d'une gestion spécifique qui associe Gares & Connexions à une foncière commerciale.

des équilibres budgétaires. En conséquence, les ensembliers sont capables de développer des concepts de restauration originaux ou de répliquer des concepts développés par des chaînes de franchise. Le marché européen est ainsi dominé par trois acteurs principaux dont l'évolution prouve la capacité d'adaptation de leur stratégie : Autogrill, SSP et Elior.

Autogrill était initialement une entreprise créée par des cafetiers milanais qui, au sortir de la Deuxième Guerre mondiale, avaient proposé une offre de restauration sur le bord d'une autoroute du nord de l'Italie[3]. Accompagnant l'essor de l'Italie de l'après-guerre et le « miracle économique » italien, Autogrill devint progressivement un prestataire de restauration spécialisé dans les aires d'autoroute, puis dans la restauration aéroportuaire. Changeant à plusieurs reprises d'actionnaires, l'entreprise est rachetée en 1999 par le groupe Edizione Srl, holding financière de la famille Benetton. Dès lors, la stratégie d'Autogrill devint internationale, avec notamment une implantation aux États-Unis. Mettant en œuvre la stratégie de la holding Edizione Srl, Autogrill vise ainsi à apporter des services de restauration « aux personnes en mouvement »[4]. Dans les gares, Autogrill dispose de comptoirs et de cafés aussi bien à Milano Centrale qu'à Paris Nord.

SSP est née d'une offre de restauration ferroviaire pour la compagnie aérienne scandinave SAS en 1961. L'entreprise fut ensuite cédée à différents investisseurs à partir de 1984. Elle est devenue au début des années 2000 un acteur mondial de la restauration dans les lieux de flux, aéroports et gares notamment.

Enfin, Elior est une société fondée au début des années 1990 par d'anciens cadres d'Accor, héritière des activités de restauration collective d'Accor. Elior s'est progressivement affirmée comme un des leaders mondiaux de la restauration, au point d'avoir été introduite en bourse en 2014[5]. Au sein d'Elior, une direction est spécifiquement dédiée aux concessions, dont une branche est spécialisée dans les gares et les offres de restauration urbaines.

Autogrill, SSP, Elior sont ainsi des groupes de restauration nés chacun d'une expérience de l'offre de restauration de masse : à partir des lieux du transport – aires d'autoroutes et aéroports pour Autogrill et SSP – et des lieux du voyage – hôtellerie pour Elior. Ces groupes de restauration se sont spécialisés au point de devenir des ensembliers, c'est-à-dire des

---

3 Oki-Debayles, K., *Le rôle des activités commerciales en grandes gares ferroviaires à Paris, Londres, Tokyo et Osaka* 2008, Thèse de doctorat en aménagement de l'espace et urbanisme, sous la direction de Jean Robert, soutenue le 23 février 2008, Paris, Université Paris-Sorbonne.

4 Clark, J., « Benetton is more than bright sweaters », *Reuters News*, 17 septembre 1998.

5 Tonnelier, A., « Elior lance son introduction en Bourse », *Le Monde*, 28 mai 2014.

experts capables d'assembler des offres de restauration qui répondent à des contraintes strictes, économiques, mais aussi techniques, quand il faut gérer les contraintes de flux et d'espaces complexes comme ceux des gares. Le devenir de ces groupes de restauration passe par l'intégration de nouvelles logiques où l'offre de restauration complète une autre activité, soit commerciale, soit de service aux voyageurs. De plus en plus de groupes développent ainsi des stratégies dites de *facility management*, c'est-à-dire de gestion de sites pour le compte d'un gestionnaire principal. Jean-François Camarty, directeur général adjoint d'Elior Concessions précise ainsi :

> Le concept de la restauration pure c'est notre métier, mais dès lors que l'on bascule vers des services comme [la distribution, la gestion de salle d'attente], forcément ça va faire appel à des compétences un peu nouvelles, à des modèles économiques nouveaux. [On prend ainsi en compte] dans nos recrutements des gens qui viennent de la distribution parce qu'on se dirige un peu plus vers la distribution. [...] La distribution, le *retail*, et la restauration se rapprochent. Relay veut faire de plus en plus notre métier et nous on fait de plus en plus le métier de Relay[6].

Ces propos indiquent que de nouveaux acteurs interviennent désormais dans les offres de restauration dans les grandes gares. Cette évolution se remarque notamment dans les procédures d'appels d'offres où les concurrents pour l'espace commercial dans la gare peuvent rivaliser de propositions, notamment sur le plan de la restauration. La porosité entre l'offre de restauration et le commerce non alimentaire se renforce. Elle est portée autant par des acteurs historiques de la distribution non alimentaire en gare que par les restaurateurs qui tenaient les buffets de gare. Par exemple, l'ancien Relais H, devenu Relay, héritier des bibliothèques de gare, appartient à LS Travel Retail, filiale du groupe Lagardère, spécialisée dans le développement de boutiques dans les aéroports et les grandes gares. En France, lors du renouvellement général des concessions des espaces des Relay en 2013, l'enseigne a signé avec Gares & Connexions une nouvelle convention pour la gestion des boutiques de presse[7]. À cette occasion, l'offre de distribution de presse s'est enrichie d'une offre de vente à emporter de produits déjà conditionnés. L'achalandage des produits dans les

---

6 Entretien avec Jean-François Camarty, directeur général adjoint d'Elior, siège d'Elior, Paris, le 9 octobre 2010.

7 Gradt, J.-M., « La SNCF et Lagardère s'associent pour distribuer la presse en gare », *Les Échos*, 14 novembre 2013. [http://www.challenges.fr/entreprise/20131114.CHA7056/sncf-et-lagardere-exploiteront-ensemble-les-relay-en-gare.html] [consulté le 24 octobre 2014] ; Larroque, P. (2013, 29 mai), « Relay : "La SNCF est consciente de l'intérêt de la presse" », *Le Figaro*, [http://www.lefigaro.fr/medias/2013/05/29/20004-20130529ARTFIG00449-relay-la-sncf-est-consciente-de-l-interet-de-la-presse.php], [consulté le 24 octobre 2014].

espaces Relay est peu à peu modifié pour laisser une part plus importante à la vente de boissons et de restauration prête à emporter pour le voyage.

Au Royaume-Uni, WHSmith est l'équivalent historique de Relay en France. La diversification des offres vers des produits de restauration est plus forte encore. Le rapport d'activité de l'entreprise est très clair sur ce point. Pour illustrer les résultats opérationnels de ses activités principales, WHSmith présente deux photos, l'une montrant un étal de journaux surplombé de l'inscription « Magazine », l'autre photo présente des rayonnages de nourritures surmontés, eux, de l'inscription « food to go »[8]. L'entreprise se positionne ainsi clairement entre son métier historique et son évolution la plus récente autour d'une offre multiple de restauration à emporter.

Enfin, venu de Hollande, un troisième type d'acteur émerge dans la production d'offres de restauration en gare. NS Stations Retailbedrijf est un exploitant commercial de gares, filiale de l'opérateur ferroviaire historique hollandais NS, à l'image de la filiale Retail & Connexions de Gares & Connexions chargée de la commercialisation des espaces des gares françaises. La particularité de NS Stations tient dans son périmètre d'action qui dépasse ses frontières nationales. En France, NS Stations a ainsi développé des concepts de magasins du quotidien, ou *convenience store*, dont la SNCF cherche à développer l'implantation dans les gares. Les magasins gérés par NS Stations ne portent pas son enseigne mais celle de « Monop Station », développée par le groupe Monoprix dans le cadre d'une association entre les deux entreprises. Monop'Station est à la fois une boutique où l'on trouve des objets utiles au quotidien mais aussi une offre de restauration légère, de type boulangerie et cafétéria.

LS Travel Retail, WHSmith, NS Stations sont ainsi devenus des concurrents des ensembliers historiques Elior, Autogrill et SSP dans les stratégies de développement de la restauration en gares. Des alliances croisées peuvent se former pour que les uns concurrencent les autres. Ainsi, lors du renouvellement de l'appel d'offres pour les kiosques de presse en gare, le groupe LS Travel Retail qui détient Relay était opposé à une alliance formée par Elior et WHSmith[9]. De la même manière, Elior a proposé avec le groupe Monoprix une nouvelle enseigne en gare, Monop'Lab, qui est vouée à se développer dans les plus grandes gares, là où l'autre enseigne du groupe Monoprix, Monop'Station, construite avec NS Station, vise les gares moyennes et régionales. Enfin, ce dépassement des métiers traditionnels de la restauration par la configuration d'intérêts

---

8 Voir par exemple la présentation du rapport annuel 2014 de WHSmith disponible sur le site de l'entreprise, consulté le 8 avril 2015 : http://www.whsmithplc.co.uk/docs/FINAL_WEBSITE_VERSIONwhsmith_ar14.pdf.

9 S.A. (2013, 10 juin), « Elior veut reprendre les Relay des gares à Lagardère », *Challenges*.

croisés pourrait concerner des offres intégrées de restauration et de services complémentaires. Ces tendances sont ainsi évoquées dans les propos de Lionel Vazzoler, directeur du marché gares pour Elior Concessions :

> Pour essayer de mettre la puce à l'oreille de la SNCF, on a répondu conjointement avec FMC, une filiale de notre groupe qui est spécialisée dans le *facility management*, […] le nettoyage […], etc., pour répondre à un appel d'offres sur les salons grands voyageurs de la SNCF. […] On a mis une option en disant : voilà […] compte tenu de notre capacité à avoir des partenaires sur à peu près toutes les gares qui sont concernées, on pourrait assurer tous les matins, tous les midis, un service de café ou [autre] gratuit pour le voyageur, mais intégré dans le coût de la prestation, et typiquement c'est en faisant ce genre de choses qu'on peut développer le service[10].

Cette présentation synthétique des acteurs principaux de la restauration en gare montre ainsi que la définition de l'offre finale pour les usagers des gares n'est qu'une composante d'un jeu stratégique plus large. Il concerne des groupes qui vendent une expertise pour assembler des concepts de restauration et se concurrencent en diluant progressivement les frontières entre les types de commerces. On constate ainsi une porosité grandissante entre les magasins de détail et les surfaces dédiées à la restauration, au point que l'on peut s'interroger, à l'avenir, sur un abaissement des frontières physiques dans les gares entre les espaces commerciaux non ferroviaires et ceux consacrés à l'accueil des voyageurs.

3. De la standardisation de l'offre de restauration en gare à la recherche de sa singularisation par site

Une fois le paysage contemporain de l'offre de restauration dans les grandes gares dessiné, nous pouvons nous interroger sur les conséquences de l'imbrication entre principes concurrentiels de la gestion des gares et stratégies évolutives des acteurs traditionnels et des nouveaux venus dans la restauration en gare. Cette tension conduit-elle nécessairement à une standardisation de l'offre ? Le repas en gare serait-il finalement équivalent à tout repas pris dans le reste de la ville ? Quels facteurs de différenciation existent encore si les enseignes franchisées (les Paul, Quick et autres Pains à la Ligne) se multiplient ? La présentation de quelques cas précis peut conduire à démontrer que la logique de standardisation semble l'emporter dans les différents pays européens, mais que, pour des raisons propres à

10 Entretien avec Lionel Vazzoler, directeur du marché gare pour Elior Concessions, siège d'Elior à Paris, le 25 mai 2011.

chaque site, une singularisation de l'offre de restauration en gares reste toujours possible.

Roma Termini est la gare la plus importante d'Italie en termes de trafic de voyageurs. Elle a été l'objet en 1999 d'une profonde réfection qui a permis d'y installer de nombreuses surfaces de restauration pour les voyageurs et pour les usagers qui viennent en gare sans vouloir y prendre un train[11]. La logique de développement de ces nouveaux espaces de restauration s'est étendue aux treize plus grandes gares italiennes ensuite, notamment par le fait que l'actionnaire privé du gestionnaire de gares était la holding Benetton, propriétaire d'Autogrill. Dans le cadre d'une nouvelle phase de travaux dans la gare, Grandi Stazioni a présenté un projet d'amplification des surfaces commerciales autour de deux projets : la couverture des quais pour y construire un parking de 1 600 places, d'une part, et, d'autre part, l'adjonction d'un étage à la gare, au niveau de la tête des quais, pour y développer une « galerie de services ». Dans les faits, la « galerie de services » est une mezzanine où près de 300 places assises pourront accueillir autant de clients pour les cafés et restaurants qui vont y être ajoutés.

À Paris Nord, un important programme d'investissement de 40 millions d'euros est en cours de développement. L'objectif est d'améliorer la qualité d'accueil dans la gare et de la rendre plus confortable et plus agréable. L'intérêt particulier de cette opération réside dans l'association inédite entre Gares & Connexions et NS Stations pour le développement de la première zone en façade historique et, surtout, l'association avec Elior pour le redéploiement de kiosques sur le quai transversal. Les ensembliers interviennent ainsi bien en amont du projet d'aménagement pour configurer leurs espaces de vente de la manière la plus optimisée.

Roma Termini et Paris Nord offrent le visage de gares où des logiques de standardisation et d'intérêts partagés entre gestionnaire de gares et ensembliers de restauration modifient les pratiques habituelles de l'offre de restauration. Pourtant, dans la même gare de Paris Nord, ou à St Pancras à Londres, à Saint-Lazare ou à Milano Centrale d'autres exemples montrent qu'une différenciation des offres de restauration est possible, dans le cadre de stratégies assumées de distinction des sites par rapport aux autres gares.

La gare St Pancras à Londres est comme on l'a dit composée d'un ensemble hôtelier et d'une infrastructure de transport. Cette dernière est structurée autour d'une galerie commerciale. L'offre de restauration de l'hôtel est classique mais elle est inhabituelle dans une grande gare. Elle utilise les codes de la restauration hôtelière. Plusieurs espaces de restaura-

[11] Natalicchio, S., Tamini, L., *Grandi aree e stazioni ferroviarie : attori, strategie, pratiche di trasformazione urbana*, Milano, EGEA, 2003.

tion sont accessibles : The Gilbert Scott Restaurant à l'intérieur de l'hôtel, donnant sur Euston Road, The Gilbert Scott Bar, qui est le fruit d'un réaménagement de l'ancienne entrée de l'hôtel en un bar ouvert directement sur la rue, The Booking Office, reconversion de l'ancienne billetterie de la gare en un bar-restaurant attenant directement à l'espace de transport de la gare. Enfin, plus inattendu, le hall d'accueil de l'hôtel, situé dans l'ancienne cour d'accès des voitures à cheval, a été reconverti en un atrium où les voyageurs et les clients de l'hôtel ont, par leurs habitudes, conduit l'hôtel à y développer une offre de restauration légère. Ces quatre espaces confèrent un haut standing à la gare et permettent de relier l'atmosphère confortable et intimiste de l'hôtel à l'univers spectaculaire de l'infrastructure ferroviaire. The Booking Office offre aussi un cas intéressant d'un espace de restauration dévolu à l'animation conviviale, où y est organisé chaque vendredi un concert pour attirer les habitants du quartier.

L'autre volet de l'offre de restauration en gare St Pancras est structuré autour de la galerie commerciale de la gare, installée sur deux étages. Elle représente presque la majorité des commerces qui sont proposés aux usagers de la gare. Deux enseignes sont emblématiques de la recherche d'une singularisation de l'offre. En 2014, le magasin Fortnum & Mason s'est installé dans les arcades de la gare St Pancras. Icône du grand magasin londonien, Fortnum & Mason n'avait jamais eu de boutiques installées en dehors de son quartier d'origine à Piccadilly. L'ouverture d'une boutique-salon de thé est ainsi un événement dans l'histoire de l'enseigne. Pour la gare St Pancras, c'est aussi un atout pour se distinguer dans son environnement immédiat[12]. L'offre de restauration de Fortnum & Mason prolonge cette différenciation en proposant aux clients de déguster différentes sortes de thé dont la saveur « St Pancras Blend » est spécialement et uniquement servie en gare de St Pancras.

Cette stratégie de différenciation par des lieux uniques de restauration recoupe l'offre initiale située au niveau des quais, qui a caractérisé la gare St Pancras dès son inauguration en 2007 avec la mise en service du plus long bar à champagne d'Europe. Que ce soit pour Fortnum & Mason ou pour le bar à champagne, la stratégie de HS1 Ltd est de favoriser ces endroits uniques où le prestige et l'offre de restauration iconoclastes assurent à la gare une forte distinction par rapport aux autres. Ainsi, Wendy Spinks, la directrice marketing de HS1 Ltd, confirme :

> Nous avons un magasin Fortnum & Mason. Nous savons que Fortnum & Mason ne vont pas ouvrir de boutiques dans toutes les gares parce que cela leur a pris 300 ans pour en ouvrir une au-delà de Piccadilly. Ainsi, nous

12 Entretien avec Wendy Spinks, directrice marketing de HS1 Ltd, à Londres, le 18 septembre 2014.

aurons cette boutique qui sera unique pendant un bon moment. Nous avons développé le plus long bar à champagne, qui demandera du temps pour être copié, juste à cause de sa taille et de sa longueur. Nous voulons ainsi protéger ces éléments uniques, et je pense que nous serons plus audacieux avec si nous continuons[13].

Seconde illustration de la recherche d'une offre singulière de restauration en gare St Pancras, l'implantation de Sourced Market est emblématique d'une stratégie de gestion de l'espace couplée à une offre de restauration. Inscrit dès l'origine dans les plans d'aménagement de la galerie commerciale, l'emplacement de Sourced Market correspond à la zone dénommée « *the market* » par les concepteurs-aménageurs de la gare. La volonté initiale était de rompre avec la tradition du *food court*, héritée de la période du monopole British Rail. Le *food court*, qui tendait à rassembler des offres de restauration dans un même endroit, se caractérisait par une certaine standardisation d'une gare à l'autre. Sourced Market est implanté dans l'allée transversale de la gare, située au niveau de la rue, sous les quais de la nouvelle extension construite par N. Foster et propose une restauration à base de produits frais « du marché », reproduisant une esthétique villageoise et de rue, dans l'univers technique pourtant standardisé, voire aseptisé, de la gare St Pancras. La recherche de l'atmosphère d'une restauration « dans la rue » s'observe par la disposition des tables et des chaises qui ne sont pas enfermées dans le périmètre d'une boutique mais qui sont au contraire disposées à la marge de l'allée de circulation. Sourced Market ne dispose donc pas de vitrine. Cette offre de restauration vise la production d'une esthétique de l'authenticité dans l'une des zones les moins authentiques de la capitale britannique, dont l'aspect contemporain est le fruit d'une histoire au long cours qui a vu la gare St Pancras passer du statut de bâtiment honni à celui de joyau patrimonial. L'apparente banalité d'une restauration de produits du marché fonctionne comme un leurre par le contraste provoqué par le réaménagement futuriste de la gare et la mise en scène de cette offre de restauration. Dernier élément notable, l'offre de restauration « du marché » permet aussi de mettre en exergue les productions locales : bières, légumes, spécialités culinaires, qui reflètent des racines régionales et des pratiques culturelles spécifiques à la capitale londonienne ou ses environs.

13 Traduction de l'auteur. Texte avant traduction : « We have Fortnum & Mason's store. We know Fortnum & Mason's are not going to open a store in every train station because it has taken them 300 years to open a store beyond Piccadilly. So we will have that unique store for some time. We've developed the longest champagne bar, that will take some replicating, just because of the sheer size and length of it. So we want to protect some of those unique elements, and I think will be bolder with it as we go on ».

Sourced Market pourrait être un objet d'étude plus approfondi encore, tant cette offre révèle toutes les ambiguïtés de la recherche d'une offre de restauration distincte de celle des autres gares. Tout en présentant un caractère original, elle joue sur des contradictions : la proximité dans un lieu de grande mobilité, l'authenticité dans un lieu profondément transformé et remanié, la fraîcheur des produits dans un temple d'hyper-consommation, l'alimentation liée à la ruralité dans le cœur névralgique de la ville, etc.

Pour la directrice marketing de HS1 Ltd, Windy Spinks, qui dirige la stratégie de commercialisation de la gare St Pancras, la volonté de rechercher des offres de restauration de niche, différenciées de celles des autres gares, est clairement assumée :

> Nous avons dit que nous ne voulions plus dépendre des grandes enseignes parce que nous sommes si sûrs de nous concernant ce que nous faisons de manière systémique pour le commerce [dans la gare], que nous ne voulons pas avoir toutes les grandes enseignes de café. Il en résulte que lorsque Caffè Nero a vu son contrat [de location] expirer, nous étions plutôt contents de le remplacer par une enseigne de café indépendante plutôt que de garder Caffè Nero. […] Nous avons choisi le Caffè Fratelli plutôt que Caffè Nero. Caffé Fratelli a six boutiques dans Londres, quelque chose comme ça, ce n'est donc pas une enseigne de café trop grosse mais avec une marque que beaucoup de gens à Londres reconnaissent. C'est plutôt spécifique, nouveau, une enseigne indépendante de café. En faisant cela, nous avons une enseigne qui est flexible, qui souhaite coopérer, qui veut participer à ce que nous sommes en train de faire à St Pancras, parce qu'ils ont plus de flexibilité qu'une marque standard (*corporate brand*) qui essaie de standardiser ses offres pour qu'elles fonctionnent à l'échelle nationale. Ainsi, nous pouvons être un peu plus souples dans ce que nous faisons, mais [pour autant] nous continuons d'avoir un Starbucks et un Costa Coffee […][14].

Dans la gare centrale de Milan, une nouvelle cafétéria s'est installée en 2010, trois ans après la fin des grands travaux de réaménagement de

---

[14] Traduction de l'auteur. Texte avant traduction : « we've said we don't have to rely on big brand names because we are so confident in what we're doing holistically across the retail estate, that we don't have to have all the big coffee operators. The result of that was that when Caffè Nero's contract came to an end, we were quite happy to put an independent coffee operator in the rather than retain Caffè Nero. … We changed over the Caffè Fratelli rather than Caffè Nero. Cafe Fratelli have six stores across London, something like that, so it's not a big corporate coffee shop with a brand that most people in London would recognise. It's a fairly niche, new, independent coffee operator. But in doing that we have an operator who is flexible, who wants to cooperate, who wants to participate in what we're doing in St Pancras because they have more flexibility than a corporate brand who is trying to do a standardised promotion that runs nationally. So we can be a little bit more flexible in what we do, but we still have Starbucks and Costa coffee ».

la gare. La Caffetteria Panzera n'est pas une nouvelle enseigne. Elle existe depuis la création de la gare, mais son implantation d'origine était sur la place Duca d'Aosta, au n° 10, à l'angle inférieur droit de la place, bien à l'extérieur de la gare. Institution historique milanaise, le Caffè Panzera avait été inauguré en 1931 et fournissait des pâtisseries issues de la production du même nom créée au début du XXe siècle. L'offre de restauration est celle d'une brasserie de qualité, jouant volontiers sur l'héritage de la marque Panzera et de l'esthétique qui lui est associée. Le cas de l'implantation de Panzera en gare centrale de Milan est singulier car il marque l'ouverture de la gare sur la ville par l'intermédiaire de la terrasse de la Caffetteria donnant directement sur la rue. Le développement de la Caffetteria Panzera en gare de Milan renforce ainsi le lien entre l'infrastructure de transport et l'environnement urbain. C'est par l'intermédiaire de l'offre de restauration que ce passage d'un monde à l'autre est créé.

Enfin, à Paris, les grandes gares font l'objet d'implantation de brasseries haut de gamme qui accueillent des chefs étoilés, dans le but de rehausser la qualité et l'image des grandes gares. À Saint-Lazare, un restaurant « bistronomique » – Lazare Paris – a ouvert en 2013, avec un chef réputé à sa tête, Éric Fréchon. Il a été suivi en 2016-2017 de l'ouverture de la brasserie du chef Thierry Marx en gare du Nord, entre le bâtiment historique et le pôle d'échange des lignes de banlieue. Cette évolution est notable dans l'univers des gares parisiennes, car, hormis l'historique *Train Bleu* de la gare de Lyon, l'offre de restauration n'est pas marquée par une grande distinction vis-à-vis des autres lieux publics. Le restaurant Lazare propose une carte de qualité, faisant honneur à une cuisine quotidienne qui met en valeur les produits frais et de saison. L'organisation du restaurant allie une esthétique « rétro » soignée avec une atmosphère représentée jusque dans le menu qui liste les plats sous la forme d'une première page d'un quotidien imprimé à l'ancienne.

Conclusion

Les offres de restauration dans les grandes gares européennes s'inscrivent dans des modes de gestion articulés aux principes de la concurrence ferroviaire européenne. Les acteurs traditionnels et les nouveaux venus de la restauration composent ainsi avec les organisations chargées de la gestion des gares. Ces organisations poursuivent des objectifs de rentabilité et des stratégies de commercialisation des espaces qui peuvent favoriser la standardisation de la restauration en gare.

Pour autant, comme le montrent particulièrement les cas de St Pancras à Londres, de Milano Centrale et de Saint-Lazare à Paris, des offres de restauration singulières peuvent aussi accompagner une stratégie de différenciation des gares les unes par rapport aux autres. Il se produit alors une interaction entre le site de la gare et l'atmosphère créée par l'offre de restauration. Le dialogue entre les différents univers de référence (voyage ferroviaire, ancienneté de la gare, marque de l'enseigne de restauration, univers symbolique transmis par la carte de menu, etc.) forme une synergie qui accompagne la montée en puissance d'une identité locale de chaque gare.

Par-delà l'ambivalence constatée entre standardisation et singularisation des offres de restauration en gare, on peut tout de même s'interroger sur la tendance contemporaine à inscrire ces offres dans des dispositifs (spatiaux, architecturaux et matériels) qui diffusent des univers symboliques nostalgiques. Des codes empruntés au passé revisitent des atmosphères villageoises ou glorifient à Londres St Pancras l'héritage victorien, à Milan Centrale l'épopée commerçante de quelques familles locales, à Paris Saint-Lazare l'atmosphère d'un Paris de journalistes des années 1930. Les gares deviennent peu à peu des miroirs bien étranges de notre époque qui renvoient l'image de l'identité de la ville à un voyage dans son passé sublimé.

Conclusion

Laurent Tissot

Professeur d'histoire contemporaine – Université de Neuchâtel

Comme beaucoup d'autres auteurs – romanciers ou cinéastes –, Martin Suter fait démarrer son thriller sur le monde bancaire suisse dans le wagon-restaurant d'un Intercity reliant Zurich à Bâle.

> Jonas Brand était assis au wagon-restaurant, dans l'Intercity de 17 h 30 pour Bâle, parmi une clientèle d'habitués, des travailleurs pendulaires qui, chaque soir, avaient les mêmes discussions devant les mêmes boissons – et depuis de nombreuses années pour certains d'entre eux. L'air était lourd des haleines alcoolisées, des costumes imprégnés de fumée, de la sueur et des notes de parfum masculin qui finissaient de s'éventer. Son voisin de siège obèse, qui avait réussi à préserver des éclaboussures l'ordinateur portable qu'il n'avait pas quitté des yeux pendant tout le trajet, soupira : Incident voyageur[1].

De ce microcosme, l'intrigue nous emmènera dans les bureaux discrets des hautes sphères financières dont les malversations s'étendent au monde entier. Faire d'un wagon-restaurant le détonateur d'une possible crise planétaire n'a en soi rien d'extraordinaire, le lieu d'impulsion important finalement peu eu égard aux conséquences. Mais en allumant, dans ce lieu précis, la mèche qui pourra déstabiliser tout un monde, Martin Suter traduit la centralité du wagon-restaurant dans l'existence de beaucoup de personnes même si sa description est à mille lieues des fastes de l'Orient-Express ou d'autres trains internationaux. Quant à Pascal Mercier, il fait du wagon-restaurant, malgré sa fermeture, le lieu de l'improbable rencontre de deux personnages en route pour Lisbonne et invités à en découdre avec le serveur autour… d'un jeu d'échecs[2]. Les deux auteurs, à leur façon, nous font comprendre que le wagon-restaurant n'est pas uniquement un espace où l'on mange ou boit. C'est un espace de rencontres plus ou moins recherchées, plus ou moins assumées, plus ou moins valorisantes, plus ou

---

1 Suter, M., *Montecristo*, Paris, Christian Bourgois Éditeur, 2015, pp. 11-12.

2 Mercier, P., *Train de nuit pour Lisbonne*, Paris, Maren Sell éditeurs (coll. 10/18), 2006, p. 62.

moins intrigantes, plus ou moins irritantes. Loin de s'en tenir aux limites de cette partie mobile, la sociabilité de la restauration ferroviaire doit aussi s'apprécier 'hors wagon', dans l'imminence du voyage ou dans son attente en raison d'un retard[3]. Les communications réunies dans cet ouvrage en montrent toutes les facettes en insistant sur les différents sites sollicités, le quartier de la gare, la gare et bien sûr le train même. Ces espaces peuvent d'ailleurs s'échelonner au cours d'un même voyage. Dans un voyage qu'il entreprend à la fin novembre 1886 de New York à San Francisco, un jeune ingénieur, Henri Étienne, relate à ses parents restés en Europe les différentes modalités de restauration pour un trajet qui s'étale sur plus de 4 000 kilomètres et dure plus d'une semaine.

> Mardi. Réveil de bon matin, bien dormi, je déjeune dans le wagon-salle à manger en passant sur un des ponts du Niagara et admire la vue une côtelette à la main ; il faut vous dire que l'on mange fort bien dans ces wagons [...].
> Départ à midi pour Kansas City. Depuis là, nous n'avons plus de wagon-salle à manger et nous nous arrêtons aux gares pour manger, ou l'on mange dans le wagon même où l'on est [...].
> Nous dînons à Topeka, dans une salle toute blanche, sans luxe aucun, mais dans un coin se trouve une machine à écrire ! On se croirait dans le bureau de New York le mieux monté [...][4].

C'est toujours le cas aujourd'hui du Transsibérien qui parcourt 9 288 kilomètres de Moscou à Vladivostok et qui alterne, dans sa progression, les repas « in and out »[5]. La restauration ferroviaire n'est donc pas une activité aux limites bien circonscrites. Elle s'intègre dans une périphérie aux formes mouvantes, socialement, techniquement et symboliquement.

Socialement, car peut-être plus que dans d'autres espaces, le train est supposé aider à la rencontre. Voyager en train, c'est voyager collectivement, c'est voyager avec d'autres. Le constat est amplifié dès lors qu'on se trouve à table, dans un wagon-restaurant ou une salle de buffet ou d'un hôtel où le nombre de personnes est important. Dans son brillant ouvrage sur l'histoire des voyages en train, Wolfgang Schivelbusch détaille les débats qui ont entouré l'aménagement de l'espace dans les wagons. Il s'appuie sur Georg Simmel pour montrer là « l'obligation pénible » qu'entraîne l'émergence du voyage en train, non seulement dans la constitution de classes de transport, mais aussi dans la disposition des sièges à l'intérieur des wagons. En clair, le train

---

3 Gerbod, P., *La restauration hors foyer en Europe (du Moyen Âge à nos jours)*, Paris, Honoré Champion, 2000, pp. 70-73.

4 Étienne, H., *Des Chinois pour le canal de Panama. Correspondances 1886-1889* présentées et annotées par Laurent Tissot, Lausanne, Ethno-Doc, Éditions d'en bas, 2015, pp. 89-91.

5 Un bon exemple dans Fernandez, D., *Transsibérien*, Paris, Grasset, 2012.

met fin au type de sociabilité que le voyage en diligence proposait, soit une invitation à la discussion. Il entraîne le voyageur, pour une plus ou moins longue durée, dans une sorte de gêne par « la situation de face-à-face muet » que le compartiment européen, à l'inverse des chemins de fer américains, impose, un sentiment d'inquiétude auquel il ne peut pas s'échapper, l'isolement étant même recherché, surtout par les voyageurs de première classe. Schivelbusch montre l'ampleur du contraste avec les wagons de troisième et quatrième classe qui offrent des scènes différentes où les conversations joyeuses et les rires sont de mise[6]. Mais, dans son analyse, il ne dit rien du rôle du wagon-restaurant. Même s'il a été introduit assez tardivement dans les services réguliers (1868 aux États-Unis, 1879 en Grande-Bretagne, les autres pays européens suivant rapidement), le wagon-restaurant ne brise-t-il pas l'angoisse de la rencontre, la peur de l'inconnu ? Les mets qui s'étalent sur la table, les boissons qui aident à la conversation, la difficulté de lire à table et de ne pas faire autrement que de prêter une attention à son vis-à-vis agencent différemment la défense de « son » moi contre l'agression de l'autre. En ce sens, le wagon-restaurant a pu casser ce désir d'isolement ou de l'entre-soi qui habitait le voyage « bourgeois » du XIXe siècle pour l'amener au XXe siècle non seulement à apprivoiser le train en tant que mode de déplacement collectif, mais à en faire une ouverture, dans une rencontre fortuite amenant des prolongements que ce soit – même pour un temps – amicaux, sentimentaux, ou, plus prosaïquement, l'ébauche d'une affaire commerciale ou industrielle si ce n'est, dans le cas de la scène de Martin Suter, d'habitués tuant le temps après une harassante journée de travail ou, dans le cas de Pascal Mercier, de joueurs. Ces rencontres accréditent l'idée de l'attention soutenue que la recherche historique doit dorénavant porter sur la restauration ferroviaire, dans sa conception et sa matérialité, comme il est démontré dans cet ouvrage, mais aussi dans son sens social. Dans son poème *Restaurant Car*, le poète irlandais Louis MacNeice ne suggère-t-il pas autre chose quand il écrit :

> Pour le meilleur ou pour le pire,
> Pour le poisson ou pour la viande, avec des billets simple-course,
> Notre voyage relevant toujours de la surprise,
> Si seulement nous pouvions, avant de nous arrêter là où tout doit changer,
> Jeter un premier regard et croiser les yeux de nos voisins ?[7]

---

6 Schivelbusch, W., *Histoire des voyages en train*, Paris, Le Promeneur/Quai Voltaire, 1990, pp. 78-84 (pour l'édition originale en allemand : Münich, Carl Hanser Verlag, 1977).

7 MacNeice, L., *Collected Poems*, E.R. Dodds (ed.), London, Faber and Faber, 1966, p. 504.
« For good or ill,
For fish or meat, with single tickets only,
Our journey still in the nature of a surprise,

Dans cette perspective, le wagon-restaurant n'aurait que matérialisé dans les sphères appelées à faire du voyage un outil d'évasion ou de travail le climat joyeux des classes inférieures où le panier à provisions s'ouvrait à la vue du reste du wagon … pour le meilleur ou le pire. Assistons-nous aujourd'hui à un retour vers l'isolement avec le « service à la place » proposé dans les TGV aux clients de 1re classe ? Et retrouvons-nous au « bar » l'ambiance « populaire » d'un train « rassembleur » ? C'est dire que le jeu des catégorisations sociales ne se cesse de se réinterpréter et qu'à cet égard, la restauration ferroviaire, à bord ou en gare, est plus qu'un miroir de la société. Elle en imprime les tendances lourdes et décline autant les attentes que les préoccupations des populations mobiles qui veulent trouver dans ces espaces éphémères de quoi se nourrir et s'abreuver ainsi qu'affirmer une identité loin des regards soupçonneux.

En nous arrêtant sur l'aspect social de la restauration ferroviaire, nous ne pouvons que souligner l'inextricable lien du voyage en train avec l'expérience collective qu'il induit. Mais cette connexion est difficilement compréhensible si elle n'est pas mise en évidence avec l'infrastructure matérielle qui lui sert de support. Dans son traité pratique sur les chemins de fer publié en 1839, Peter Lecount appelait déjà les compagnies ferroviaires à mieux adapter le matériel roulant aux besoins des voyageurs : une place pour fumer, une autre pour se restaurer, encore une autre pour les commodités. Il proposait même de dessiner les wagons en introduisant des espaces dédiés à ces effets ou d'en créer qui s'y destineraient uniquement[8]. Il faut attendre plus de trente ans pour en voir la réalisation, dans le dernier tiers du XIXe siècle soit au moment où le chemin de fer s'impose comme le mode de transport le plus usité. Entre-temps, la situation du voyageur est très problématique. Parmi beaucoup d'autres, Charles Dickens reste pantois devant l'épreuve qu'il subit dans les « Refreshment's rooms » qu'il fréquente lors de ses incessants voyages en Angleterre.

> À nouveau, vous implorez votre serveur avec une pathétique indignation, « où en est cette côtelette ! » Il s'en va pour cela et, finalement, au moment où vous vous en allez sans elle, il revient avec elle. Même alors il n'enlèvera pas le couvercle de faux-argent sans faire une pause pour un geste ample et regarde la côtelette qui sent le moisi comme s'il était surpris de la voir, ce qui ne peut pas être le cas, il doit souvent l'avoir vue avant. Une sorte de fourrure a été produite sur sa surface par l'ingéniosité du cuisinier et, dans un récipient de faux-argent boitant sur deux pieds au lieu de trois, il y a une sauce ressemblant à de la peau avec des boutons bruns et des concombres au vinaigre. Vous demandez l'addition, mais votre serveur ne peut encore vous l'amener

---

Could we, before we stop where all must change,
Take one first look and catch our neighbours' eyes ? »

8 Lecount, P., *Practical Treatise on Railways*, Edinburg, Charles Black, 1839, p. 194. Cité in Simmons, J. (compiled by), *Railways. An Anthology*, London, Collins, 1991, p. 92.

parce qu'il apporte à la place trois pommes de terre dont l'intérieur est aussi dur que du silex et deux tristes têtes de brocoli à titre de garniture d'appoint[9].

Si elle est rapportée ici avec un humour tout britannique, l'expérience de Charles Dickens est renouvelée à maintes reprises, on l'a dit, non seulement par lui, mais par beaucoup d'autres, Anthony Trollope, Henry James, William Galt ou Th.S. Escott qui ne demande rien moins que l'ouverture d'une enquête officielle pour détecter les responsables[10]. Tous ces Anglais sont d'autant plus outrés qu'ils trouvent en France l'exact contraire. La nourriture y est bonne et le service souriant[11]. D'autres voyageurs anglais peuvent certes s'irriter en France, non pas de la qualité de la nourriture servie dans le buffet de gare, mais des correspondances déplorables qui les obligent à attendre en buvant du thé, ce qui ne manque de réjouir les garçons « au spectacle de ces Anglais pratiquant leur rite favori »[12]. On ne peut pas invoquer l'insuffisance de l'équipement technique pour expliquer, selon Dickens, l'incurie anglaise. Les « cultures culinaires » semblent bel et bien prendre le pas sur les capacités technologiques à rendre un voyage agréable, tout au moins au plan gastronomique. Quelques témoignages ne suffisent cependant pas pour expliquer ces différences. Il faudrait s'intéresser davantage à la construction des wagons-restaurants, à celle des salles de gare, aux modèles techniques qu'ils intègrent tant en ce qui concerne la cuisine et son équipement que l'emplacement des victuailles, la périodicité du ravitaillement, etc. À cet égard, une étude du personnel de bord pourrait aussi apporter d'intéressantes informations : formations, expériences, origines

---

9 Dickens, Ch., « The Uncommercial Traveller », in *All the Year Round*, vol. II, 24 March 1860, p. 515. « Again you beseech your waiter with pathetic indignation, to "see after that cutlet I" He steps out to see after it, and by-and-by, when you are going away without it, comes back with it. Even then, he will not take the sham silver-cover off, without a pause for a flourish, and a look at the musty cutlet as if he were surprised to see it – which cannot possibly be the case, he must have seen it so often before. A sort of fur has been produced upon its surface by the cook's art, and, in a sham silver vessel staggering on two feet instead of three, is a cutaneous kind of sauce, of brown pimples and pickled cucumber. You order the bill, but your waiter cannot bring your bill yet, because he is bringing, instead, three flinty-hearted potatoes and two grim head of broccoli, like the occasional ornaments ».

10 Simmons, J., *The Victorian Railway*, London, Thames and Hudson, 1991, p. 355. Jack Simmons rééquilibre quelque peu les jugements en mentionnant quelques avis positifs.

11 Gerbod, P., *Voyages au pays des mangeurs de grenouilles. La France vue par les Britanniques du XVIIIe siècle à nos jours*, Paris, Albin Michel, 1991 ; Gordon, B.M., « Essen wie Gott in Frankreich. Kulinarische Reisen im Spiegel der englischsprachigen Presse vom 18. Jahrhundert bis heute », in *Voyage. Jahrbuch für Reise- & Tourismus forschung. Schwerpunktthema*, Reisen & Essen, 2002, pp. 64-76.

12 Morrell, J., *Voyage dans les Alpes en 1863. Carnet de route*, Yens, Cabédita, 1995, p. 146. Le buffet de gare en question est celui de Dijon.

sont certainement tout autant d'éléments qui donnent au wagon-restaurant un profil « gastronomique » qui, loin d'être uniquement importé, pourrait devenir, dans une grande mesure, spécifique à cet espace. La compagnie a-t-elle le choix en matière de recrutement ou est-elle mise devant le fait accompli ? Avons-nous affaire à un personnel qui ne trouve pas de place dans la restauration « immobile » ? Le self-service a-t-il été introduit par la déficience du marché de l'emploi ou par des exigences de rentabilité ? Autant de questions encore à résoudre. On ne peut donc pas évacuer sans autre l'étude des dispositifs entourant des espaces qui doivent permettre de voyager sans accrocs ni manquements.

Si Peter Lecount a tout loisir de se plaindre dans les années 1830 de la rudesse des voyages en train, les compagnies de chemins de fer, loin d'être indifférentes au moral de leurs passagers, sont placées devant des défis techniques à la mesure des objectifs à atteindre : équiper des wagons en matériel adéquat et propres à pouvoir servir des mets convenables, doter les gares d'un service permettant d'offrir une nourriture à des voyageurs ne disposant que de quelques minutes pour avaler ce qui doit leur permettre de poursuivre leur trajet dans un état de satisfaction minimum. Dans un reportage sur les wagons-restaurants en France, *24 heures sur la Deux*, le journal télévisé de la rédaction de la deuxième chaîne de l'O.R.T.F., montre en mai 1970 l'état de la situation. La Compagnie des Wagons-Lits, propriétaire et gestionnaire des lieux, tient à offrir un service de qualité avec un menu complet. Se faufilant entre voyageurs mécontents et satisfaits, la caméra se glisse aussi dans la cuisine pour connaître le sentiment du « chef » sur la qualité des mets offerts. On est surpris de l'espace restreint dans lequel lui et son aide travaillent. Malgré le temps limité du service, tout y est pourtant préparé. La cuisinière fonctionne au feu de bois et c'est un véritable tour de force que l'équipe embarquée (cuisine et service) réalise. Ce qui n'empêche pas le reportage de résumer le tout par une phrase laconique : « Nous en avons entendu et nous en avons vu de toutes les couleurs »[13]. De la situation des années 1970 à ce qui est offert aujourd'hui, beaucoup de transformations sont apportées. Les aménagements ont changé, le prêt à manger s'est substitué au « sur mesure », le conditionnement à la cuisson, le four à micro-ondes à la cuisinière. Mais « l'embarquement » des cultures culinaires et gastronomiques, qu'elles soient traditionnelles ou nouvelles, n'est pas un processus unilatéral, le « dehors » modelant simplement le « dedans ». Il convient aussi de considérer le « débarquement » des pratiques du wagon-restaurant dans d'autres espaces, le « dedans » imprimant aussi ses marques sur le « dehors ». En d'autres termes, la restauration ferroviaire n'est pas que

13 Les wagons-restaurants. 24 heures sur la Deux, 21 mai 1970, 11 min 37 s. Disponible sur http://www.ina.fr/video/CAF97075695 (accès 11.12.2016). 53 s pour la citation et 4 min 02 s pour l'interview du chef.

le réceptacle de pratiques toutes élaborées et rigides des espaces immobiles de restauration. D'un point de vue historique, elle est aussi la création et la découverte d'autres façons de se conduire à table et d'envisager son voyage.

Même si quelques agences de voyages veulent le faire revivre à des prix défiant toute concurrence, il semble loin le temps des wagons luxueux de l'Orient Express, du Trans Européen Express et d'autres trains internationaux dont les tables débordaient de vaisselles rutilantes, de verres de cristal, de menus interminables et les salles de serveurs aux mains gantées. Le roman d'Agatha Christie ne devient plus qu'un objet de curiosité qui ne nous fait même plus rêver, le service à la place confortant le voyageur de première classe dans son isolement et le coupant de tout désir d'entamer une conversation. La tristesse de ce climat, autant que celle des plats servis, n'est même plus un motif suffisant pour se rendre au bar malgré l'ambiance un peu plus entraînante qu'on y trouve. La globalisation et la rationalisation auraient-elles donc tué l'envie de manger dans le train ? Auraient-elles finalement privilégié les lieux hors du train, qu'ils soient des chaînes de boutiques agroalimentaires vendant des sandwiches « maison » ou des repas « light » ? Auraient-elles fait de ce moment réjouissant une épreuve que l'on essaye par tous les moyens d'éviter ?

Ne concluons pas pour autant que l'aspect symbolique se serait aujourd'hui réduit comme peau de chagrin, le wagon-restaurant étant même à éviter. Ce n'est pas si sûr. Voyager en train n'est pas dissociable d'une préoccupation culinaire, que les aliments soient embarqués ou pas. À ce titre, Peter Lecount anticipait une évolution qui a prouvé la pertinence de ses interrogations. L'effet de distinction n'est peut-être plus aussi visible que par le passé, les garnitures plus aussi abondantes et les boissons plus aussi capiteuses. Il n'en reste pas moins que, d'une part, les formes « anciennes » de restauration mobile n'ont pas disparu totalement des trains, qu'ils soient à grande ou à petite vitesse. Les « anciens » wagons-restaurants restent encore une « réalité » comme Martin Suter le souligne dans son roman policier. D'autre part, il faut aussi souligner le fait que le voyage en train a changé, que les voyageuses et voyageurs ont changé et que les attentes ont en fait de même[14]. À ce titre, la restauration ferroviaire présente aussi la caractéristique de se réinventer et de (re)donner vie à des formes transformées et renouvelées. Elle entraîne dans le même temps une réinvention des effets symboliques. Dans ses *Mythologies*, Roland Barthes soulignait déjà la capacité de réinvention d'un mythe par lui-même ainsi que ceux qui le perpétuent[15].

---

[14] Les vives réactions qui ont suivi l'annonce, en octobre 2016, de la fermeture du Buffet de la gare de Lausanne, véritable institution culinaire et sociale de la ville, et son remplacement par une chaîne de restaurants végétariens sont, à cet égard, très parlantes. Cf. par exemple, http://www.lematin.ch/suisse/suisse-romande/lausanne-buffet-gare-devient-vegetarien/story/25999137 (accès le 17 décembre 2016).

[15] Barthes, R., *Mythologies*, Paris, Seuil, 1970.

L'Europe alimentaire

Le développement des rendements agricoles et la croissance de puissantes industries agroalimentaires ont focalisé l'attention depuis plusieurs décennies. Dans le processus de construction européenne, l'adoption du Codex alimentarius (1963), la Food law (2002) et la reconnaissance des IGP sur de nombreux produits contribuent désormais à unifier un espace alimentaire communautaire. Les Européens disposent de moyens d'approvisionnement et de distribution variés pour constituer leur alimentation. Cette situation procède d'évolutions plurielles, liant l'économique et le technique, et s'inscrit en fait dans la longue durée. Des enjeux culturels y sont associés, qu'il s'agisse de transmissions culinaires générationnelles ou de l'offre de restauration très diversifiée. Des choix politiques y contribuent également, par la mise en place de normalisations et de règlements. Traditions et ruptures, nouveautés et continuités bouleversent en permanence l'alimentation des Européens. Par des recueils de sources, des thèses, des actes de colloques, des monographies érudites et des témoignages, cette collection interroge les évolutions historiques et sociétales, par pays ou plus globalement dans une perspective transnationale. Elle souhaite apporter une connaissance sur des processus d'innovations alimentaires qui constituent de puissants facteurs de différences et d'identités mêlées de l'Europe contemporaine.

Titres parus

N° 1 – Antonella Campanini, Peter Scholliers et Jean-Pierre Williot (dir.), *Manger en Europe. Patrimoines, échanges, identités*, 2011.

N° 2 – Daniëlle De Vooght, *The King Invites. Performing Power at a Courtly Dining Table*, 2012.

N° 3 – Josep L. Barona, *From Hunger to Malnutrition. The Political Economy of Scientific Knowledge in Europe, 1918-1960*, 2012.

N° 4 – Giovanni Ceccarelli, Alberto Grandi & Stefano Magagnoli (eds./dir.), *Typicality in History. Tradition, Innovation, and Terroir / La typicité dans l'histoire. Tradition, innovation et terroir*, 2013.

N° 5 – Nicolas Marty, *L'invention de l'eau embouteillée. Qualités, normes et marchés de l'eau en bouteille en Europe, XIXe-XXe siècles*, 2013.

N° 6 – Viktoria Von Hoffmann, *Goûter le monde. Une histoire culturelle du goût à l'époque moderne*, 2013.

N° 7 – Jean-Pierre Williot (dir.), *Du feu originel aux nouvelles cuissons. Pratiques, techniques, rôles sociaux*, 2015.

N° 8 – Olivier de Maret, *Of Migrants and Meanings. Italians and Their Food Businesses in Brussels, 1876–1914*, 2016.

N° 9 – Maureen Chinyere Duru, *Diaspora, Food and Identity. Nigerian Migrants in Belgium*, 2017.

N° 10 – Jean-Pierre Williot (dir.), *La restauration ferroviaire entre représentations et consommations. Consommateurs, images et marchés / Railway Catering Between Imaginary and Consumption. Consumers, Images and Markets*, 2017.

www.peterlang.com